高超声速出版工程
(第二期)

激波/边界层干扰自适应控制

黄 伟　吴 瀚　钟翔宇　杜兆波　颜 力　著

科学出版社
北 京

内 容 简 介

本书介绍了国防科技大学在激波/边界层干扰自适应控制方面的新进展，主要包括微型涡流发生器技术、次流循环技术及微型涡流发生器与次流循环组合技术等，以期满足高超声速飞行器长航时远程打击的内在需求，提高其攻防对抗中的鲁棒性，保证未来大空域、宽速域、长航时和智能巡弋。

本书可作为航空航天相关专业科研人员和工程技术人员的参考书，也可作为从事（高）超声速流动控制技术研究教师和研究生的参考书。

图书在版编目（CIP）数据

激波／边界层干扰自适应控制／黄伟等著. -- 北京：科学出版社，2025.4. -- ISBN 978-7-03-081729-7

Ⅰ.O357.4

中国国家版本馆 CIP 数据核字第 202567L7W0 号

责任编辑：徐杨峰／责任校对：谭宏宇
责任印制：黄晓鸣／封面设计：殷　靓

科学出版社 出版
北京东黄城根北街 16 号
邮政编码：100717
http://www.sciencep.com

南京展望文化发展有限公司排版
苏州市越洋印刷有限公司印刷
科学出版社发行　各地新华书店经销

*

2025 年 4 月第 一 版　开本：B5（720×1000）
2025 年 4 月第一次印刷　印张：14 3/4
字数：256 000
定价：120.00 元
（如有印装质量问题，我社负责调换）

高超声速出版工程（第二期）
专家委员会

顾 问
王礼恒　张履谦　杜善义

主任委员
包为民

副主任委员
吕跃广　李应红

委 员
（按姓名汉语拼音排序）

艾邦成	包为民	蔡巧言	陈坚强	陈伟芳
陈小前	邓小刚	段广仁	符　松	关成启
桂业伟	郭　雷	韩杰才	侯　晓	姜　斌
姜　杰	李小平	李应红	吕跃广	孟松鹤
闵昌万	沈　清	孙明波	谭永华	汤国建
唐志共	王晓军	阎　君	杨彦广	易仕和
尤延铖	于达仁	朱广生	朱恒伟	祝学军

高超声速出版工程(第二期)·高超声速空气动力学系列
编写委员会

主　编

朱广生　沈　清

副主编

陈伟芳　符　松　桂业伟　闵昌万

编　委

(按姓名汉语拼音排序)

艾邦成	白　鹏	曹　伟	陈　农	陈坚强
陈伟芳	方　明	符　松	桂业伟	贺旭照
黄　伟	李维东	刘　君	柳　军	罗金玲
罗世彬	罗振兵	闵昌万	沈　清	时晓天
司　廷	苏彩虹	滕宏辉	肖志祥	叶友达
易仕和	余永亮	张庆兵	张伟伟	朱广生

丛书序

飞得更快一直是人类飞行发展的主旋律。

1903年12月17日,莱特兄弟发明的飞机腾空而起,虽然飞得摇摇晃晃,犹如蹒跚学步的婴儿,但拉开了人类翱翔天空的华丽大幕;1949年2月24日,Bumper-WAC从美国新墨西哥州白沙发射场发射升空,上面级飞行马赫数超过5,实现人类历史上第一次高超声速飞行。从学会飞行,到跨入高超声速,人类用了不到五十年,蹒跚学步的婴儿似乎长成了大人,但实际上,迄今人类还没有实现真正意义的商业高超声速飞行,我们还不得不忍受洲际旅行需要十多个小时甚至更长飞行时间的煎熬。试想一下,如果我们将来可以在两小时内抵达全球任意城市,这个世界将会变成什么样? 这并不是遥不可及的梦!

今天,人类进入高超声速领域已经快70年了,无数科研人员为之奋斗了终生。从空气动力学、控制、材料、防隔热到动力、测控、系统集成等,在众多与高超声速飞行相关的学术和工程领域内,一代又一代科研和工程技术人员传承创新,为人类的进步努力奋斗,共同致力于达成人类飞得更快这一目标。量变导致质变,仿佛是天亮前的那一瞬,又好像是蝶即将破茧而出,几代人的奋斗把高超声速推到了嬗变前的临界点上,相信高超声速飞行的商业应用已为期不远!

高超声速飞行的应用和普及必将颠覆人类现在的生活方式,极大地拓展人类文明,并有力地促进人类社会、经济、科技和文化的发展。这一伟大的事业,需要更多的同行者和参与者!

书是人类进步的阶梯。

实现可靠的长时间高超声速飞行堪称人类在求知探索的路上最为艰苦卓绝的一次前行,将披荆斩棘走过的路夯实、巩固成阶梯,以便于后来者跟进、攀登,意义深远。

以一套丛书，将高超声速基础研究和工程技术方面取得的阶段性成果和宝贵经验固化下来，建立基础研究与高超声速技术应用之间的桥梁，为广大研究人员和工程技术人员提供一套科学、系统、全面的高超声速技术参考书，可以起到为人类文明探索、前进构建阶梯的作用。

2016年，科学出版社就精心策划并着手启动了"高超声速出版工程"这一非常符合时宜的事业。我们围绕"高超声速"这一主题，邀请国内优势高校和主要科研院所，组织国内各领域知名专家，结合基础研究的学术成果和工程研究实践，系统梳理和总结，共同编写了"高超声速出版工程"丛书，丛书突出高超声速特色，体现学科交叉融合，确保丛书具有系统性、前瞻性、原创性、专业性、学术性、实用性和创新性。

这套丛书记载和传承了我国半个多世纪尤其是近十几年高超声速技术发展的科技成果，凝结了航天航空领域众多专家学者的智慧，既可供相关专业人员学习和参考，又可作为案头工具书。期望本套丛书能够为高超声速领域的人才培养、工程研制和基础研究提供有益的指导和帮助，更期望本套丛书能够吸引更多的新生力量关注高超声速技术的发展，并投身于这一领域，为我国高超声速事业的蓬勃发展做出力所能及的贡献。

是为序！

2017年10月

前 言

近年来,高超声速飞行器以其飞行速度快、机动突防能力强等特点,越来越受到各个国家的重视,已成为大国之间军备竞赛的又一热点,发展高超声速飞行器技术的需求愈发迫切。而在飞行器的(高)超声速流场中,都会出现激波/边界层干扰现象,其广泛出现在跨声速翼型表面、(高)超声速进气道、隔离段、燃烧室内以及高超声速飞行器外表面和运载火箭的外表面等位置。

激波/边界层干扰是边界层在激波产生逆压梯度作用下诱导的复杂流动,是高超声速飞行器技术发展过程中必须解决的关键问题。它会引起空间激波波系的明显变化,导致壁面流动分离,形成流场畸变,带来大量的能量损失,降低总压恢复系数。同时还会破坏流场的稳定性,产生非定常振荡,进而引起强烈局部加热、跨声速颤振、进气道喘振等严重问题,影响进气道效率和起动性能,是国际公认至今尚未彻底攻克的少数经典问题之一。为了使飞行器能够高效稳定地工作,必须控制激波/边界层干扰现象,研究出能有效抑制激波/边界层干扰现象的流动控制方法,这对高超声速飞行器技术的应用和发展具有巨大的促进作用。

近年来,许多学者在流动控制领域取得了丰硕的成果。随着人们对激波/边界层干扰现象研究和认识的深入,流动控制技术也得到了长足的发展。作者对其团队近五年在激波/湍流边界层干扰自适应控制方面的研究工作进行总结并成书,希望起到抛砖引玉的作用,促进我国相关领域的发展。

全书共 8 章。第 1 章由吴瀚、黄伟、钟翔宇、颜力完成,主要介绍激波/边界层干扰流场的时均特性和动态特性,以及微型涡流发生器和次流循环在内外流场控制中的研究进展。第 2 章由吴瀚、钟翔宇、杜兆波完成,主要介绍激波/湍流边界层干扰自适应控制研究中所采用的数值模拟方法、地面实验平台和流场显示设备。第 3 章由吴瀚、黄伟完成，主要基于时均稳态流场详细分析微型涡流发生器绕流流场结构及尾流发展过程，揭示了微型涡流发生器控制激波/边界层干扰的流动机理。第 4 章由钟翔宇、吴瀚、杜兆波、黄伟完成，提出一个适用于变马赫数来流的次流循环构型及适用于此构型的自适应控制方案，并对其在来流马赫数为 2.5~3.5 的流场中的控制效果进行了验证。第 5 章由钟翔宇、吴瀚、黄伟、杜兆波完成，针对六种次流循环构型，采用数值模拟方法对其在马赫数为 2.5、3.0 和 3.5 的流场中的控制效果进行了评估和优化。第 6 章由钟翔宇、黄伟、颜力完成，主要探索次流循环在高反压条件下的自适应控制机理，对不同反压下的控制效果进行对比分析，并验证其在宽域下的适应性。第 7 章由吴瀚、杜兆波、黄伟、颜力完成，结合微型涡流发生器和次流循环技术，对六种组合方案的控制效果进行数值研究，同时结合纹影技术和 NPLS 技术对其自适应控制机理进行深入探索，分析组合体周边流场精细结构对激波/湍流边界层干扰区域边界层状态的影响。第 8 章由吴瀚、黄伟、颜力、杜兆波完成，基于正交试验设计方法和极差分析法对微型涡流发生器与次流循环组合控制流场进行参数化分析与优化。

  本书的研究工作得到了国家重点研发计划（2019YFA0405300）等项目的支持。特别感谢中国空气动力研究与发展中心杨彦广总师对我们工作的长期支持。本书的出版得到了国家出版基金的支持，在此一并表示衷心的感谢。

  高超声速飞行器向着更远、更快、更智能的方向发展，亟须将传统的流动控制技术与智能材料、AI 技术相结合向更宽速域发展。本书内容只是高超声速领域的沧海一粟，希望在智能流动控制领域引起读者共鸣，共同开发这一崭新领域。限于作者学术水平，书中难免存在不足与疏漏，恳请读者批评指正。

作者
2024 年 7 月

目 录

丛书序
前言

第 1 章 绪 论

1.1 研究背景与意义 /1
1.2 激波/边界层干扰研究进展 /2
    1.2.1 时均干扰流场特性分析 /3
    1.2.2 动态干扰流场特性分析 /4
1.3 激波/边界层干扰控制研究进展 /5
    1.3.1 微型涡流发生器在内部流场中控制研究进展 /5
    1.3.2 微型涡流发生器在外部流场中控制研究进展 /16
    1.3.3 次流循环控制研究进展 /18
1.4 本书主要研究内容 /21

第 2 章 数值模拟方法与实验系统

2.1 数值方法 /24
    2.1.1 控制方程 /24
    2.1.2 湍流模型 /27
2.2 数值方法验证 /29

          2.2.1　二维算例验证 / 29
          2.2.2　三维算例验证 / 31
    2.3　实验平台与设备 / 34
          2.3.1　吸气式超声速风洞 / 34
          2.3.2　流动显示技术 / 35
    2.4　本章小结 / 37

第 3 章　微型涡流发生器流向位置变化对激波/边界层干扰控制效果的影响

    3.1　物理模型与网格划分 / 38
          3.1.1　物理模型与边界条件 / 38
          3.1.2　网格划分与网格无关性验证 / 40
    3.2　微型涡流发生器控制机理 / 42
          3.2.1　微型涡流发生器绕流流场结构 / 42
          3.2.2　微型涡流发生器尾流的发展过程 / 49
    3.3　微型涡流发生器流向位置变化对激波/边界层干扰流场的影响 / 54
          3.3.1　微型涡流发生器流向位置变化对波系结构的影响 / 54
          3.3.2　参数变化分析 / 68
    3.4　本章小结 / 76

第 4 章　次流循环构型设计及自适应控制方案研究

    4.1　物理模型及数值方法 / 78
          4.1.1　流场模型及边界条件 / 78
          4.1.2　网格无关性验证 / 80
    4.2　次流循环构型初步设计与优化 / 81
          4.2.1　二维次流循环流场控制 / 81
          4.2.2　次流循环流场控制试验 / 93
          4.2.3　三维次流循环构型初步设计 / 97
          4.2.4　自适应控制实现过程初步设计 / 99

4.2.5 三维次流循环构型吹除孔构型优化 / 100
4.3 自适应控制方案研究 / 104
　　4.3.1 自适应控制性能分析 / 104
　　4.3.2 自适应控制机理分析 / 118
　　4.3.3 自适应控制方案验证 / 120
4.4 本章小结 / 123

第 5 章　不同次流循环控制构型的自适应控制性能研究

5.1 物理模型与边界条件 / 125
　　5.1.1 物理模型与网格划分 / 125
　　5.1.2 各构型自适应控制方案与来流参数 / 128
5.2 不同控制结构的控制性能评估 / 131
　　5.2.1 评估方法 / 132
　　5.2.2 控制效果评估 / 133
　　5.2.3 流场结构分析 / 140
5.3 本章小结 / 144

第 6 章　次流循环自适应控制在不同流场出口反压条件下的控制性能研究

6.1 物理模型及边界条件 / 145
6.2 反压对流场的影响 / 147
　　6.2.1 反压对流场结构的影响 / 147
　　6.2.2 反压对流场压力分布的影响 / 153
　　6.2.3 反压对流场壁面热流的影响 / 156
6.3 反压条件下的自适应控制性能验证 / 158
　　6.3.1 反压变化条件下的自适应控制方案 / 158
　　6.3.2 反压变化条件下的自适应控制对流场的影响 / 163
　　6.3.3 反压变化条件下的自适应控制机理 / 169
　　6.3.4 反压变化条件下的自适应控制机理验证 / 170
6.4 本章小结 / 175

第7章　微型涡流发生器与次流循环组合体控制机理研究 177

7.1 物理模型与网格划分 / 177
  7.1.1　物理模型 / 177
  7.1.2　网格划分 / 179
7.2 数值结果与讨论 / 181
  7.2.1　流场结构对比 / 181
  7.2.2　控制参数分析 / 191
7.3 实验验证与分析 / 199
  7.3.1　纹影实验验证 / 199
  7.3.2　精细流场结构分析 / 201
7.4 本章小结 / 203

第8章　激波/边界层干扰流场中微型涡流发生器组合体参数化研究与优化 205

8.1 物理模型及优化试验安排 / 205
8.2 组合控制体参数化研究 / 207
8.3 流场结构的对比和优化模型的验证 / 210
  8.3.1　流场结构对比 / 210
  8.3.2　流场性能参数对比 / 211
8.4 本章小结 / 216

参 考 文 献 218

第1章

绪 论

1.1 研究背景与意义

在(高)超声速流动中,存在激波、膨胀波、边界层等流动结构之间的相互作用。激波/边界层干扰(shock wave/boundary layer interaction,SWBLI)就是其中一种,Ferri[1]于1939年首次在实验中发现了这一现象,此后人们对这一现象开展了大量的研究工作。其广泛发生在(高)超声速飞行器外表面、跨声速翼型表面、运载火箭的外表面、(高)超声速进气道内及隔离段、燃烧室内等位置。

在(高)超声速飞行器的内部流场和外部流场中,激波/边界层干扰将导致流场区域内激波波系的显著变化,使得流动在壁面分离,产生流场畸变,造成大量能量损耗,并使得总压恢复降低[2-4]。同时,激波/边界层干扰会使流场发生非定常振荡以及飞行器局部气动力、热载荷过高等严重问题,还可能导致吸气式发动机进气道内气流边界层增厚、流道出现"壅塞",甚至导致进气道不起动,影响发动机的正常工作[5-7]。在高超声速飞行器的相关研究中,激波/边界层干扰是必须引起重视的主要问题。因此,对激波/边界层干扰进行控制,有利于高速飞行器安全稳定地运行。

流动控制是应用流体技术中最主要的研究领域,随着认识水平和工程技术的发展,流动控制技术已经取得了许多重要的突破。现有的激波/边界层控制方法主要包括微型涡流发生器(micro vortex generator,MVG)、边界层抽吸、壁面鼓包以及脉冲射流、磁流体控制、等离子体控制等方法。

当前有多种控制方法,且研究人员也更倾向于研究流动结构复杂、能够产生反馈的主动控制系统,但最有效、结构简单、应用最安全的方法还是以MVG为主。同时,由于其应用范围广,安全风险低,在飞行中出现脱落产生异物的风险很低,可以应用于(高)超声速飞行器的进气道内。

MVG 虽然以被动控制为主,但可以作为主/被动一体控制的重要组成部分。MVG 及其组合体是近年来(高)超声速飞行器内外流动中最有应用前景的激波/边界层干扰控制方式,并成为当下激波/边界层干扰控制研究的热点。

因此,本章总结了近期激波/边界层干扰的研究及微型涡流发生器控制激波/边界层干扰的研究进展情况。

1.2 激波/边界层干扰研究进展

激波/边界层干扰通常发生在超声速和高超声速流动中。如图 1.1 所示,超声速来流边界层内的流体在黏性力的作用下,边界层内的速度从靠近主流的超声速呈正比例降低到接触壁面的零速度,导致入射激波滞止在边界层内的声速线上,而不会终止在壁面位置。由于激波压缩效应产生的波后压升无法影响上游流场,只能从靠近壁面的亚声速区域传播到上游,即产生了逆压梯度,进而干扰区域内流体速度降低,流线自壁面向上凸出,边界层厚度增加,干扰区域内流体速度减慢。边界层抵抗逆压梯度的能力较差,因此当激波强度达到一定程度时,流动即出现分离并产生较高的总压损失[8,9]。在壁面流动发生分离的情况下,激波/边界层相互作用区域的流场结构会比壁面流动未发生分离条件下更复杂。

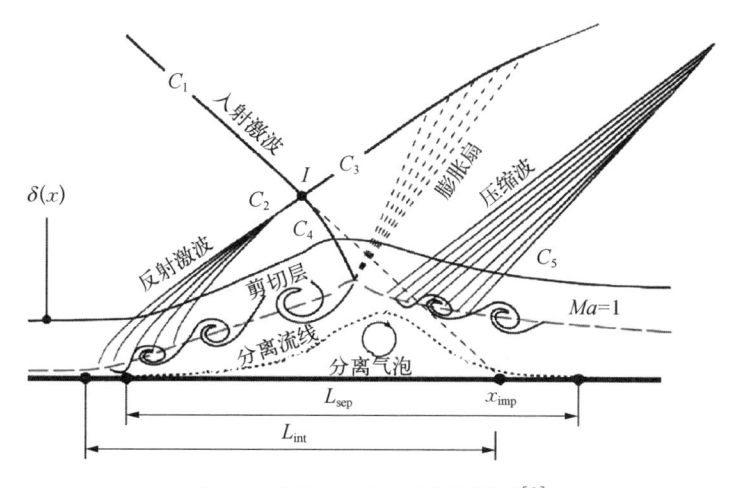

图 1.1 激波/边界层干扰示意图[8]

根据对流场干扰的特性分析侧重,可以分为时均干扰流场特性分析和动态干扰流场特性分析。

1.2.1 时均干扰流场特性分析

对时均干扰流场特性进行分析,能够更加清晰地分析干扰流场组织结构,有利于掌握工程设计的实际情况。

王博[10]分析了 SWBLI 流场与理论无黏激波反射中波系结构及主流参数的差异,对比研究了不同入射激波强度下 SWBLI 流场时均波系结构、边界层形态及分离区尺度的变化,并基于雷诺平均对 SWBLI 流场流向动量平衡进行分析,确认了压力梯度与当地动量平衡在 SWBLI 流场中的主导作用。

Zhou 等[11]基于二维预测结果,分别得到了低马赫数和高马赫数两个模型的分离长度,来流马赫数的范围为 $2 \leqslant Ma \leqslant 7$。但是,在他们的研究中并未考虑激波/边界层干扰的三维情况。

2018 年,Vanstone 等[12]实验研究了在马赫数为 2 的流场中,不同压缩角的两个中等后掠压缩斜坡产生的 SWBLI 平均流动结构。这也是第一批使用粒子图像测速(particle image velocimetry, PIV)技术研究后掠压缩斜坡流场的研究之一。研究发现,分离区域外的流向速度分量和体表的流动特征能同时达到准锥形状态,而分离区内的速度流向分量和横向分量需要较长时间才能恢复准锥形状态,表明低量级速度分量的起始区域实际上大于先前的假设。

Yue 等[13]研究了唇罩激波对简单斜坡型高超声速进气道再起动特性的影响。唇罩激波强度是决定进气道再起动的关键因素,更强的唇罩激波会导致更大的分离气泡和更高的压力损失,从而降低进气道的再起动能力。他们通过实验确定了唇罩角度的敏感范围为 7°~9°,并提出了一个多段无合并唇罩激波的设计概念,且验证了其能显著提高进气道的再起动能力。

2019 年,Funderburk 和 Narayanaswamy[14]研究了来流马赫数为 2.5 的情况下,负弯曲压缩斜坡处产生的 SWBLI。斜坡安装在一个半圆形空心圆柱的内表面上,并与具有相同斜面角的平面情况相比,如图 1.2 所示。结果表明,与平面斜坡相比,负弯曲斜坡显著增加了分离尺寸。

Pasha 和 Juhany[15]研究了来流马赫数为 12.2 的双锥体表面流场下层流高超声速 SWBLI 中壁温对分离泡尺度的影响。研究发现,随着壁温升高,分离泡的尺寸及分离激波的长度均增加。

Huang 及其团队[16]为了节省计算成本,提出了一种基于平均流动划分的工

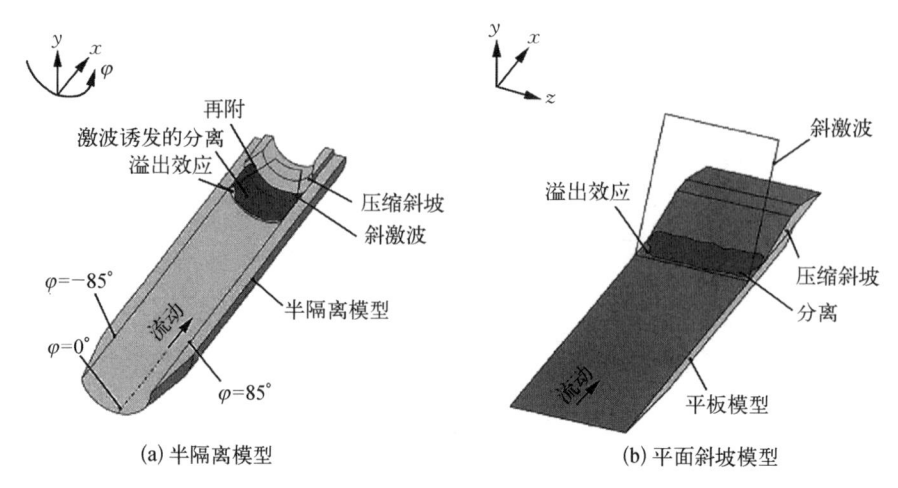

图 1.2 半隔离模型和平面斜坡模型的等轴视图[14]

程方法来预测 SWBLI 入射区域压力波动的分布。

1.2.2 动态干扰流场特性分析

分离过程通常不稳定并导致流场产生大规模非定常振荡[17],并且它通常与分离激波的低频振荡相关,其频率远低于来流的边界层湍流[18]。

2015 年,Gaitonde[19]从流场低频振荡[20]、传热预测能力、复杂相互作用现象和流动控制技术四个方面总结了激波/边界层相互作用研究的最新进展。然而,激波/边界层干扰控制研究在他的工作中占比很小,并且没有对激波/边界层干扰的智能控制进行研究。

Huang 和 Estruch-Samper[21]实验研究了马赫数为 3.9 的轴对称湍流边界层上的典型表面不连续性引起的大规模扫频激波/湍流边界层干扰的低频振荡。Pasquariello 等[22]也分析了高雷诺数流动下的激波/湍流边界层干扰中剧烈流动分离的典型频率和低频率动力学。Clemens 和 Narayanaswamy[23]在他们的综述中声称,最近提出的剪切层夹带-再补给机理应该可以充分地描述低频动力学。

2018 年,Knight 和 Mortazavi[24]回顾了自 1993 年以来的高超声速激波/边界层干扰研究,他们发现直接数值模拟(direct numerical simulation,DNS)方法是获得平均和波动气动热负荷最有效的预测方法,但是使用该方法的计算成本和时间消耗都非常大。Vyas 等[25]使用壁面分解的大涡模拟(large eddy simulation,LES)来模拟激波/边界层之间的相互作用,以检查雷诺应力分布。

为了正确地预测分离区的大小，Hao 和 Wen[26]研究了振动不平衡性对低总焓下高超声速双锥和空心圆柱火焰流的影响，并考虑了三种不同的流动模型，分别为完全气体与振动非平衡态气体的混合物、完全气体与具有不同模式振动非平衡的混合物及完全气体和量热完全气体的混合物。

2020 年，孙东等[27]采用 DNS 方法研究了激波/边界层干扰中强展向振荡的影响，发现展向振荡作用会使流动提前分离；振荡穿透深度较浅，因此对整体流动结构的影响不大，但会对壁面附近造成较大影响。

通过对激波/边界层干扰现象的深入研究，人们发现通过流动控制的方法避免激波/边界层干扰带来的不良影响，这对于理论研究和科学实践都非常重要。

1.3 激波/边界层干扰控制研究进展

为了降低激波/边界层干扰所引发的负面作用，需要采用流动控制的方法来解决问题。流动控制的位置可以在激波/边界层干扰位置之前或发生干扰的作用点对流场进行操纵或调整。从控制的流动结构来看，流动控制的方法可以分为控制激波和控制边界层。目前应用较为广泛的方法是控制边界层。该方法通过改变在激波/边界层相互作用点以及之前的近壁流场，达到防止或减小激波引起流动分离的目的。

流动控制的类型主要分为被动控制和主动控制。其中，被动控制包括边界层抽吸[28-30]、壁面鼓包[31-33]、微型涡流发生器等方法；主动控制包括吹除控制[34]、射流控制[35-39]、磁流体控制[40,41]、等离子体控制[42-44]等方法。目前控制方式多种多样，研究人员更倾向于研究可以主动控制且有反馈的复杂流动控制系统，但最有效、结构简单、应用最安全的方法还是以微型涡流发生器为主。因此，微型涡流发生器及其组合体是近年来(高)超声速飞行器进气道中最有应用前景的控制方式，并成为 SWBLI 控制研究的热点。

1.3.1 微型涡流发生器在内部流场中控制研究进展

涡流发生器(vortex generator，VG)于 1947 年被提出，目的是防止因气流分离而使飞行器偏离设计状态[45]。自出现以后被广泛地研究和使用，逐渐成为现有飞机边界层分离控制中常用的被动控制技术。

传统的 VG 高度一般与边界层高度相当或者略高于边界层，应用于超声速情况下时存在附加阻力过大且对主流产生的扰动过强等问题,因此提出了减小VG尺寸的发展思路。

微型涡流发生器是一种有效的流动控制装置,相对于传统的 VG,其尺寸大大减小,高度一般为边界层高度的 10%~70%。其通过尾流产生的流向漩涡对将边界层上层的高能气流卷入边界层底层并与底层低能气流掺混,从而提高边界层底部低速区的动量,提升其抗逆压力梯度的能力,实现对边界层分离的控制,在(高)超声速飞行器的内外流动中都具有广泛的应用前景。微型涡流发生器的高度比当地边界层的厚度要小,使得微型涡流发生器的附加阻力很小,有利于减小非控制状态下的流动阻力,并能够在很大程度上减小涡流发生器的局部热载荷。

张悦等[46]在综述中将常见的微型涡流发生器总结为如下几种:斜坡式 MVG(microramp)、翼片式 MVG(microvane)、鱼骨式 MVG(wishbone type)和多片惠勒叶片式 MVG(Wheeler vanes),如图 1.3 所示。其中,斜坡式 MVG 由于其结构稳定且热防护相对容易,是当前研究的热点流动控制技术。

(a) 斜坡式MVG

(b) 翼片式MVG

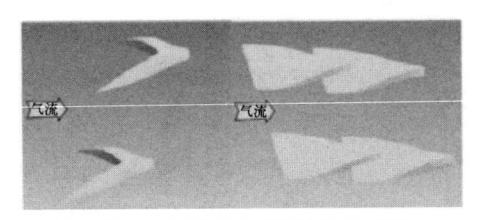

(c) 鱼骨式MVG和多片惠勒叶片式MVG

图 1.3　几种微型涡流发生器[46]

Babinsky 等[47]通过实验研究了 MVG 的控制性能。他们研究了通过斜坡高度为边界层厚度 30%～90% 的不同几何尺寸斜坡式微型涡流发生器在马赫数为 2.5 的流动中减小分离的作用。研究发现，一般的流动特征会随着斜坡高度的变化而变化，因此需要将微型涡流发生器放置在预期中不能抵抗逆压梯度的地方。最大的斜坡尺寸具有最强的影响，然而，它也产生了最大的动量损失（阻力）；最小的装置高度能够产生几乎相似的有益效果，而不会产生显著的装置阻力。局限在于未找到满足控制需求的最小尺度 MVG。通过壁面油流实验观察获得了斜坡式微型涡流发生器的精细流场结构及下游流场的发展。

如图 1.4 所示，当流体流过斜坡时会产生两个反向旋转的初级涡旋；斜坡侧壁面和平板下壁面的交界处以及斜坡顶部边缘处会产生次级涡旋；斜坡前缘会产生一个较小的马蹄涡。初级涡旋将使边界层内低能流体向上翻卷，上方高能流体卷入边界层，并在一定距离后耗散，如图 1.5 所示。

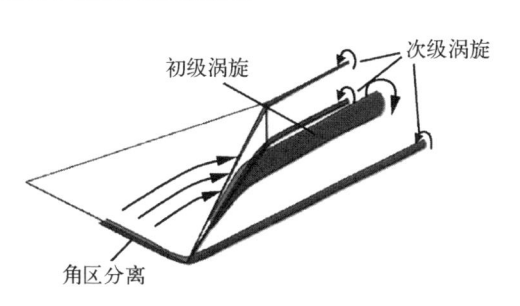

图 1.4 MVG 的精细流场结构示意图[47]

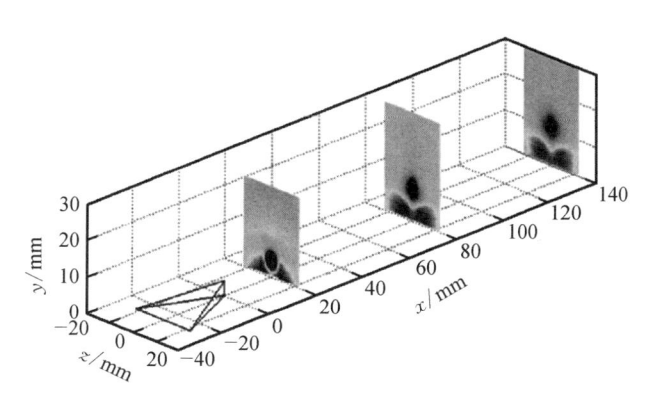

图 1.5 MVG 流场流向发展图[47]

Pitt Ford 和 Babinsky[48]研究了在来流马赫数为 2.5 的情况下，斜坡式 MVG 对斜激波/边界层干扰的控制机理，通过四组不同高度的斜坡式 MVG 实验发现不同高度下的 MVG 流场结构相似，都会产生一对反向旋转的高能涡旋并减小当地边界层厚度。将斜坡式 MVG 安装在干扰区的上游时控制效果较优。虽然还未消除流动分离，但原先的二维分离已经被分解为周期性的三维分离区，减小了分离尺度并增强了分离区内的压力梯度。

此外，该研究还发现，在马赫数为 2.5 的流动情况下，MVG 单独控制激波/边界层干扰的能力有限，因此提出了将 MVG 和边界层抽吸结合起来的设想。该研究局限在于，并未探明在马赫数为 2.5 的情况下斜坡式 MVG 控制效果不如其他控制方式的原因，也并未提出最佳的 MVG 设计参数。

Blinde 等[49]设计了在来流马赫数为 1.84 的情况下单排阵列和交错阵列的斜坡式 MVG 控制方案，并通过立体 PIV 技术进行了观测，发现 MVG 的顶点下游会产生多组独立涡旋对，在时均情况下类似一对反向旋转的流向涡旋。单排阵列式和交错阵列式分别能降低分离长度的 20% 和 30%，其中单排阵列式 MVG 方案如图 1.6 所示，证明了该方案的可行性，并发现交错阵列式 MVG 可以有效降低干扰中的非定常特性。

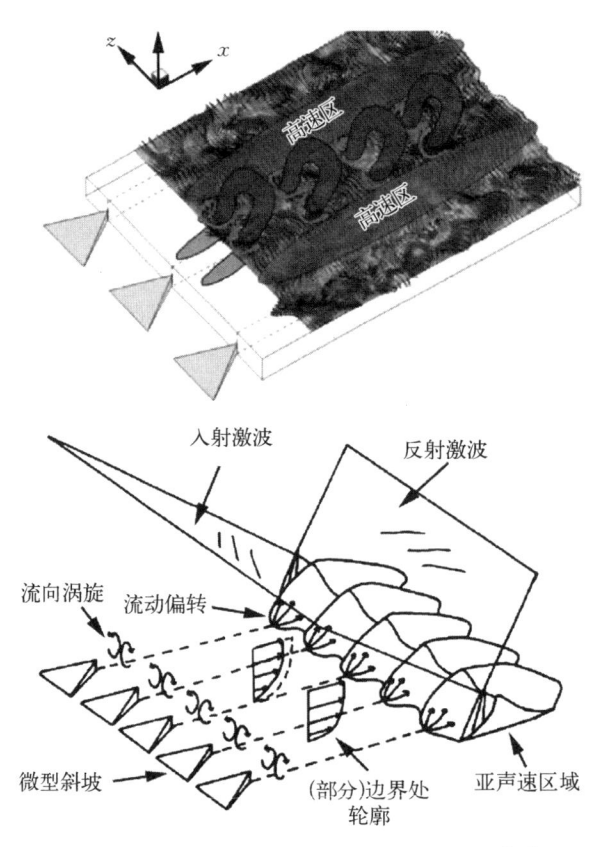

图 1.6 单排阵列式 MVG 流场结构示意图[49]

Shinn 等[50]进行了斜坡式 MVG 改善超声速进气道起动性能的研究。在马赫数为 2.0 的情况下能稳定工作的进气道，当未控制时，将来流马赫数降低到

1.8,进气道不起动;而在安装斜坡式 MVG 后进气道恢复了起动,并且缓解了进气道内的激波振荡。微型涡流发生器对进气道内激波/边界层干扰的控制能力已被证实,但是其控制能力仍然有限,且该研究并未建立 MVG 的设计参数与改善进气道起动性能之间的联系。

因此,各类针对 MVG 的设计参数研究逐渐展开。Zhang 等[51]提出了一种大后掠斜坡式 MVG 阵列的控制方法,通过仿真和实验验证了该种 MVG 确实能够有效控制激波诱导的边界层分离。如图 1.7 所示,在使用时该涡流发生器阵列置于激波/边界层干扰区间,激波撞击到大后掠的斜坡后部,该 MVG 特殊的结构诱导出"预增压效应"、"分割效应"、"限流效应"和"掺混效应",有效地抑制了激波冲击点附近的逆压梯度,减小边界层分离并促进分离流动的再附。

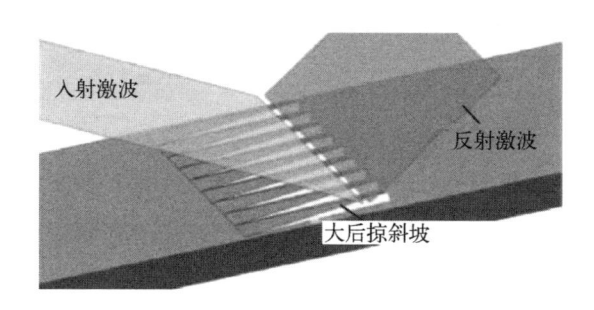

图 1.7 大后掠斜坡式 MVG[51]

2018 年,张悦等[52]在大后掠 MVG 的基础上增加了形状记忆合金(shape memory alloy,SMA),设计了能够控制不同来流情况的可变形大后掠 MVG,并将其与进气道融合,其结构如图 1.8 所示。

可变形大后掠 MVG 的设计思路是将可变形大后掠 MVG 布置在进气道入

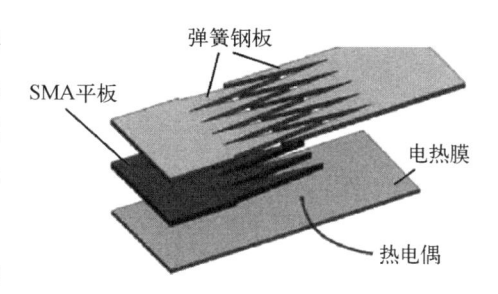

图 1.8 可变形大后掠 MVG 结构示意图[52]

口,当进气道入口以低马赫数工作,分离对进气道性能影响较小时,可变形大后掠 MVG 与进气道下壁面融合,避免下游流场受到其诱导的漩涡干扰;当来流马赫数增高,进气道唇罩激波入射并诱发大范围的边界层分离时,可变形大后掠 MVG 的后缘向上卷曲,以抑制边界层分离,如图 1.9 所示。

图 1.10 给出了涡流发生器在风洞条件下的变形情况,图中 h 为进气道通道高度。可以看出,在风洞吹风条件下,成功实现了涡流发生器的自动变形,并且

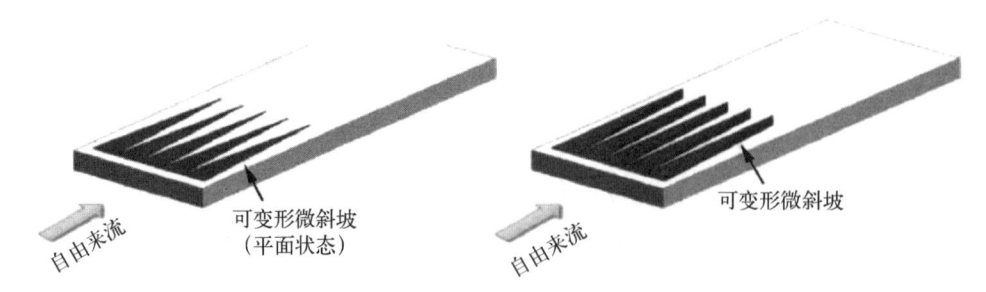

图 1.9　可变形大后掠 MVG 控制方法示意图[52]

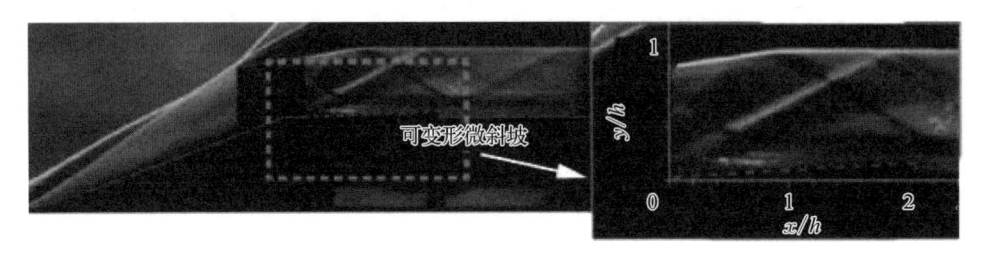

图 1.10　可变形大后掠 MVG 风洞实验图[52]

实验和仿真结果表明,在大后掠涡流发生器的控制下,进气道出口总压恢复系数明显提升。

Yan 等[53]在数值计算的基础上,对涡环结构进行了详细的研究,并在动量亏缺区域内发现了三维表面拐点,如图 1.11 所示。他们对涡环的形成机理进行了分析,发现由动量损失产生的高剪切层和拐点面的存在会引起相应的开尔文-亥姆霍兹失稳,并发展成一系列的涡环。实验结果表明,MVG 后的流场中存在

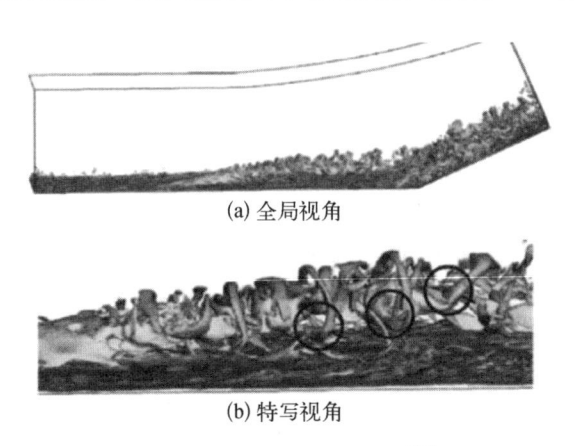

(a) 全局视角

(b) 特写视角

图 1.11　涡环涡量示意图[53]

一系列的涡环,这些涡环结构与数值模拟中发现的涡环结构定性相似。此外,他们还研究了展向涡量与流向涡量的关系,涡量守恒控制了涡量的发展过程。

Kaushik[54]设计了一种新型斜坡叶片式MVG,如图 1.12 所示,并与高度相同的传统MVG 进行了对比实验,研究了高度分别为 600 μm、400 μm 和 200 μm 的 MVG 在马赫数为 2.2 的进气道中的流动控制情况。结果表明,在设计工况和非设计工况下,高度为 200 μm 的新型斜坡叶片式 MVG 的控制性能最优。

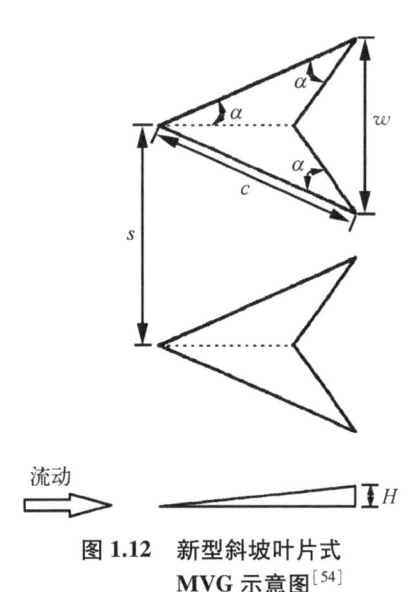

图 1.12 新型斜坡叶片式 MVG 示意图[54]

如图 1.13 所示,在进气收缩比为 1.23 时,采用高度为 200 μm 的斜坡叶片式 MVG 可使下游位置的静压降低 24%。此外,与传统 MVG 的压降为 8.4% 相比,在进气收缩比为 1.20 时,斜坡叶片式 MVG 可以将静压降低至 11%,从而产生理想的上游效应。即使在进气收缩比为 1.13 时,高度为 200 μm 的斜坡叶片式 MVG 也能使静压显著降低 18% 左右,这比相同高度的传统 MVG 高出约 8%。

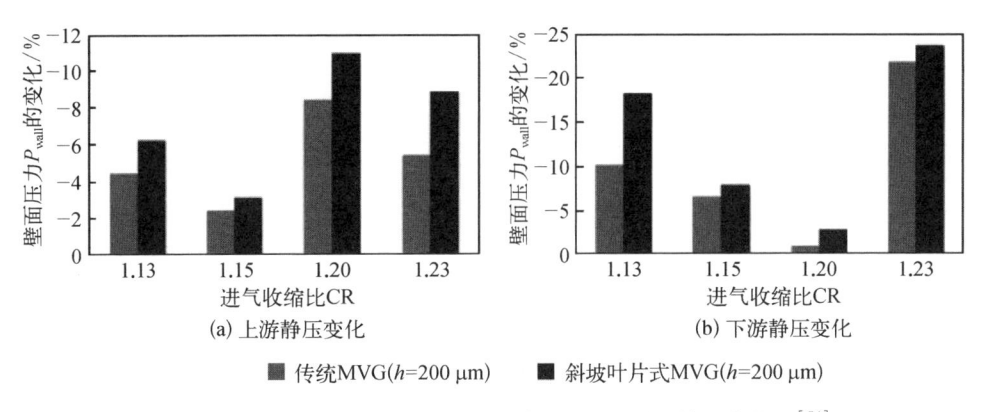

图 1.13 不同进气收缩比下斜坡叶片式 MVG 控制静压变化图[54]

Verma 和 Manisankar[55]测试了五种 MVG,并评估其在马赫数为 2.05 流动中控制分离的有效性,分别 Ashill、Anderson、Split-Anderson(分离式 Anderson)、梯形(TRZ)和斜板叶片式(RV1)设计。此外,他们还研究了一种高度为边界层厚度 50%的斜板叶片式 MVG(RV2),并取得了非常优异的控制效果。这些构造均以波纹形式在分离线中沿展向变化。六种 MVG 如图 1.14 所示。

(a) Ashill (b) Anderson (c) 分离式Anderson

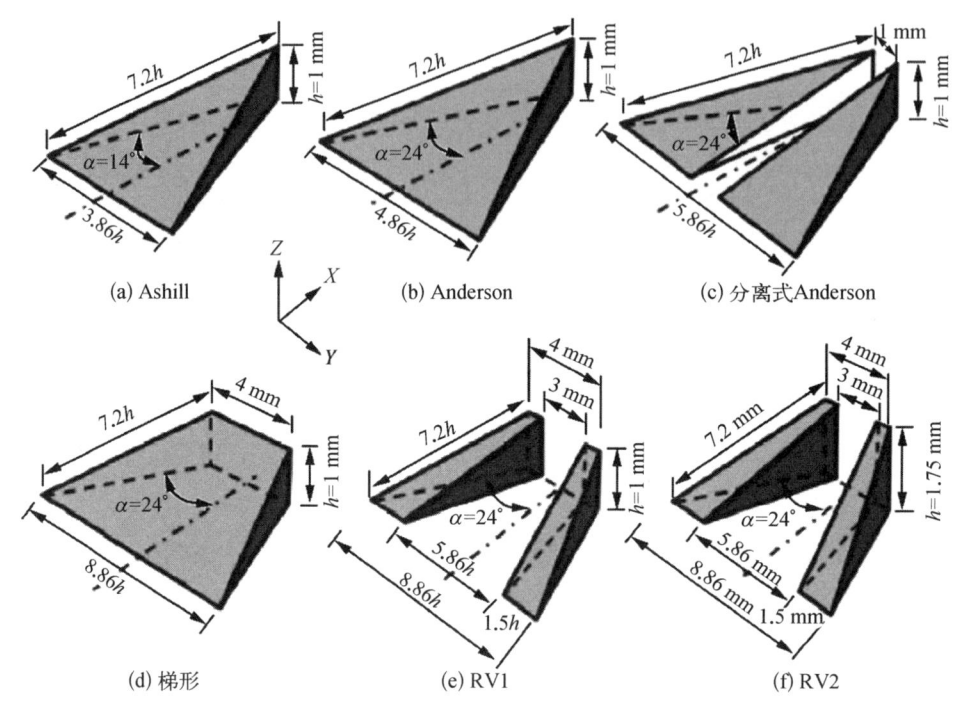

(d) 梯形 (e) RV1 (f) RV2

图 1.14　斜坡式 MVG 示意图[55]

Wang 等[56]基于纳米粒子平面激光散射(nanoparticle-based planar laser-scattering, NPLS)系统和 PIV 技术也清晰地观察到了斜坡式 MVG 在马赫数为 2.7 和雷诺数为 5 845 的流场中抑制分离的作用,图 1.15 为 MVG 影响流场的流向 NPLS 图像,能够清晰地观察到 MVG 尾流的演变,也可以观察到发卡涡的形成,这些涡通过 SWBLI 干扰区后继续存在,并使反射激波发生严重扭曲,激波的形状也会随涡流位置的改变而变化。图 1.16 为对应的 PIV 图像,可以明显观察到剪切层,并观察到在 MVG 影响下,分离区明显减小,边界层的畸变也得到缓解。NPLS 技术和 PIV 技术为后续实验研究提供了很好的实验依据。

Bagheri 等[57]利用 OpenFoam 软件对低展弦比管道内马赫数为 2.05 的三维可压缩流动进行了数值研究,并评估了高度为 10 μm 的四种不同形状 MVG 的控制性能,如图 1.17 所示,C2 为瓢虫体,C3 为 NACA4412 翼型体,C4 为 NACA4412 翼型外沿体,C5 为该翼型内沿体。将上述四种不同形状的 MVG 与简单几何体

(a) 无MVG控制

(b) 有MVG控制

图 1.15 中位面流向结构的 NPLS 图像[56]

(a) 无MVG控制

(b) 有MVG控制

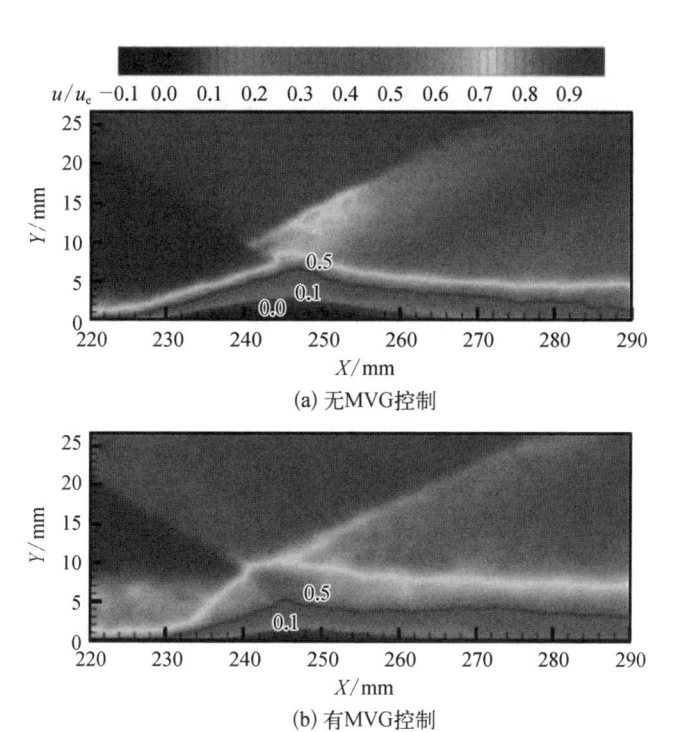

图 1.16 中位面平均流向速度分布(u/u_e)的 PIV 图像[56]

(a) C2　　　　(b) C3　　　　(c) C4　　　　(d) C5

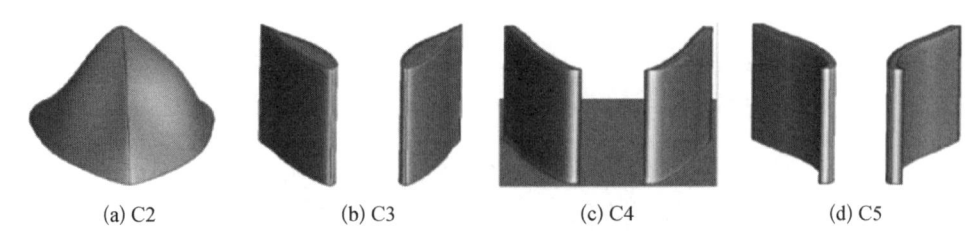

图 1.17　采用不同的 MVG 构型图[57]

C1(图中未表示)放置在管道上壁面斜坡产生分离区域的起始位置进行对比,图 1.18 为不同 MVG 控制流场的压力梯度分布图。结果表明,MVG 的存在对可压缩流动结构的影响如下:

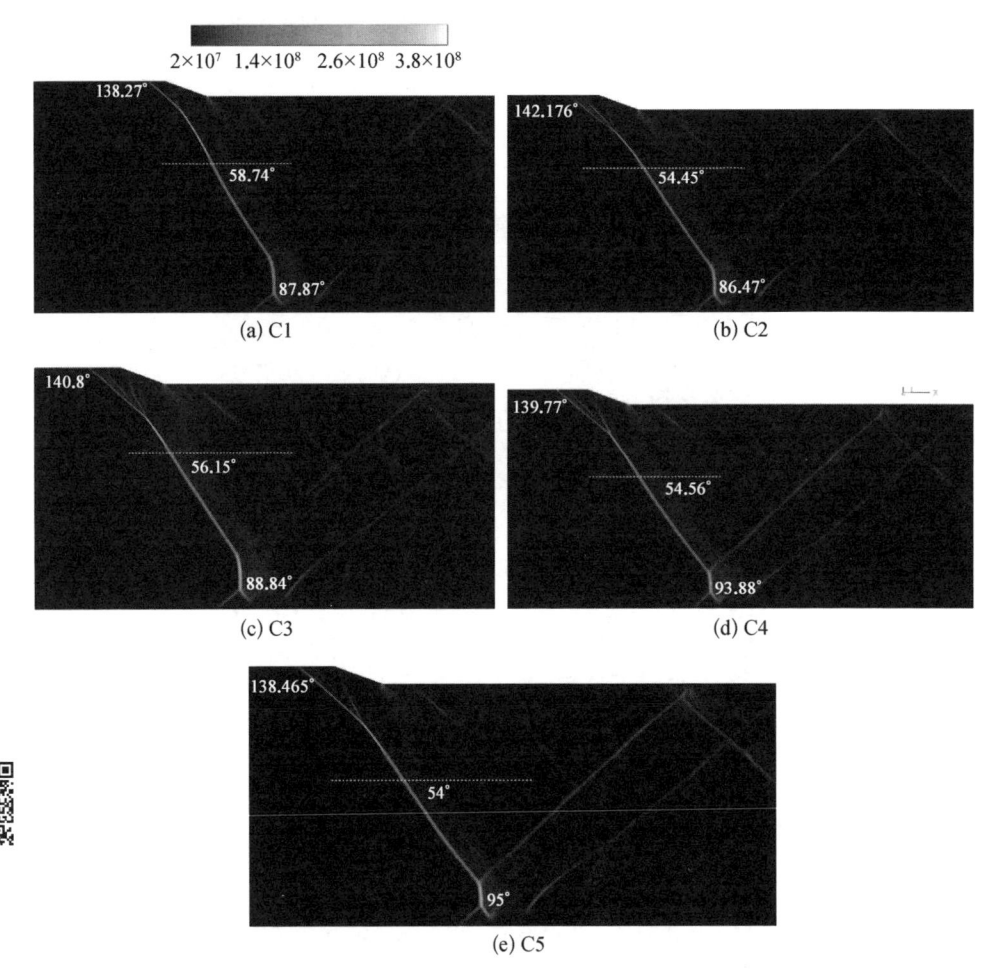

2×10^7　1.4×10^8　2.6×10^8　3.8×10^8

(a) C1　　　　　　　　　　　(b) C2

(c) C3　　　　　　　　　　　(d) C4

(e) C5

图 1.18　流道内中位面的压力梯度分布图[57]

（1）改变激波入射角并降低激波强度。
（2）使激波向上游运动并抑制下壁面上的流动分离。
（3）在靠近壁面处形成较大角度的 λ 激波。
（4）NACA4412 翼型外沿体形状的 MVG 使得流场的能量损失和激波强度最低。

赵永胜等[58]研究了动态 MVG 对马赫数为 4 的 SWBLI 流场的控制机理和流场结构。如图 1.19 所示，当 MVG 向下游移动时，对 SWBLI 区域的压力作用明显；激波入射引发的高压显著降低，且在设置的对照组内 MVG 移动速度越高，控制效果越明显。如图 1.20 所示，MVG 的尾迹涡会影响干扰区域内的涡结构；随着 MVG 向下游移动，对干扰区域的涡结构影响进一步增强。

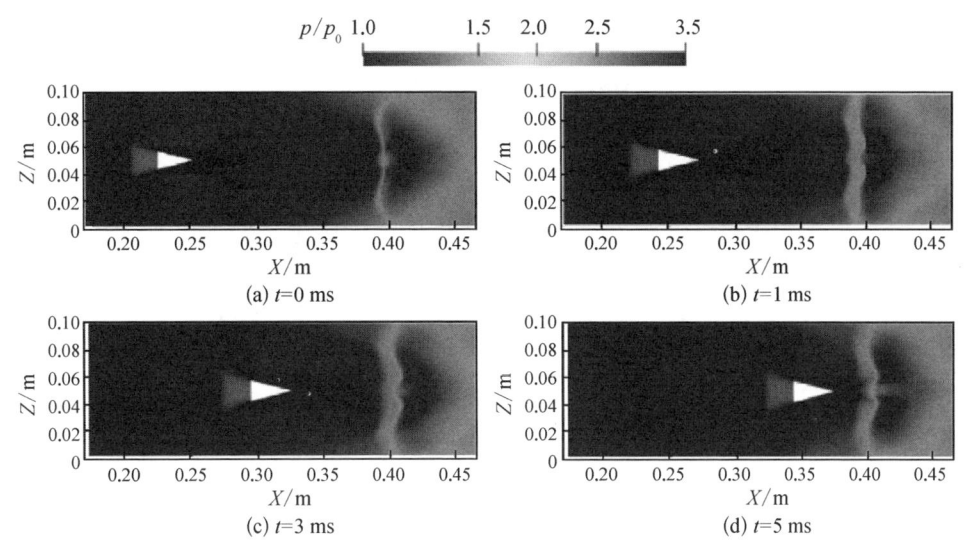

(a) $t=0$ ms

(b) $t=1$ ms

(c) $t=3$ ms

(d) $t=5$ ms

图 1.19　不同时刻的压力分布[58]

(a) $t=2$ ms

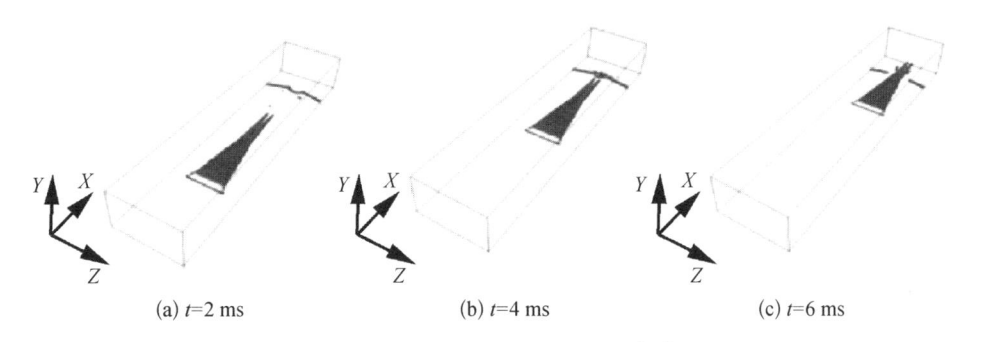

(b) $t=4$ ms

(c) $t=6$ ms

图 1.20　动态 MVG 流场涡结构[58]

上述流动控制方法主要针对的是内部流动中所采用的控制方式。

1.3.2 微型涡流发生器在外部流场中控制研究进展

外部流动中，MVG 流动控制依然是研究的重点和热点。Estruch-Samper 等[59]研究了由 MVG 在马赫数为 8.9 的流动中引起的高速流动分离。MVG 位于高超声速钝圆柱体/喇叭体的表面上，以便获得不受侧壁干扰影响的数据，如图 1.21 所示。在图 1.21 中，x_h 为模型前缘与 MVG 前缘之间的轴向距离，x_f 为模型前缘喇叭张开与前缘之间的轴向距离，R 为钝头半径，φ 为圆柱截面直径，α 为张开角。

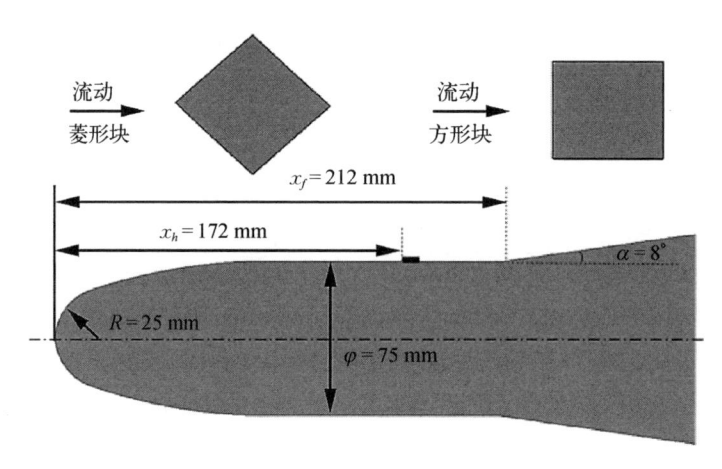

图 1.21 菱形与方形 MVG 安装示意图[59]

Martis 等[60]采用两种几何形状的斜坡式 MVG 来控制马赫数为 4.0 超声速流动中的后掠激波/边界层干扰，并评估了微型斜坡宽度和间距的影响。研究发现，在斜坡式 MVG 下游边界层分离有明显的延迟，且较大的斜坡高度更有利于延迟分离。同时，斜坡的宽度和间距是影响其控制分离效果的主要因素。

在跨声速翼型绕流中，机翼后缘及激波/边界层相互作用区域内的激波会导致压力波的产生。Gageik 等[61]通过实验验证和数值仿真验证了在来流马赫数为 0.76、雷诺数为 10^6 的情况下，MVG 抑制压力波和稳定流场方面的适用性。通过数值纹影和进一步可视化，描述了 MVG 周围的流动，并结合涡量分析证实了沿翼展方向的不稳定波被部分分解。

跨声速流中机翼/机体接合处的激波/边界层相互作用引起的角流分离是有害的，Koike 和 Babinsky[62]采用涡流发生器来减少角流分离。他们评估了在来流马赫数为 1.4 的情况下,MVG 方向及其大小和位置对减少角区流动分离的影响。结果表明,在趾部向外的情况下,分离行为可分为三种模式,即剥离模式、黏附模式和无影响模式,如图 1.22 所示,发现剥离模式可有效减少角区流动分离。

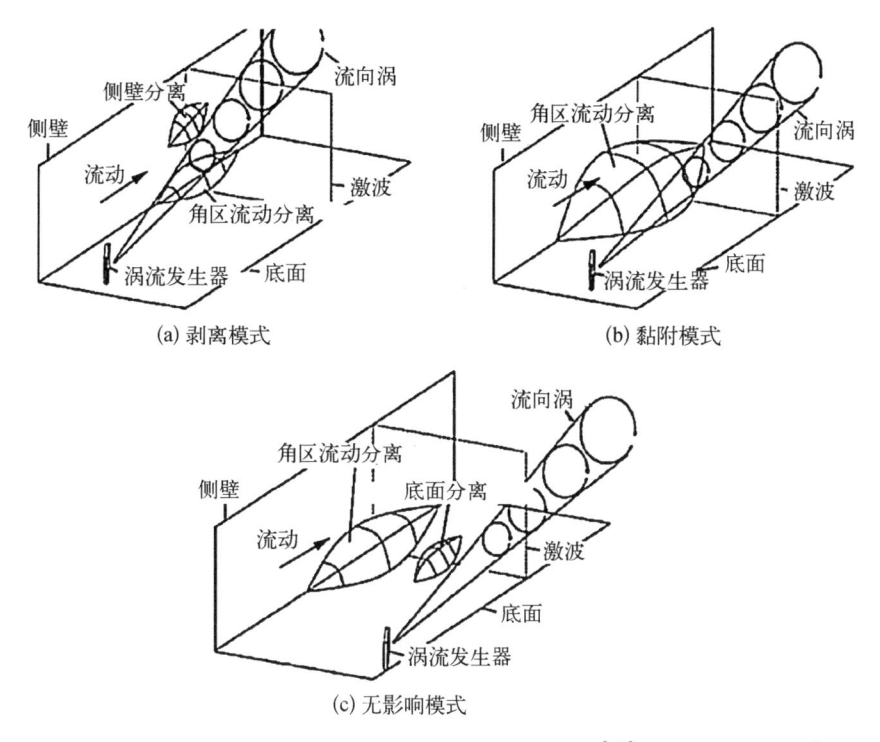

图 1.22 趾部向外分离模式示意图[62]

Gao 等[63]通过三维数值模拟研究了涡流发生器对钝尾缘翼型 DU97-W-300 流动的影响。通过分析涡流发生器的后缘高度、长度以及相邻 VG 间的距离等参数,结合对比实验结果发现,VG 的使用有助于增加钝后缘翼型的最大升力系数和静失速迎角;VG 后缘高度的增加有助于升力系数的提升,但对阻力造成的影响比升力更加敏感,从而导致升阻比降低;VG 长度的增加对阻力和升力都造成不利影响;适当增加相邻一对 VG 的间距有助于抑制流动分离。

Huang 等[64]研究了超临界机翼涡流发生器对跨声速激波/边界层干扰的控制作用。研究发现,多 VG 的排列方式对控制边界层分离和展向流动的效果更优。另外,将 VG 放置于分离区前方能大幅减少翼型低速大攻角下分离流动。

1.3.3 次流循环控制研究进展

Pasquariello 等[8]通过隐式大涡模拟研究了次流循环的控制作用,即通过下壁面上嵌入的管道将分离区内的抽吸和相互作用区域上游的吹除结合起来,如图1.23所示。在他们的研究中,分离区域内的抽吸位置发生了变化,而吹除位置保持固定。次流循环的优势在于该方法是将激波/边界层干扰造成的分离区内的高压气体通过次流通道吹入前方主流区域。由于分离区内低能气体从激波/边界层干扰区域抽除,边界层抗逆压梯度的能力得到提高,抑制了分离区的

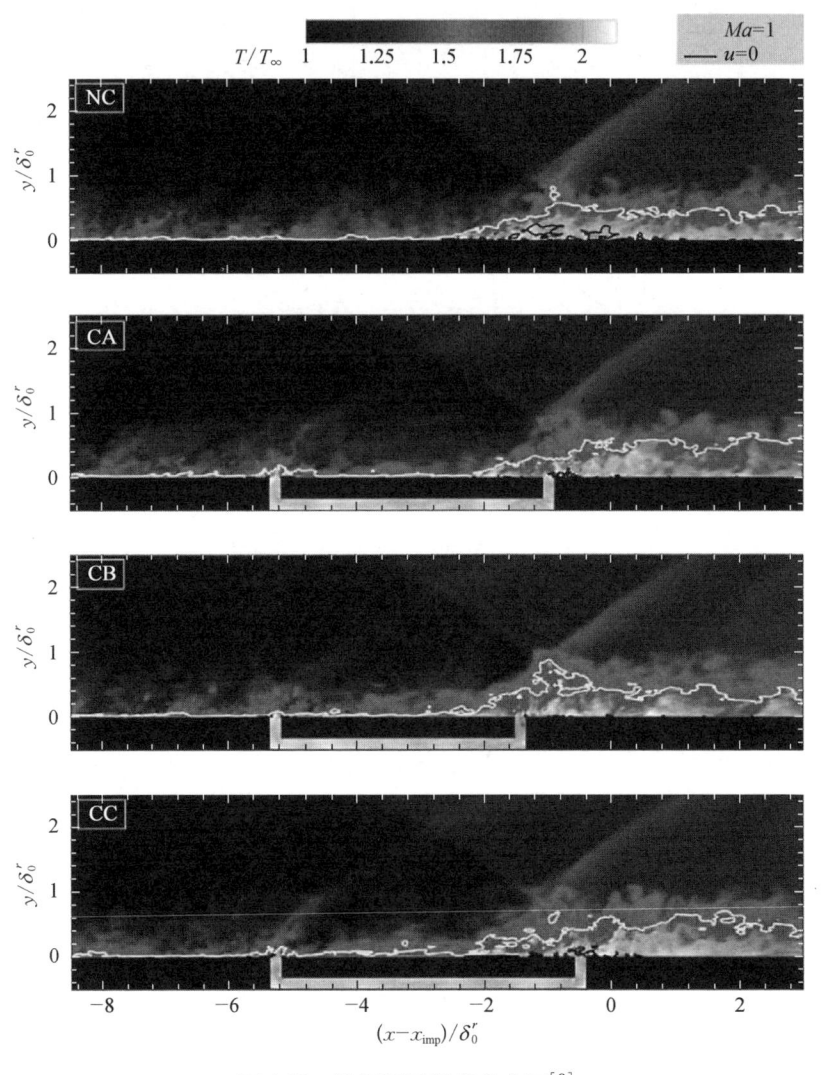

图 1.23 流场瞬时温度分布图[8]

产生,达到了控制的目的,同时抽吸部分的气体最终流入主流场,所以不会造成流量损失。

同时次流循环方案在 Dong 等[65]的研究中应用于横向射流流场,并很大程度地增强了燃料和空气之间的混合过程,但对于控制流动分离并未过多提及。

在熊有德等[66]的研究中,对次流循环控制方案和抽吸控制方案进行了对比研究,通过数值仿真对比了两种控制方法控制进气道喉部激波/边界层干扰形成的大规模分离区中的流场结构和流场品质的变化,发现两种控制方法均能减小分离区的范围,降低分离区内的压力和回流速度,提高流场均匀性。之后比较了不同马赫数下两种控制方法的性能。结果表明,次流循环方法与抽吸方案近似,能显著降低进气道不起动马赫数,提升总压恢复系数,但不会带来流量损失和静压比下降的影响。他们的研究中并未过多提及次流循环抽吸口和吹除口位置大小等参数设计,因此其控制效率相比于传统抽吸方法较低。

Yan 等[67]研究了次流循环所引起的流动控制效率,结构如图 1.24 所示。通过对比 5 组不同设计参数与无控制模型等,评估抽吸口和吹除口尺寸、再循环通道的高度和长度对流量控制效率的影响,并得出以下结论:

(1) 吹除口和抽吸口的位置对流量控制效率有很大影响,应将抽吸口放置在激波/边界层相互作用引起的分离区上游。然后,分离长度及沿下壁面的压力峰值将减小,并且该值应进行定量评估。

(2) 当采用次流循环控制方法时,将产生二次激波,这对于混合增强是有利

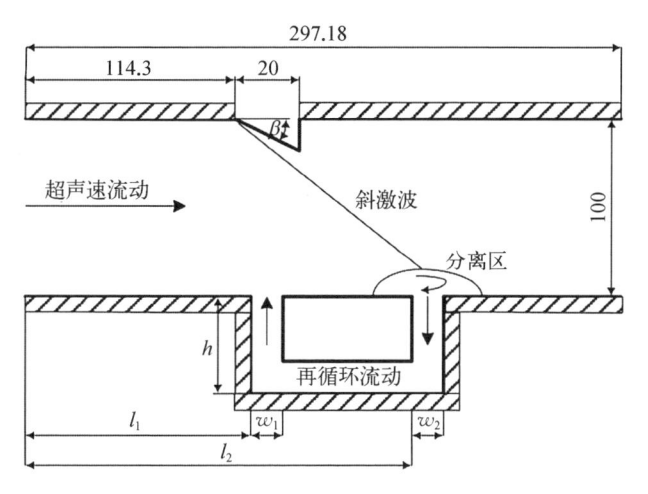

图 1.24 次流循环流场结构示意图(单位: mm)[67]

的。二次斜激波的强度随吹除槽和抽吸槽的位置而变化。

（3）吹除口和抽吸口的尺寸以及再循环通道的高度对流量控制效率的影响很小,在后续优化工作中应将其忽略。

Du 等[68]利用 RANS 方程和 SST $k-\omega$ 湍流模型,对次流循环在 SWBLI 流场中的流动控制情况进行了数值模拟;对比分析次流循环的不同参数方案(图1.25),验证了次流循环对于减小分离泡体积和平均壁面热流方面具有良好的控制效果。在分析不同方案流动机理的基础上,采用方差分析和 Duncan 检验法分析了设计变量与目标参数之间的关系。数值模拟结果显示,优化构型具有较优的控制性能。

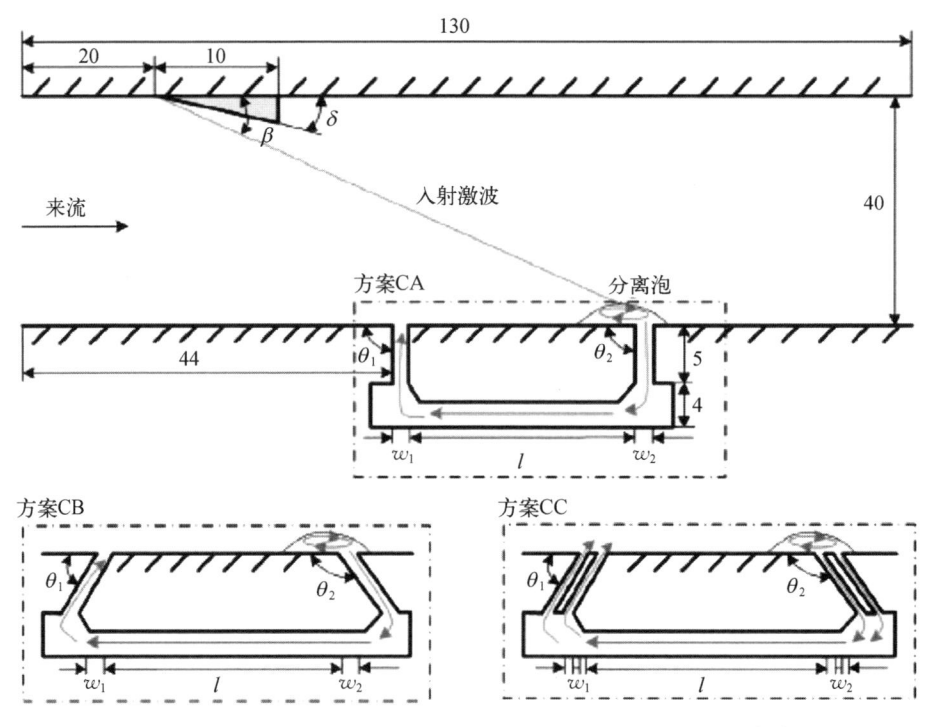

图 1.25　几种次流循环控制方案与参数设计图(单位: mm)[68]

微型涡流发生器作为近些年的研究热点,很多研究者对不同构型及分布等设计参数进行了深入的研究。但目前大部分研究局限在低马赫数的范围,高马赫数情况下的控制效果及产生的气动阻力和气动热问题都需要结合飞行器总体设计研究进行考虑,且仅考虑 MVG 的单一控制方法。实际上,MVG 也有其局限性。它的大小、构型、分布等设计参数都会对控制情况产生影响,目前关于设计参数优化的研究仍较为基础,后续可以采用参数设计优化及数据挖掘理论对 MVG 的设计参数进行优化。

当前国内外关于激波/边界层干扰的组合体控制研究相对空白,大部分研究针对单个控制方法进行深入挖掘,一部分研究基于单一控制方法的变形体进行了探索,少部分研究已经提出两种控制方法的组合,但较少应用于激波/边界层干扰的控制研究中。因此,多种控制方法的组合可以作为未来激波/边界层干扰的控制研究方向,其前景非常广泛。

在考虑激波/边界层干扰的组合体控制研究中,国内外关于微型涡流发生器的研究已经非常充分,大量的研究揭示了 MVG 的流动机理、控制性能以及局限性。目前次流循环作为一种较新的控制方法,其研究潜力是巨大的。它结构简单,控制效率高,且不会造成流量损失,后期还可以通过在次流通道上加装控制部件实现自适应控制的目的。将其与微型涡流发生器组合,可以加强对流场品质的控制,更大程度、更广范围地减小流动分离的情况。

1.4 本书主要研究内容

本书使用以数值模拟为主要手段,辅以风洞实验验证的方法,研究微型涡流发生器、次流循环系统及其组合体应用于超声速流场中激波/边界层干扰下的流动控制机理。本书基于选用的入射激波/平板边界层流场构型,分析微小斜坡型涡流发生器在不同流向位置下对 SWBLI 的控制效果,在分析其流场结构、分离区变化、总压损失、壁面热流与压力的基础上,获得较为优异的控制位置。研究基于次流循环控制构型的自适应流动控制方案,分析其应用于超声速流场中对激波/边界层干扰现象的控制机理,探索出能适用于不同来流马赫数和不同反压条件下 SWBLI 控制的最优次流循环控制构型和自适应控制方案。并在此基础上,把微小斜坡型涡流发生器与次流循环方法相结合,探讨不同组合方式的控制机理,获得较为理想的控制方案,实现在壁面热流和总压损失变化不大的情况下进一步减小分离泡体积的目标,为超声速及高超声速流场中的激波/边界层干扰提供新的流动控制思路。

全书共分为 8 章,各章内容如下。

第 1 章为绪论,系统介绍了激波/边界层干扰的现象、激波/边界层干扰的研究背景和研究意义,以及当前国内外激波/边界层干扰流动控制研究现状、微型涡流发生器应用的研究现状以及次流循环控制的研究现状。

第2章为数值模拟方法与实验系统,主要介绍本书所采用的数值方法、控制方程和湍流模型。基于已公开发表文献中的实验数据进行数值方法验证及网格无关性验证。对风洞实验平台设备的相关设计进行说明并介绍实验中采用的流动显示技术。

第3章研究微型涡流发生器流向位置变化对激波/边界层干扰控制效果的影响。主要分析微型涡流发生器周边的流动结构及应用于激波/边界层干扰流场的控制效果。并对比分析同构型尺寸的微型涡流发生器处于流场中不同流向位置时,总压损失、分离区体积、壁面热流等参数差异,获得较为理想的控制体位置分布。

第4章为次流循环构型设计及自适应控制方案研究。初步设计可用于不同来流马赫数的次流循环构型;对比分析在不同来流马赫数情况下的各控制方案对激波/边界层干扰现象的控制效果,找出最佳控制方案;根据各马赫数的最佳控制方案探究出自适应控制的机理并对其进行验证。

第5章研究不同次流循环控制构型的自适应控制性能。根据次流循环中抽吸孔大小及分布的差异设计六种构型。采用第4章的自适应控制方案,对比分析各构型在三种来流马赫数条件下的控制效果,并对各构型控制效果进行评分,找出综合控制性能最佳的构型。

第6章验证次流循环自适应控制在不同流场出口反压条件下的控制性能。采用第5章中的最佳控制构型,在流场其他参数不变的情况下改变出口压力,分析出口压力变化对激波/边界层干扰现象的影响,并得到此时的自适应控制方案和控制机理,验证了次流循环在有反压条件下对激波/边界层干扰的控制效果。

第7章设计研究几种微型涡流发生器组合体控制方案。在第3章~第6章研究工作的基础上,提出微型涡流发生器与次流循环组合的流动控制思路,分析不同组合方案对流动结构的影响,并通过分离泡体积、总压损失、壁面热流峰值等参数,验证组合体控制方案的可行性,通过对比分析获得理想控制方案。使用超声速风洞实验以及纹影、NPLS流动显示技术,对仿真中性能较优的组合体控制激波/边界层干扰流场的情况进行验证。对流场中的流动结构进行精细分析并与仿真结果进行对比,得到较优激波/边界层干扰流动控制组合体。

第8章在第7章较优方案的基础上,选取控制体中重要的设计参数,开展正交试验设计优化工作,通过极差分析法深入探究控制体几何设计参数与目标参数的关系。深入探究微型涡流发生器与次流循环组合体对于激波/边界层干扰控制的优化构型,得到满足设计需求的三维最优微型涡流发生器与次流循环组合体构型。

第 2 章
数值模拟方法与实验系统

超声速激波/边界层干扰流场流动结构及物理现象复杂,因此本章拟采用高精度数值模拟与风洞实验观测相结合的方式,对微型涡流发生器及其组合体对激波/边界层干扰的控制机理开展细致研究。现代计算机技术的飞速发展使得计算流体力学成为研究(高)超声速流场激波/边界层干扰问题的有效手段。精确的计算流体力学(computational fluid dynamics,CFD)方法能够有效获取流场细节,方便针对控制体的设计参数对激波/边界层干扰的控制效果进行定量研究。本章主要介绍使用的数值模拟方法与湍流模型,并对其模拟的准确性进行验证。本章以超声速吸气式风洞为实验平台,依托纹影技术、NPLS 等非接触光学测量技术对流场现象进行观测。

2.1 数值方法

本节使用 ANSYS ICEM 软件进行结构网格划分,使用 ANSYS Fluent 19.0 软件进行数值模拟计算,使用软件 Tecplot 360 进行数据后处理。选择湍流模型为 SST k-ω 模型,使用隐式、基于密度的稳态求解器计算三维 RANS 方程,使用二阶空间精度的迎风格式、AUSM 通量矢量分裂格式,以及 Green-Gauss cell-based 梯度计算方法,CFL 数保持在 0.6。来流气体为理想气体,空气比热比设置为常数 1.4。当计算残差的最小值下降超过四个数量级,且计算域进出口质量流差小于 0.000 1 kg/s 并保持稳定时,视为计算收敛。

2.1.1 控制方程

对于超声速激波/边界层干扰流场,其基于雷诺平均的多组分守恒型 N-S

方程在笛卡儿坐标系下的表达式[69]为

$$\frac{\partial Q}{\partial t} + \frac{\partial (E - E_v)}{\partial x} + \frac{\partial (F - F_v)}{\partial y} + \frac{\partial (G - G_v)}{\partial z} = H \quad (2.1)$$

其中,

$$Q = \begin{bmatrix} \rho \\ \rho u \\ \rho v \\ \rho w \\ \rho e \\ \rho Y_i \end{bmatrix}, \quad E = \begin{bmatrix} \rho u \\ \rho uu + p \\ \rho uv \\ \rho uw \\ u(\rho e + p) \\ \rho u Y_i \end{bmatrix}, \quad F = \begin{bmatrix} \rho v \\ \rho vu \\ \rho vv + p \\ \rho vw \\ v(\rho e + p) \\ \rho v Y_i \end{bmatrix}, \quad G = \begin{bmatrix} \rho w \\ \rho wu \\ \rho wv \\ \rho ww + p \\ w(\rho e + p) \\ \rho w Y_i \end{bmatrix}, \quad H = \begin{bmatrix} S_{d,m} \\ S_{d,u} \\ S_{d,v} \\ S_{d,w} \\ S_{d,h} \\ \omega_i \end{bmatrix}$$

$$E_v = \begin{bmatrix} 0 \\ \tau_{xx} \\ \tau_{xy} \\ \tau_{xz} \\ u\tau_{xx} + v\tau_{xy} + w\tau_{xz} - q_x \\ \rho_i D_{im} \partial Y_i / \partial x \end{bmatrix}$$

$$F_v = \begin{bmatrix} 0 \\ \tau_{yx} \\ \tau_{yy} \\ \tau_{yz} \\ u\tau_{yx} + v\tau_{yy} + w\tau_{yz} - q_y \\ \rho_i D_{im} \partial Y_i / \partial y \end{bmatrix}, \quad G_v = \begin{bmatrix} 0 \\ \tau_{zx} \\ \tau_{zy} \\ \tau_{zz} \\ u\tau_{zx} + v\tau_{zy} + w\tau_{zz} - q_z \\ \rho_i D_{im} \partial Y_i / \partial z \end{bmatrix}$$

式中,$i = 1, 2, \cdots, N_s - 1$,$N_s$ 为组分总数;ρ_i 为组分 i 的密度;ρ 为混合气体的密度;u、v、w 分别为沿坐标轴 x、y、z 方向的速度;p 为压强;Y_i 为组分 i 的质量分数;ω_i 为组分 i 的质量生成率;$S_{d,m}$、$S_{d,u}$、$S_{d,v}$、$S_{d,w}$、$S_{d,h}$ 为气/液两相相互作用与化学反应作用源项,在混合场中其值为 0;$\tau_{ij}(i, j = x, y, z)$ 为黏应力分量,其数学表达式为

$$\begin{cases} \tau_{xx} = -\dfrac{2}{3}\mu(\nabla \cdot V) + 2\mu\dfrac{\partial u}{\partial x} \\ \tau_{yy} = -\dfrac{2}{3}\mu(\nabla \cdot V) + 2\mu\dfrac{\partial u}{\partial y} \\ \tau_{zz} = -\dfrac{2}{3}\mu(\nabla \cdot V) + 2\mu\dfrac{\partial u}{\partial z} \end{cases} \tag{2.2}$$

$$\begin{cases} \tau_{xy} = \tau_{yx} = \mu\left(\dfrac{\partial u}{\partial y} + \dfrac{\partial v}{\partial x}\right) \\ \tau_{yz} = \tau_{zy} = \mu\left(\dfrac{\partial w}{\partial y} + \dfrac{\partial v}{\partial z}\right) \\ \tau_{xz} = \tau_{zx} = \mu\left(\dfrac{\partial w}{\partial x} + \dfrac{\partial u}{\partial z}\right) \end{cases} \tag{2.3}$$

q_x、q_y、q_z 为热传导与组分扩散导致的沿坐标轴 x、y、z 方向的能量通量,其表达式为

$$\begin{cases} q_x = -k\dfrac{\partial T}{\partial x} - \rho\sum_{i=1}^{N_s} D_{im}h_i\dfrac{\partial Y_i}{\partial x} \\ q_y = -k\dfrac{\partial T}{\partial y} - \rho\sum_{i=1}^{N_s} D_{im}h_i\dfrac{\partial Y_i}{\partial y} \\ q_z = -k\dfrac{\partial T}{\partial z} - \rho\sum_{i=1}^{N_s} D_{im}h_i\dfrac{\partial Y_i}{\partial z} \end{cases} \tag{2.4}$$

D_{im} 为组分 i 的质量扩散系数,其表达式为

$$D_{im} = \dfrac{1 - X_i}{\sum_{i,j \neq i}(X_j/D_{ij})} \tag{2.5}$$

式中,X_i 为组分 i 的摩尔分数。在中低压力条件下,双组元混合气体之间的扩散系数为

$$D_{ij} = 1.883 \times 10^{-2}\dfrac{\sqrt{T^3 \cdot (M_i + M_j)/M_iM_j}}{p\sigma_{ij}^2\Omega_D} \tag{2.6}$$

式中,M_i、M_j 为气体组分 i、j 的分子量;σ_{ij} 为特征长度;Ω_D 为碰撞积分。混合气体内能 e 可以按式(2.7)计算:

$$e = \sum_{i=1}^{N_s} Y_i h + \frac{1}{2}(u^2 + v^2 + w^2) - \frac{p}{\rho} \tag{2.7}$$

各组分焓值为

$$h_i = h_f^0 + \int_{T_{ref}}^{T} C_{pi} dT \tag{2.8}$$

2.1.2 湍流模型

SST $k-\omega$ 模型由 Menter[70]基于近壁面 Wilcox 1988 $k-\omega$ 模型[71]和分离区 $k-\varepsilon$ 模型的结合发展而来。SST $k-\omega$ 模型对自由剪切流特性能够较好地预测,并且对初始值与来流湍流度不敏感,能够很好地计算具有逆压梯度的流场,适用于激波/边界层干扰流场问题的求解。相比于标准 $k-\omega$ 模型,SST $k-\omega$ 模型在广泛的流动领域中具有更高的精度和可信度。

在 SST $k-\omega$ 模型中,湍动能 k 和特殊耗散率 ω 的输运方程[72]分别为

$$\frac{\partial}{\partial t}(\rho k) + \frac{\partial}{\partial x_i}(\rho k u_i) = \frac{\partial}{\partial x_j}\left(\Gamma_k \frac{\partial k}{\partial x_j}\right) + \tilde{G}_k - Y_k + S_k \tag{2.9}$$

$$\frac{\partial}{\partial t}(\rho \omega) + \frac{\partial}{\partial x_i}(\rho \omega u_i) = \frac{\partial}{\partial x_j}\left(\Gamma_\omega \frac{\partial \omega}{\partial x_j}\right) + G_\omega - Y_\omega + D_\omega + S_\omega \tag{2.10}$$

其中,

$$Y_k = \rho \beta^* k \omega \tag{2.11}$$

$$Y_\omega = \rho \beta \omega^2 \tag{2.12}$$

β 和 β^* 是 $F(M_t)$ 的函数:

$$\beta^* = \beta_i^* [1 + \zeta^* F(M_t)] \tag{2.13}$$

$$\beta = \beta_i \left[1 - \frac{\beta_i^*}{\beta_i} \zeta^* F(M_t)\right] \tag{2.14}$$

式中,$\zeta^* = 1.5$,$F(M_t)$ 的表达式为

$$F(M_t) = \begin{cases} 0, & M_t \leqslant M_{t0} \\ M_t^2 - M_{t0}^2, & M_t > M_{t0} \end{cases} \tag{2.15}$$

$$\beta_i = F_1 \beta_{i,1} + (1 - F_1) \beta_{i,2}$$

其中,

$$M_t^2 = \frac{2k}{\alpha^2} \tag{2.16}$$

$$M_{t0} = 0.25 \tag{2.17}$$

$$\alpha = \sqrt{\gamma R T} \tag{2.18}$$

$\tilde{G}_k$ 为湍动能产生项,表达式为

$$\tilde{G}_k = \min(G_k, 10\rho\beta^* k\omega) \tag{2.19}$$

其中,G_k 表示湍流动能。D_ω 为交叉扩散项,表达式为

$$D_\omega = 2(1 - F_1)\rho\sigma_{\omega,2} \frac{1}{\omega} \frac{\partial k}{\partial x_j} \frac{\partial \omega}{\partial x_j} \tag{2.20}$$

混合函数 F_1 被定义为

$$F_1 = \tanh(\arg_1^4) \tag{2.21}$$

其中,

$$\arg_1^4 = \min\left[\max\left(\frac{\sqrt{k}}{0.09\omega y}, \frac{500\mu}{\rho y^2 \omega}\right), \frac{4\rho k}{\sigma_{\omega,2} \mathrm{CD}_{k\omega} y^2}\right] \tag{2.22}$$

$$\mathrm{CD}_{k\omega} = \max\left(2\rho \frac{1}{\sigma_{\omega,2}} \frac{1}{\omega} \frac{\partial k}{\partial x_j} \frac{\partial \omega}{\partial x_j}, 10^{-10}\right) \tag{2.23}$$

式中,y 代表垂直壁面的法向;$\mathrm{CD}_{k\omega}$ 代表主动交换项。SST $k-\omega$ 模型的有效扩散项如下:

$$\Gamma_k = \mu_l + \frac{\mu_t}{\sigma_k} \tag{2.24}$$

$$\Gamma_\omega = \mu + \frac{\mu_t}{\sigma_\omega} \tag{2.25}$$

式中,μ_t 为湍流黏度;σ_k 和 σ_ω 分别为湍动能 k 和耗散率 ω 的普朗特数,表达式分别为

$$\sigma_k = \frac{1}{\dfrac{F_1}{\sigma_{k,1}} + \dfrac{1 - F_1}{\sigma_{k,2}}} \tag{2.26}$$

$$\sigma_\omega = \cfrac{1}{\cfrac{F_1}{\sigma_{\omega,1}} + \cfrac{1-F_1}{\sigma_{\omega,2}}} \qquad (2.27)$$

湍流黏度 μ_t 通过式(2.28)计算:

$$\mu_t = \frac{\rho k}{\omega} \cfrac{1}{\max\left[\cfrac{1}{\alpha^*}, \cfrac{\Omega F_2}{\alpha_1 \omega}\right]} \qquad (2.28)$$

其中,$\Omega = \sqrt{2\Omega_{ij}\Omega_{ij}}$,$\Omega_{ij}$ 为旋率;

$$F_2 = \tanh \Phi_2^2 \qquad (2.29)$$

$$\Phi_2 = \max\left(2\frac{\sqrt{k}}{0.09\omega y}, \frac{500\mu}{\rho y^2 \omega}\right) \qquad (2.30)$$

$$\alpha^* = \alpha_\infty^* \left(\cfrac{\alpha_0^* + \cfrac{Re_t}{R_k}}{1 + \cfrac{Re_t}{R_k}}\right) \qquad (2.31)$$

式中,$\alpha_1 = 0.31$,$\beta_{i,1} = 0.075$,$\beta_{i,2} = 0.0828$,$\sigma_{k,1} = 1.176$,$\sigma_{k,2} = 1.0$,$\sigma_{\omega,1} = 2.0$,$\sigma_{\omega,2} = 1.168$,雷诺数定义式为

$$Re_x = \rho_e u_e x / \mu_e \qquad (2.32)$$

2.2 数值方法验证

2.2.1 二维算例验证

采用 Schulein[73] 进行的平板斜激波入射湍流边界层的实验数据,获得了实验纹影图和壁面压力的对比结果。实验与计算条件如下:来流马赫数为5,总压为2.12 MPa,总温为410 K,单位雷诺数为 3.7×10^7 m^{-1},壁面温度为300 K。可以通过一维等熵关系式计算得到静压为4 007 Pa,静温为68.3 K。选择实验气流偏转角为14°进行仿真。

通过 y^+ 公式,使 $y^+ \leqslant 1$ 计算的第一层网格厚度为 0.001 5 mm,雷诺数为 11 899 616 m^{-1},计算时,速度为 827.85 m/s,密度为 0.204 4 kg/m^3。网格划分选择三种尺度,即 Coarse(稀疏网格)、Moderate(中等网格)和 Refined(密网格),如表 2.1 所示。选择 SST k-ω 湍流模型对三个网格尺度的算例进行计算,同时使用 S-A 湍流模型进行计算,以对比不同湍流模型对于本章研究问题的适用性。

表 2.1 二维算例验证网格尺度

网格尺度	$N_x \times N_y$	网格数量
稀疏网格	201×161	2.9×10^4
中等网格	281×235	5.7×10^4
密网格	400×340	1.18×10^5

由图 2.1 可以看出,使用 SST k-ω 湍流模型计算得到的壁面压力与实验数据基本完全拟合,表明 SST k-ω 湍流模型对 SWBLI 问题的计算能够取得良好的拟合效果,较为准确地反映出分离区的压力平台。使用 S-A 模型不能准确计算出分离区的压力平台,对比可知,使用 SST k-ω 湍流模型优于使用 S-A 模型。如图 2.2 所示,使用 SST k-ω 湍流模型仿真获得的密度梯度云图与实验纹影图结果也基本一致。

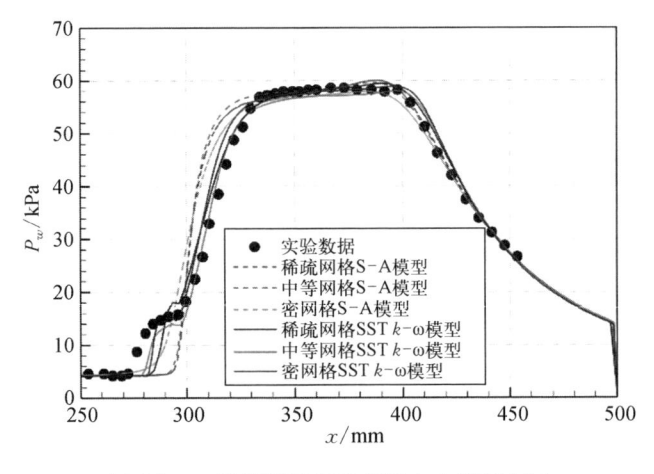

图 2.1 二维算例验证壁面压力曲线拟合图

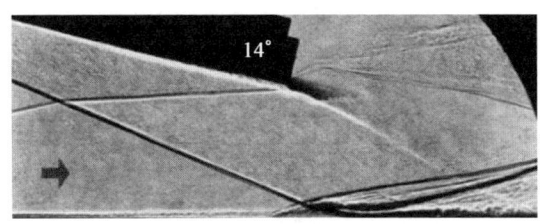

(a) 实验纹影图

(b) SST k-ω

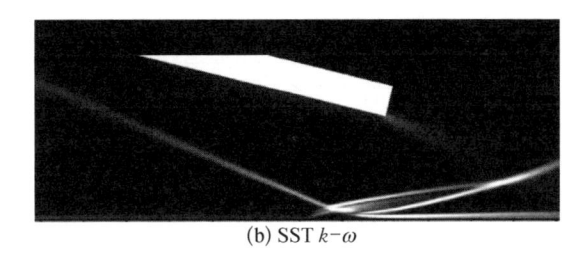

图 2.2 实验纹影与数值纹影对比

2.2.2 三维算例验证

采用 Dupont 等[74]的研究结果进行数值方法验证,计算域长 350 mm,高 120 mm,宽 100 mm。来流马赫数为 2.3,总压为 5×10^4 Pa,总温为 300 K,静压为 3 998 Pa,静温为 145.7 K,速度 U_e = 556.5 m/s,密度为 0.095 6 kg/m³,动力黏度为 1.123×10^{-5} N·s/m²,湍流边界层厚度 $\delta_0(U=99\%U_e)=11$ mm,边界层动量厚度 δ_θ = 0.95 mm,雷诺数 $Re_\theta = 4.5\times10^3$,保证壁面 $y^+ \leqslant 1$,求得第一层网格厚度为 0.003 3 mm。选择 8°激波发生器算例进行仿真,使用 SST k-ω 湍流模型。

三类网格数量如表 2.2 所示,得到 8°激波发生器下的静压分布如图 2.3 所示。分析发现,仿真结果与实验结果比较吻合,数值计算所得壁面压力趋势与实验结果一致。再附位置中数值计算的压力平台高于实验值,这是由于验证算例的侧壁使用了壁面条件,与平板/入射激波的实验存在差异,使得流动受到侧壁

表 2.2 三维算例验证网格尺度

网格尺度	$N_x \times N_y \times N_z$	网格数量
稀疏网格	242×85×71	1.405×10^6
中等网格	350×120×100	4.088×10^6
密网格	494×470×142	1.161×10^7

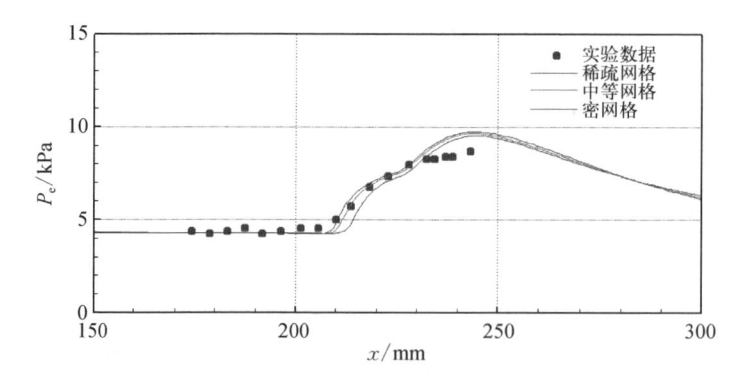

图 2.3　激波发生器角度为 8° 时的壁面静压曲线图

面的影响表现为凹腔流动状态,导致底壁面的压力较高。同时观察到三套不同的网格尺度对计算结果影响不大。

采用 Lee 等[75]的研究结果进行算例验证,来流马赫数 $Ma_\infty = 3$,静压 $P_\infty = 7\,076$ Pa,静温 $T_\infty = 582.3$ K,边界层位移厚度 $\delta^* = 1.9$ mm,对应雷诺数 $Re_{\delta^*} = 3\,802$。

利用 ICEM 软件对流场进行网格划分,如图 2.4 所示,网格数量为 1.34×10^6。由式(2.33)和式(2.34)可得,当第一层网格高度 y 取 0.006 mm 时,$y^+ \leqslant 1$。

$$Re_{\delta^*} = \frac{\rho u \delta^*}{\mu} \tag{2.33}$$

$$y^+ = \frac{\rho u y}{\mu} \tag{2.34}$$

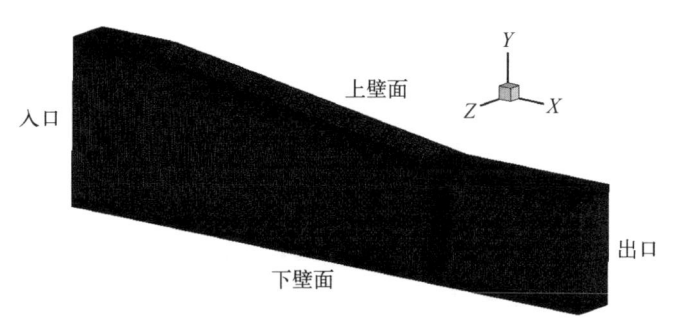

图 2.4　算例验证网格示意图

在 Fluent 中采用 RANS 方程和 SST $k\text{-}\omega$ 湍流模型进行计算,边界条件设置如表 2.3 所示。普朗特数设置为 0.5,并设置适当的松弛因子以确保稳定性[76]。

在残差下降超过三个数量级后达到最小值,且当流入质量流量与流出质量流量之差降到 0.001 kg/s 以下时[77],流量差值相对流入质量流量的比值小于 0.1%,可以认为是收敛的。

表 2.3 算例验证流场边界条件设置

边界名称	边界类型	参考值
流场入口	压力远场	P_∞ = 7 076 Pa T_∞ = 582.3 K Ma = 3
流场出口	压力出口	T_0 = 1 630.4 K
上壁面	壁面(无滑移)	T_w = 1 431.3 K
下壁面	壁面(无滑移)	T_w = 1 431.3 K
侧壁面	周期性边界条件	—

将计算结果与文献中的实验数据以及大涡模拟数据进行对比,所得出口截面处沿底壁面法向的总压和流向速度分布图如图 2.5 所示。图中,方框点是文献中的实验数据,虚线是文献中的大涡模拟数据,实线是本节采用 RANS 方程和 SST k-ω 湍流模型求得的结果。经过对比,数值模拟的压力速度变化趋势与实验数据相近,因此本节采用的数值计算模型可以用于三维流场计算,并能较为准确地获取边界层内的流动参数。

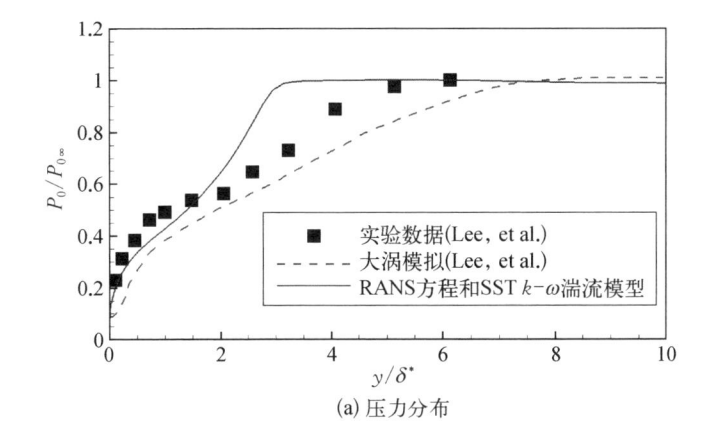

(a) 压力分布

(b) 速度分布

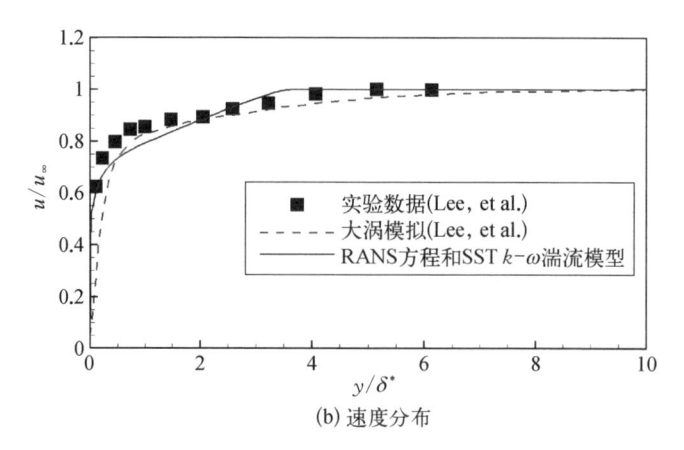

图 2.5　出口截面处沿底壁面法向的压力和速度分布对比图

2.3　实验平台与设备

2.3.1　吸气式超声速风洞

本节的微型涡流发生器及组合体对于激波/边界层干扰的控制实验研究是在国防科技大学空气动力学实验室的吸气式超声速低噪声风洞中进行的,如图 2.6 所示。该风洞由入口、过渡段、稳定段、喷管、实验段、扩压段和连接真空罐等部分组成。各结构采用直连式连接,其优点在于喷管出口不存在菱形区,能避免实验段受菱形区尺寸的限制,消除流场中波系对实验段的影响[78]。实验段尺寸为 250 mm(长)×120 mm(宽)×100 mm(高),实验段的上壁面和左右壁面是大尺寸的光学观察窗,便于对实验段流场开展光学观测。吸气式风洞气源使用经过干燥除尘后的大气,来流总压 $P_0 = 0.1$ MPa,总温 $T_0 = 300$ K,运行马赫数为 3.0。风洞详细情况参见文献[79],该风洞流场品质良好,能够满足本节研究需要。

图 2.6　吸气式超声速风洞[79]

2.3.2 流动显示技术

为揭示超声速流场中激波/边界层干扰的流动特征,评估微型涡流发生器及其组合体的控制效果,本节研究使用纹影技术和 NPLS 技术开展实验验证,分析有控流场的流动结构。

1. 纹影技术

纹影技术是一种传统的流场观测技术,其基本原理是光在流动中的折射率梯度正比于流动中的气体密度。因此,通过光的折射,可以把被测流场中的密度梯度变化转变为观察平面上的光强变化,进而观察流场中如激波、压缩波等波系结构。本节使用的实验光路如图 2.7 所示[80]。

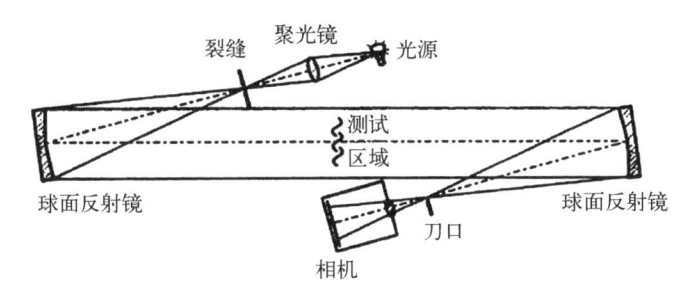

图 2.7 纹影实验光路图[80]

纹影技术具有原理简单、容易装配、成本低廉、信息显示清晰等特点。本节先通过纹影技术对实验件的风洞实验进行校测,判断控制体复杂结构的引入,是否会造成流场堵塞;判断流场马赫数是否正确,观察流动是否均匀。在安装实验件后,进行光路的调试并运行风洞。图 2.8 是在来流马赫数 3.0,总压 1 atm

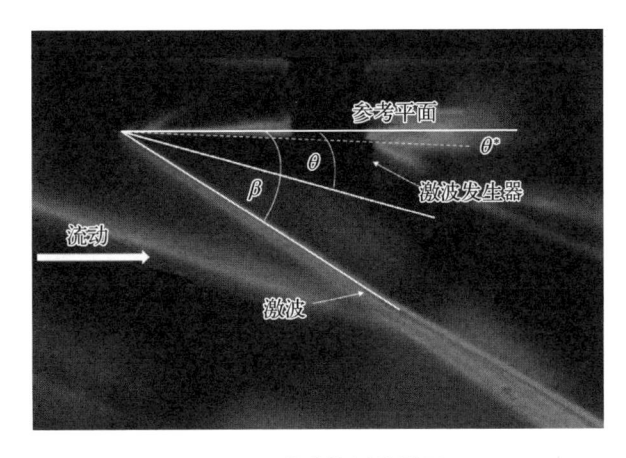

图 2.8 激波校测纹影图

(1 atm=1.013 25×10^5 Pa),总温 300 K 情况下进行的一组实验。采用激波发生器产生激波情况作为马赫数的校测。激波发生器设计角度为 12°,由于实验件加工及装配误差,产生了误差角 $\theta^* = 2.6°$,导致实际气流偏转角 $\theta = 14.6°$,测得激波角 $\beta = 32.5°$。根据理想气体斜激波关系式,计算得到实验段实际来流马赫数 $Ma = 2.91$,与仿真所用的来流马赫数近似。同时观测到主流场流动状况良好,组合体的波系结构与仿真结果近似,可以开展后续的实验研究。

这里激波发生器上方产生了比较复杂的流场,但在实际实验中,附近产生的流动结构对实验件附近流场干扰很小。由于上顶板实验件的尺寸及装配误差,在上部观测窗前缘产生了一个后向台阶,使得流动在该位置先膨胀后压缩,产生了一道干扰斜激波。这道干扰斜激波随流动与诱发激波相遇,令诱发激波产生一定的偏折并使激波条带变宽,一定程度影响诱发激波的入射位置。需要调整实验段与激波发生器的垂直距离来调整激波位置,验证目标工况下的组合体实验结果。

2. NPLS 技术

NPLS 技术是国防科技大学易仕和团队近些年开发的一种新的显示技术[81]。其特点为将名义粒径为 20 nm、体积密度为 300 kg/m^3 的二氧化钛粒子作为示踪粒子。这种粒子在流场中具有较好的跟随性,能够直接因流场内的速度或者密度变化使粒子浓度产生变化,实现对超声速流场精细流场结构的捕捉。如图 2.9 所示,NPLS 系统由计算机、纳米粒子发生器、同步控制器、脉冲激光光源以及电荷耦合器件(charge coupled device, CCD)相机组成。系统间的协同工作由同步控制器控制,时间精度为 0.25 ns;CCD 相机为行间传输型,分辨率为

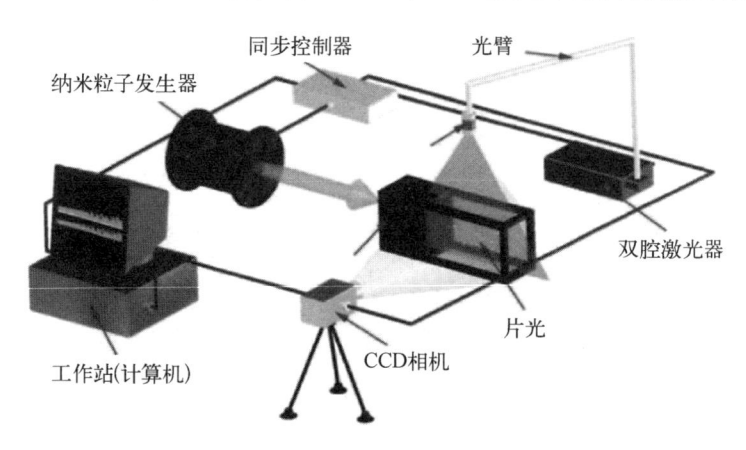

图 2.9 NPLS 系统组成示意图[82]

2 048×2 048 像素,最短跨帧时间为 0.2 μs,每个像素可分辨的灰度等级为 4 096。脉冲激光光源为双腔 Nd:YAG 激光器,输出激光波长为 532 nm,脉冲持续时间为 6 ns,单脉冲最高能量为 350 mJ[82]。

图 2.10 是激波/边界层干扰的 NPLS 图像。可以看到,NPLS 技术不仅能同时捕捉到激波、边界层、滑移线等流动结构,还具有很高的空间分辨率,捕捉到很多小尺度结构,说明该技术可以实现激波/边界层干扰复杂流动瞬态结构的精细测量。

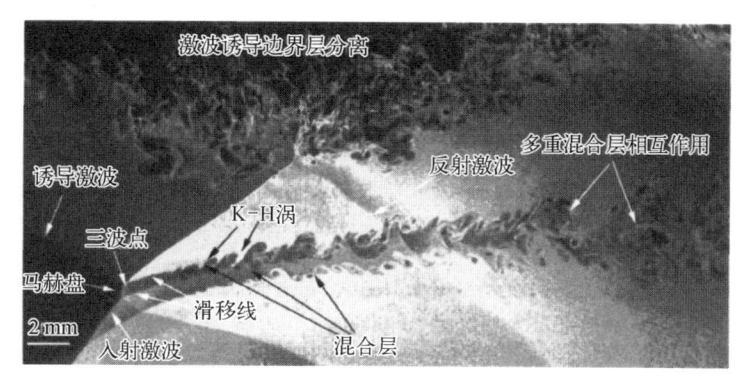

图 2.10 激波/边界层干扰的 NPLS 图像[82]

2.4 本章小结

本章介绍了数值模拟采用的数值方法与湍流模型。结合公开文献实验数据开展了数值验证工作。通过与公开文献中的实验结果相比较,验证了 RANS 方程和 SST $k-\omega$ 湍流模型适合用来开展激波/边界层干扰的数值仿真工作。因此,下面将采用 RANS 方程和 SST $k-\omega$ 湍流模型开展数值计算工作。

此外,本章还介绍了实验平台与流场显示设备,通过纹影实验对流场进行校测,测得风洞流动状况良好,实验段马赫数与数值仿真的来流条件非常接近,适合用来开展仿真工作的验证性实验。

第 3 章
微型涡流发生器流向位置变化对激波/边界层干扰控制效果的影响

微型涡流发生器(MVG)对于在(高)超声速流场中发生的激波/边界层干扰(SWBLI)现象有着很好的控制作用。国内外针对 MVG 开展了大量研究,其控制机理已被广泛理解。但关于 MVG 在流场中流向位置变化对控制作用的影响研究仍不够充分。本章将以被广泛使用和经常研究的微型斜坡式涡流发生器(micro-ramp)为模型,通过分析其在不同的流向位置对准二维激波/边界层干扰流场中的控制作用及对流场和壁面产生的影响,进一步理解 MVG 的控制机理,并基于研究得到的控制规律,获得控制性能更优的 MVG 安装位置。

3.1 物理模型与网格划分

3.1.1 物理模型与边界条件

在本节研究中,为了获得更加权威可靠的结果,流场的物理模型选择参考了 Bookey 团队[83]研究中使用的模型,并进行了部分调整,具体模型如图 3.1 所示。

图 3.1 提供了本研究中所有工况下激波/边界层干扰的三维流场物理模型,将坐标原点选择为来流入口的下壁面中点处,x 坐标轴与流动方向一致,y 坐标轴垂直于流场的下表面,z 坐标轴表示流场展向。整个流场长度为 29.5δ,宽度为 4δ,入口高度为 9.5δ,其中流场的长度单位 δ 为来流边界层高度。超声速来流以马赫数为 2.9 的速度从左向右运动,激波由长度为 4.5δ、后掠角 $\beta = 12°$ 的斜坡产生。流场边界条件如表 3.1 所示。根据无黏气体斜激波关系式计算,无黏激波角为 $30°$。入射斜激波与底壁边界层将产生剧烈的相互作用,并在底壁面附近形成较大的分离泡。

第 3 章 微型涡流发生器流向位置变化对激波/边界层干扰控制效果的影响

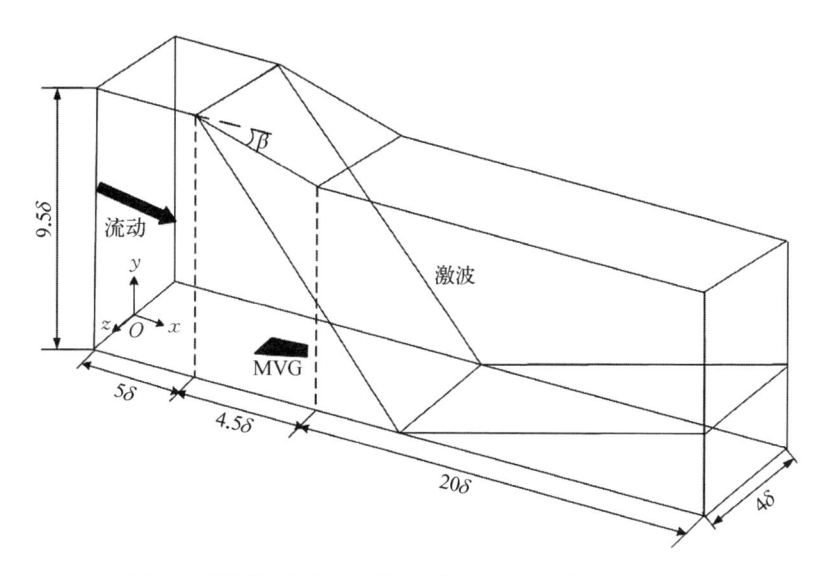

图 3.1 微型涡流发生器控制 SWBLI 流场的几何示意图

表 3.1 流场边界条件设置

边 界 名 称	边 界 条 件
入口	压力远场
出口	压力出口
下壁面	等温绝热无滑移壁面
上壁面	等温绝热无滑移壁面
侧壁面	周期性边界条件
MVG	等温绝热无滑移壁面

为更加清晰地分析 MVG 流向位置的控制效果,将单个微型涡流发生器放置在底壁面中心线上,其后缘到 SWBLI 中心区域的距离用 δ^* 作为单位,δ^* 为来流的边界层位移厚度,来流参数与 Bookey 团队[83]相同,如表 3.2 所示。MVG 的尺寸参考 Anderson 等[84]提出的斜坡式微型涡流发生器,其尺寸设置参考 Lee 等[85]的研究,如图 3.2 所示。其中,斜坡高度 $H = 1.6\delta^*$,前缘展向长度 $W = 2.92H$,流向长度 $C = 6.57H$,腰长 $B = 7.2H$,$A_p = 24°$。

表 3.2 当前研究中的来流条件[83]

Ma_∞	ρ_∞ /(kg/m³)	U_∞ /(m/s)	T_∞ /K	δ/mm	δ^*/mm	θ/mm	Re_θ
2.9	0.074	604.5	108.1	6.7	2.36	0.428	2 400

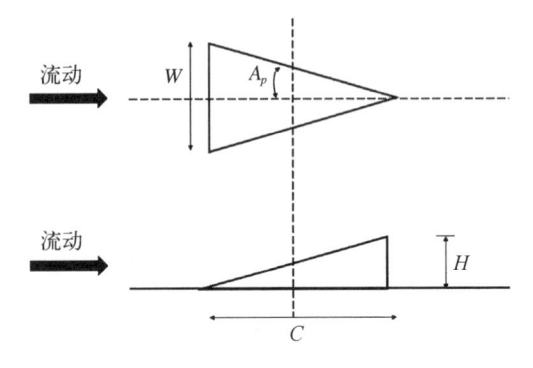

图 3.2 MVG 几何模型示意图

图 3.3 展示了本研究中设定的工况。除了图示外,还有 Lee 等[85]的研究中控制性能较优的一组 $X^* = 28.5$ 作为参考,通过设置对比算例来分析 MVG 在流向位置的变化对 SWBLI 控制效果的影响。其中,$X^* = (X_{IS} - X)/\delta^*$,$X$ 为 MVG 后缘的流向位置,X_{IS} 为无黏情况下激波入射位置,在 $X = 139$ mm 处。

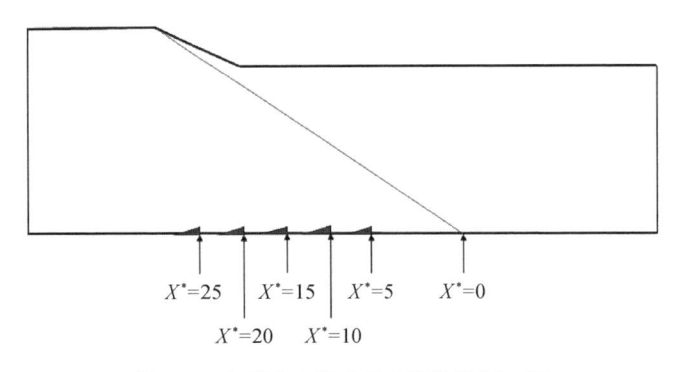

图 3.3 本研究中设定的 MVG 控制工况

3.1.2 网格划分与网格无关性验证

本章使用 ANSYS ICEM 软件对流场进行结构化网格划分,图 3.4 展示了 $X^* = 28.5$ 时的网格划分。图 3.4(a)为计算域整体的网格,图 3.4(b)为 MVG 局部网格。可以看出,计算域由多个块组成,为了捕获更精准的边界层结构变化以

第 3 章　微型涡流发生器流向位置变化对激波/边界层干扰控制效果的影响

及确保计算的精度,对激波区域、模型下壁面区域、MVG 区域附近的网格进行了加密。在 MVG 位置对网格进行 Y 型划分以提高 MVG 附近网格质量,其余算例与该算例网格划分相似。计算域网格总数为 3 475 920,第一层网格厚度为 0.001 5 mm,使得网格 $y^+ \leqslant 1$。

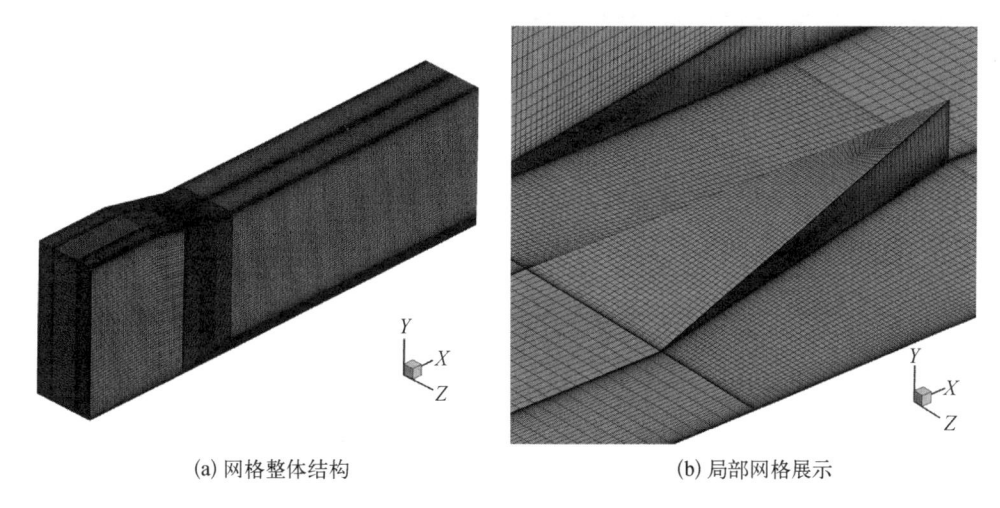

(a) 网格整体结构　　　　　　　(b) 局部网格展示

图 3.4　$X^* = 28.5$ 工况网格划分

采用上述方法进行网格划分后,得到三套不同规模的网格,分别为稀疏网格(Coarse,2 566 800 个单元)、中等网格(Moderate,3 475 920 个单元)和密网格(Refined,4 873 056 个单元)。图 3.5 展示了三个规模网格计算所得流场的压力和马赫数分布。由图可以看出,三个不同规模的网格产生的差异很小,网格数量

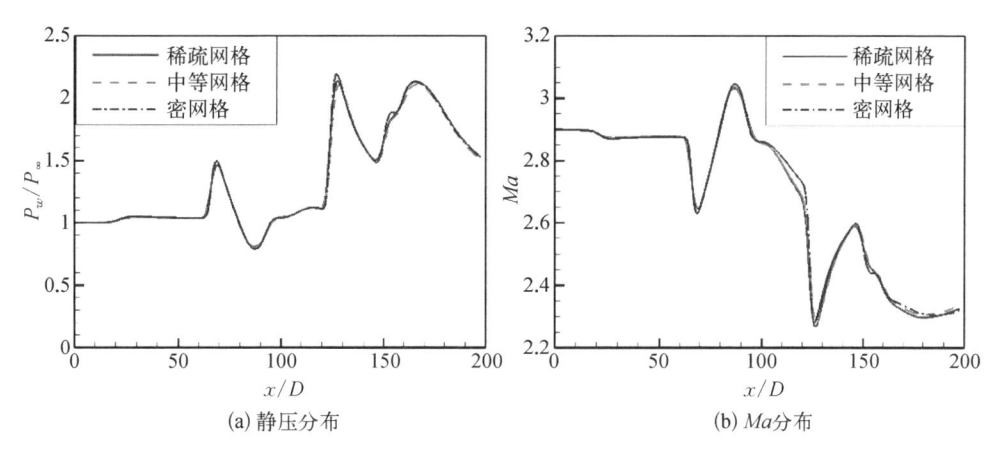

(a) 静压分布　　　　　　　　　(b) Ma 分布

图 3.5　$X^* = 28.5$ 工况网格无关性验证

为中等规模时,网格增加对计算结果影响不大。为了同时保证计算精度和计算速度,本章研究采用中等规模的网格。

3.2 微型涡流发生器控制机理

3.2.1 微型涡流发生器绕流流场结构

在超声速流场中,MVG 周边的绕流流场呈现出明显的三维结构特性。涡流发生器能够在壁面附近诱导产生一对对向旋转的流向涡,增强边界层内不同动量气体之间的掺混,使边界层内气体动量水平增加,提高抵抗逆压梯度的能力。但其引入的激波会使得流场产生明显熵增、附加阻力以及总压损失等不利影响。为了进一步了解微型涡流发生器的控制机制,需要分析其周边流场的结构。

图 3.6 展示了 $X^* = 28.5$ 算例中 MVG 绕流流场中各流向截面的密度梯度云图,截面图做透视处理。流场下壁面为蓝色区域,MVG 为楔形四面体,通过密度梯度分布云图可以较为直观地观察到 MVG 绕流流场的三维波系结构。

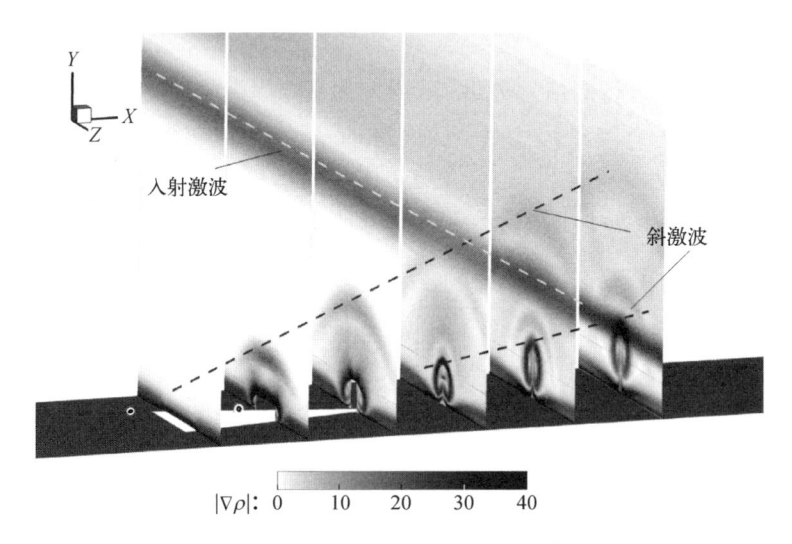

图 3.6 MVG 绕流流场密度梯度分布云图

超声速来流从左向右沿 X 正向运动,图中深色区域为激波作用区域,可以观察到在 MVG 的前缘和后缘各产生一道斜激波,两道斜激波之间是膨胀波系,这与 Pitt Ford 和 Babinsky[48]通过纹影实验观察到的流向面流场结构相吻合,也体现了本节数值方法的准确性。

第 3 章 微型涡流发生器流向位置变化对激波/边界层干扰控制效果的影响

超声速来流到达 MVG 的前缘位置，MVG 的楔形面使气流发生偏转并升离壁面，气流压缩产生第一道斜激波；气流经过斜激波后气流密度、压力迅速升高，并向涡流发生器上部侧边缘膨胀。在侧边缘膨胀波的影响下，前缘激波由平面激波逐渐变成弧形，激波强度也有所减弱。气流到达 MVG 的后缘时，遭遇后向台阶，使气流偏转向壁面并发生膨胀，膨胀波气流与壁面作用后，气流再次偏转与壁面平行，由此产生第二道斜激波。观察到后缘激波初始形状为弧形。

图 3.7 为 $X^* = 15$ 算例中 MVG 附近流场在不同流向截面的密度梯度云图，其中 $D = 1$ mm，$x/D = 103.6$ 处截面为 MVG 的后缘位置截面。

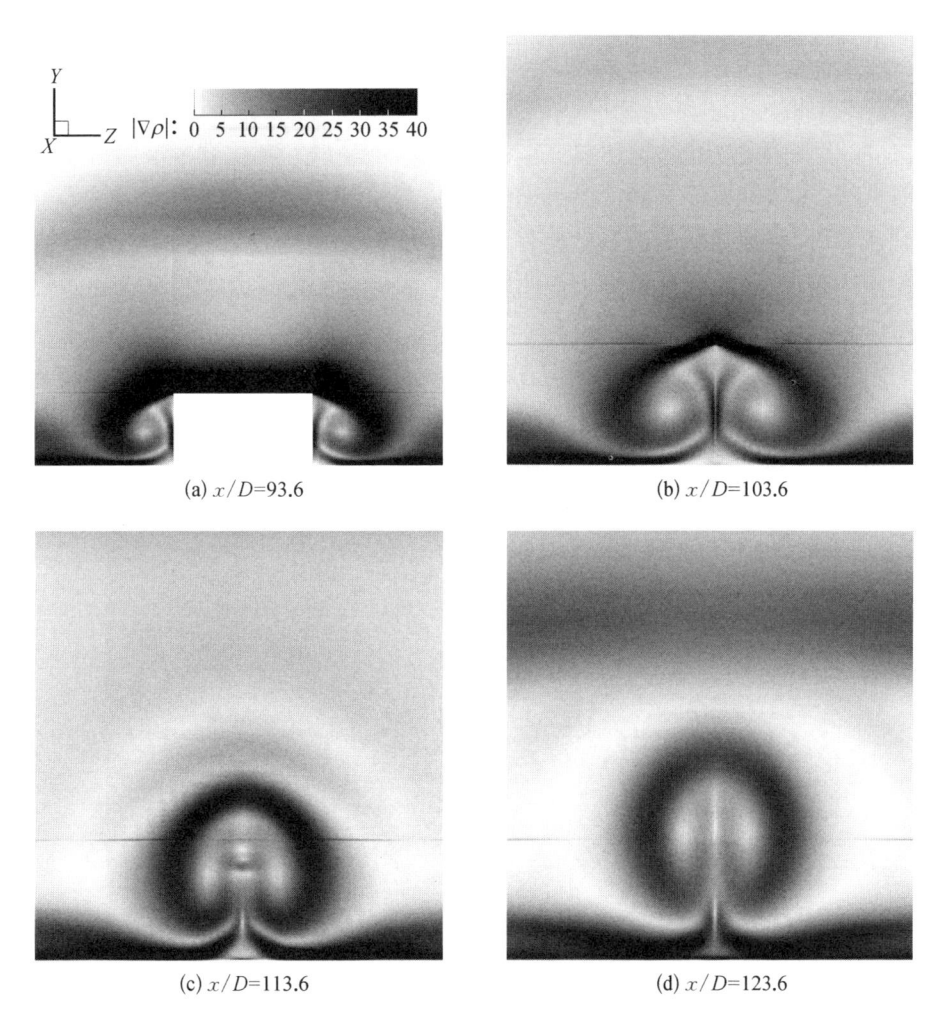

(a) x/D=93.6

(b) x/D=103.6

(c) x/D=113.6

(d) x/D=123.6

图 3.7 不同流向截面的密度梯度云图

在图 3.7(a)中观察到由 MVG 前缘产生的激波已经在膨胀波系的作用下呈现为弧形。激波后的高密度、高压力气体与 MVG 上表面发生碰撞并继续向上运动,在 MVG 上表面的两侧拐角处遭遇后向台阶,气流向两侧膨胀并在 MVG 两侧各卷起一个很强的流向涡。在图 3.7(b)中,观察到流经 MVG 三个面的气流在此汇聚,两侧较强的流向涡尺度增大并汇聚成为一对逆向旋转的流向涡。上表面的气流在楔形体的顶角处发生膨胀并产生一个展向的膨胀波。在图 3.7(c)中,尾流在逆向旋转的流向涡对作用下,逐渐变为圆柱形,第二道斜激波包裹在圆柱尾流之上,呈现为圆弧形。在图 3.7(d)中可以看到,尾流变得更加接近圆柱形并呈上升趋势。

由图 3.7 观察到流场下壁面附近的密度梯度变化较大,这反映了边界层底层低速区域的状态变化。在流经涡流发生器后,在主漩涡之间有一个上升流区域,在此处低动量气体从壁面被带走,边界层局部增厚。在主涡对外侧诱导速度是向下的,高动量流体沿涡进入边界层,使边界层变薄。

在 MVG 绕流流场的波系结构导致的压力差以及气体流经涡流发生器表面的惯性作用下,涡流发生器上表面附近的气体被卷入其侧边缘并形成一对很强的流向涡。

图 3.8 为 $x/D = 93.6$ 截面上的马赫数矢量图,观察到在涡流发生器的两个侧面各有一个速度较高的流向涡。这一对流向涡在尾流汇聚后会形成在流动控制中起主导作用的逆向涡旋对。在图 3.8 中观察到,受到主要流向涡的影响,在涡

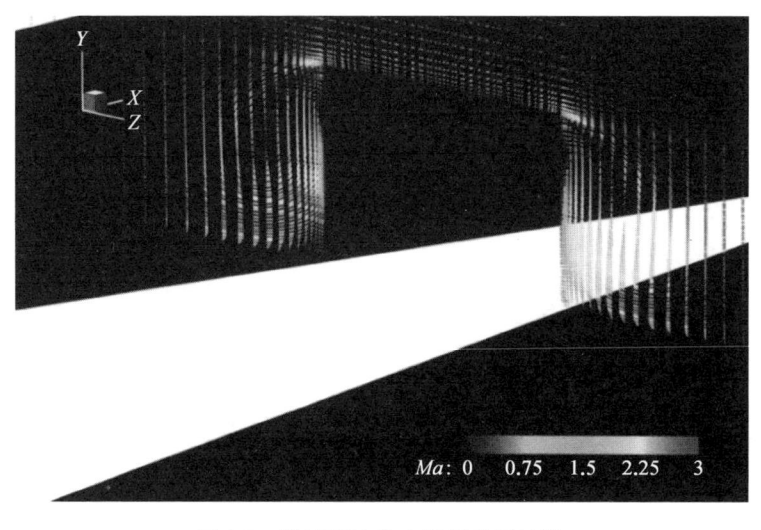

图 3.8　微型涡流发生器周边涡结构

第 3 章　微型涡流发生器流向位置变化对激波/边界层干扰控制效果的影响

流发生器侧壁面与底壁面的拐角处会各形成一个低速区,附近的低速气体在此聚集,并产生较小的次级涡。两侧的次级涡汇聚后会在尾流主涡的上、下各形成一个次级逆向涡旋对。靠近壁面的次级涡旋对会将低速气体汇聚在底壁面附近,影响主涡的控制作用。

图 3.9 给出了图 3.7 相同位置处流向截面图,其中云图用压力着色,矢量根据马赫数的大小着色。通过该图能够更明显地观察到 MVG 绕流流场的压力变化及涡结构。在图 3.9(a)中,楔形体上方的高压气体在压力差作用下卷入两侧并形成初级涡。在图 3.9(b)中,起主导作用的初级涡对,其涡心及膨胀波附近出现明显的低压区。在这一对涡逆向旋转的作用下,在涡对内侧形成上洗区,将边界层底部的低速流体带入上层;在涡对外侧形成下洗区,将主流中的高速气体

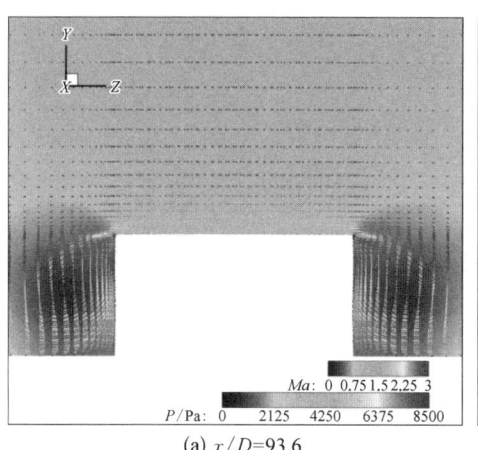

(a) x/D=93.6

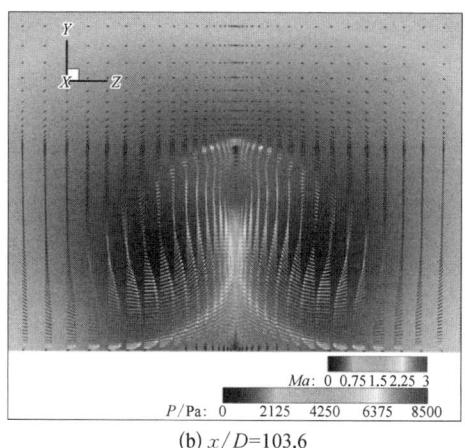

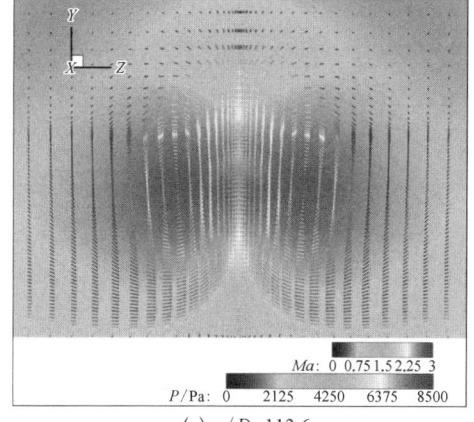

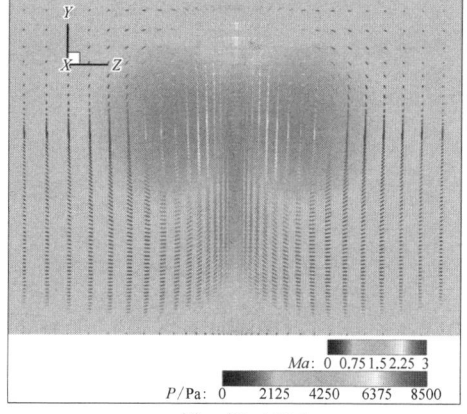

(b) x/D=103.6

(c) x/D=113.6

(d) x/D=123.6

图 3.9　不同流向截面的速度矢量和压力云图

卷入边界层底部。在主涡对的诱导下,两个次级涡对汇聚并使低速流体聚集在下壁面附近。在图 3.9(c)中观察到尾流中的低压区逐渐减小并抬高,主涡对间上洗区增大,主涡对和次级涡对影响区内的速度均有增加,次级涡对的作用范围有所增加。在图 3.9(d)中,涡心低压区进一步减小并抬高,主涡对间上洗区进一步升高,但参与上洗的底层低速流体有所减少,次级涡对作用区减小。

为了进一步了解压力驱动 MVG 周边流动结构的形成机理,提取 $X^* = 28.5$ 算例中四个不同展向位置的压力变化曲线,如图 3.10 所示。在前面分析中观察到侧面流向涡呈对称结构,因此只分析 MVG 单侧的压力变化。

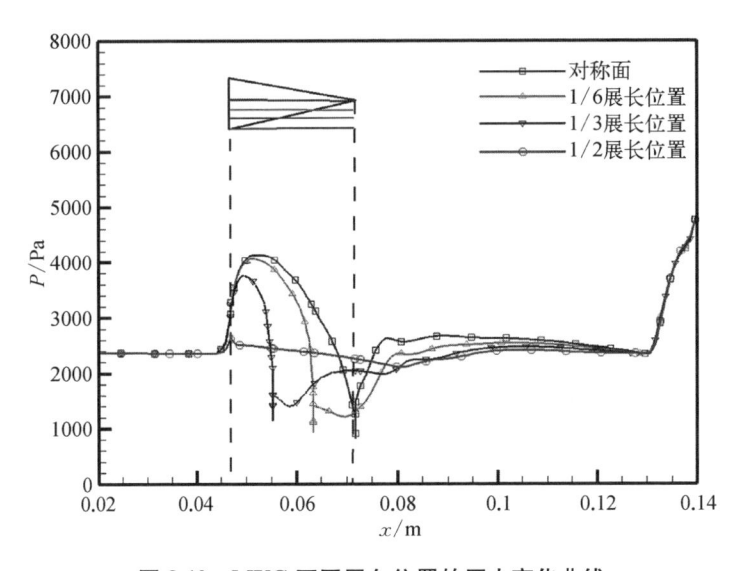

图 3.10 MVG 不同展向位置的压力变化曲线

单条曲线的变化表征 MVG 表面同一展向位置上的压力变化。压力在楔形面的前缘升高到极大值点,这是由气流在 MVG 中压缩并产生激波所导致的。在 MVG 区域内的压力变化,表示流向的前后压力差使得气流在 MVG 上表面产生膨胀波系。在 MVG 的后缘位置,对称面、1/6 展长位置、1/3 展长位置的压力降到极小值点,表征气流遭遇了后向台阶并继续产生膨胀波,随后压力再次升高是由于气流从沿 MVG 后缘向下的方向偏转为沿壁面的水平方向,使得气体再次压缩并产生第二道激波。1/2 展长位置的压力下降呈线性是由于在该位置的流体并没有遭遇突变几何外形,其压力仅受 MVG 侧面流向涡的影响。

不同曲线的对比表示同一流向位置下,不同展向位置间的压力差。可以观察到,不同展向线上的压力极大值点并不相同,且越靠外侧的极大值点越小,这是由于 MVG 楔形体的几何尺寸导致不同展向位置气体发生膨胀的顺序不同,越靠外侧的流体越早向两侧膨胀,这导致由前缘产生的激波呈现三维曲面特性。极小值点的坐标不同是因为不同展向线上的后向台阶位置不同,上表面气体的膨胀顺序由外向内,这导致 MVG 侧面流向涡的产生。MVG 后从靠近尾缘区域到远离尾缘区域的范围内,内侧压力先小于外侧压力然后大于外侧压力的变化过程,表示在压力差作用下底层低速气体由外向内汇聚,并在次级涡对的作用下保持在壁面附近。在流场靠后的位置,压力又趋于相同并接近 MVG 前来流压力,这表明 MVG 引入的流向涡对于壁面压力的影响范围是有限的。

图 3.11 为 MVG 附近的壁面流线图,可以清晰地看到在 MVG 周边流场的流动细节。流动在 MVG 前沿产生一个尺度较小的分离并随流动在 MVG 周围产生一个马蹄涡。MVG 上表面的气流向两侧偏转并在尖锐后缘分离,上表面边界层中的涡被挤压到 MVG 后缘的尾流中,在 MVG 的尾缘迅速集中成流向的主涡对,并向下游继续运动。由主涡对诱导产生的两对次级涡对的流线清晰分布在 MVG 的侧壁面上,次级涡的旋转方向与主涡相反。MVG 侧面的流动在主涡与两个次级涡的共同作用下分别形成一条靠上的汇聚线和靠下的分离线。两侧的汇聚线在 MVG 尾缘交于汇聚点(CP),分离线在 MVG 尾缘交于分离点(SP),两点之间的作用区域即为主涡对的影响区域。这与 Pitt Ford 和 Babinsky[48] 通过纹影实验(图 3.12)所观察到的 MVG 涡结构分布是相同的。

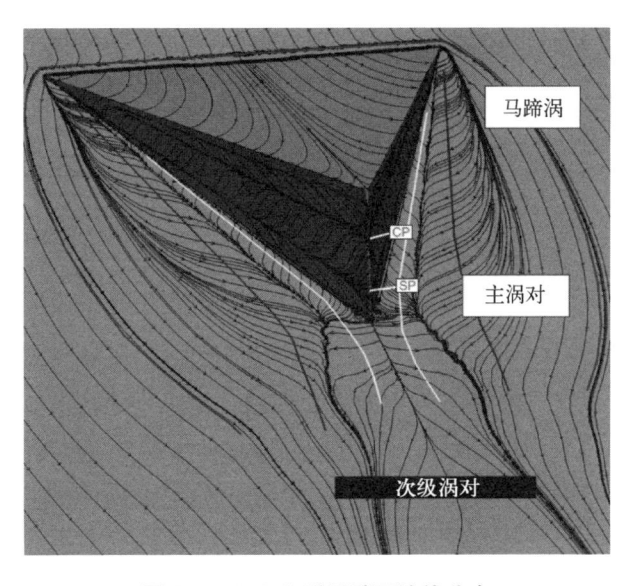

图 3.11 MVG 附近壁面流线分布

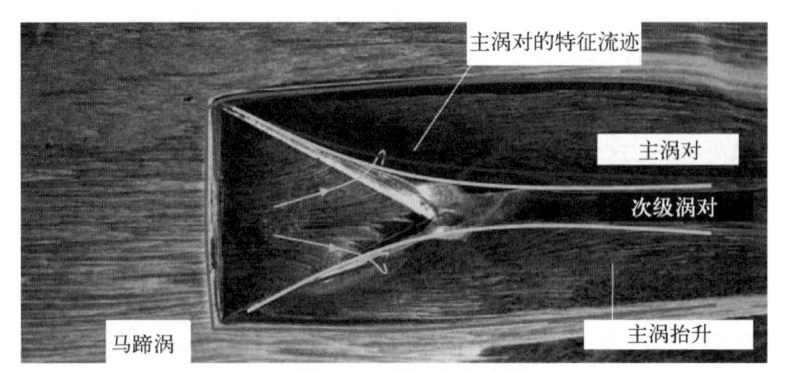

(a) 展向平面的油流实验图

(b) MVG 侧面的油流实验图及涡结构示意图

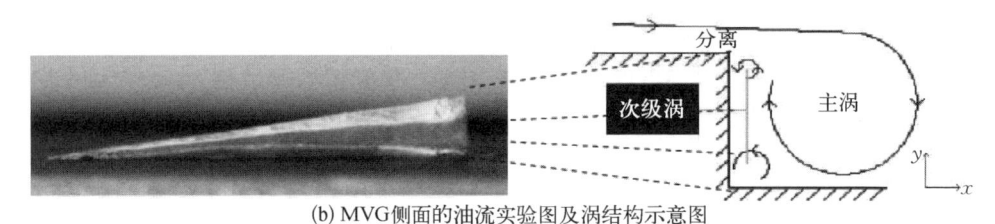

图 3.12　Pitt Ford 和 Babinsky 的纹影实验图[48]

图 3.13 为 MVG 附近区域 $y = 0.25H$ 截面上的压力分布云图。可以观察到，在 MVG 的迎风面产生高压区，背风面在主涡对的卷吸作用下形成了低压区。同时在主涡对和次级涡对的作用下，MVG 的尾流区域波系较为复杂，如图 3.13 所示的一系列较弱的膨胀波和压缩波区域，能够观察到 MVG 对下游的压力分布沿流向和展向均有影响。

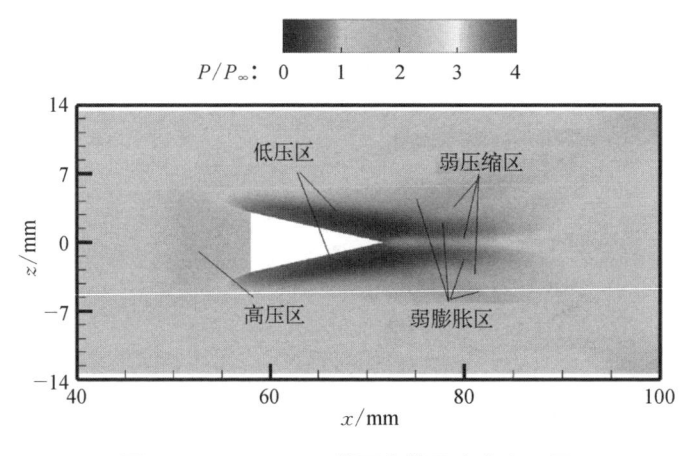

图 3.13　$y = 0.25H$ 截面上的压力分布云图

3.2.2 微型涡流发生器尾流的发展过程

揭示 MVG 尾流的发展过程,有助于进一步了解控制机理。图 3.14 展示了流场中不同流向截面的动量云图,d 为截面位置距离 MVG 尾缘的距离。通过对比可以发现,在 MVG 下游流场中,高动量气体在主涡对的作用下从外侧卷入边界层近壁区的低动量区域,在 MVG 对称面附近的低动量气体由于主涡对的作用向上卷出,提高了边界层近壁区域的动量,实现了 MVG 尾流的动量输运作用。与图 3.9 对比可以发现,MVG 诱导的尾流在涡核位置的压力和动量相较尾流其

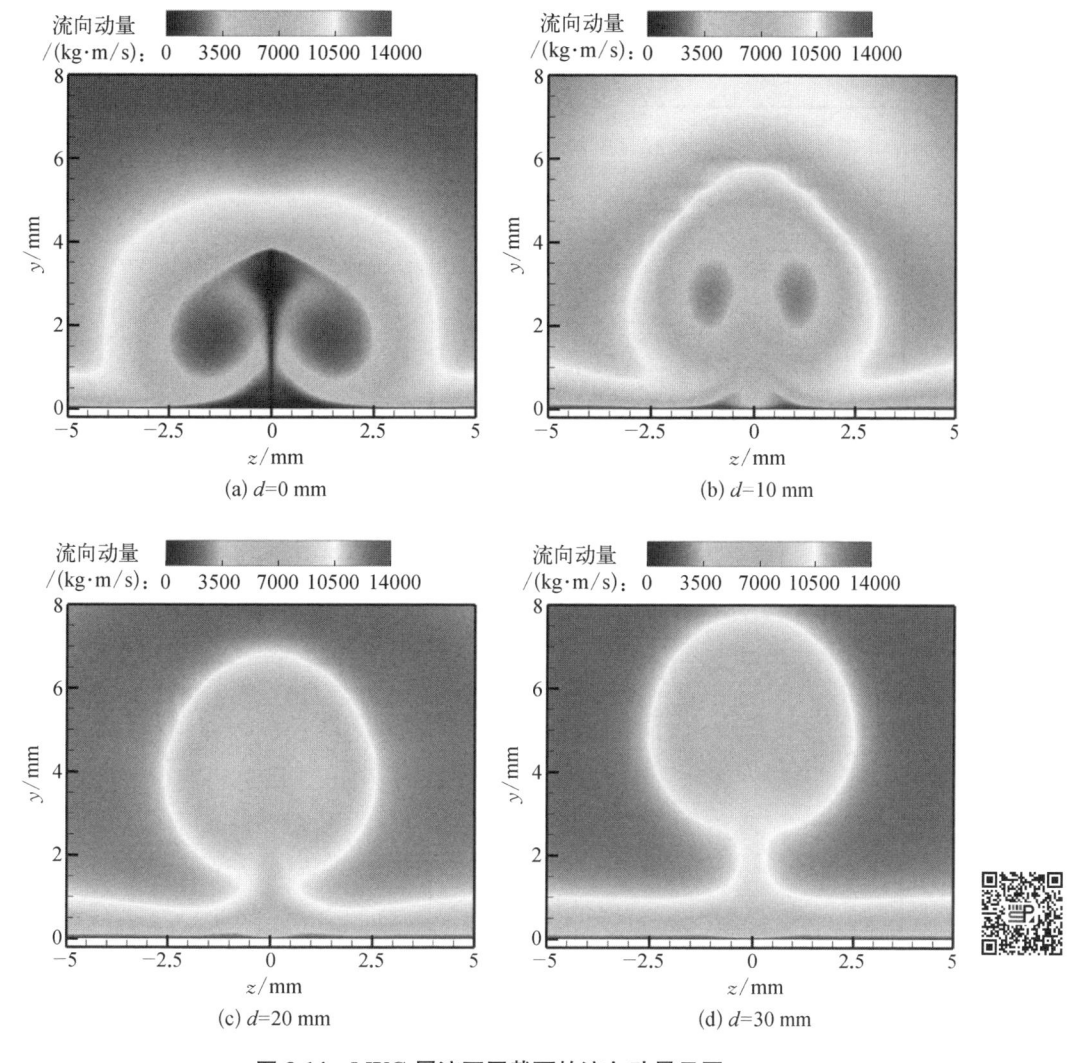

(a) $d=0$ mm

(b) $d=10$ mm

(c) $d=20$ mm

(d) $d=30$ mm

图 3.14　MVG 尾流不同截面的流向动量云图

他区域都是较低的,因此其尾流对激波有明显的破坏作用,这也是 MVG 能够控制激波/边界层干扰的又一原因。

动量损失是 MVG 的典型特征。通过不同截面的尾流动量云图可以清晰观察到 MVG 尾流区域的动量明显低于主流,但其尾流中的低动量区域随运动距离而衰减,整个尾流的动量趋向平均,且其尾流在主涡对的作用下逐渐呈圆柱形并向上抬升,通过与图 3.15 对比可以发现,动量损失与涡的发展紧密相关。随着 MVG 尾流中的动量趋于平均,其主涡对及次级涡对的流向涡量逐渐减小。由于 MVG 动量损失的特性,尾流中的低速气体与外层高速气体间存在较强的剪切作

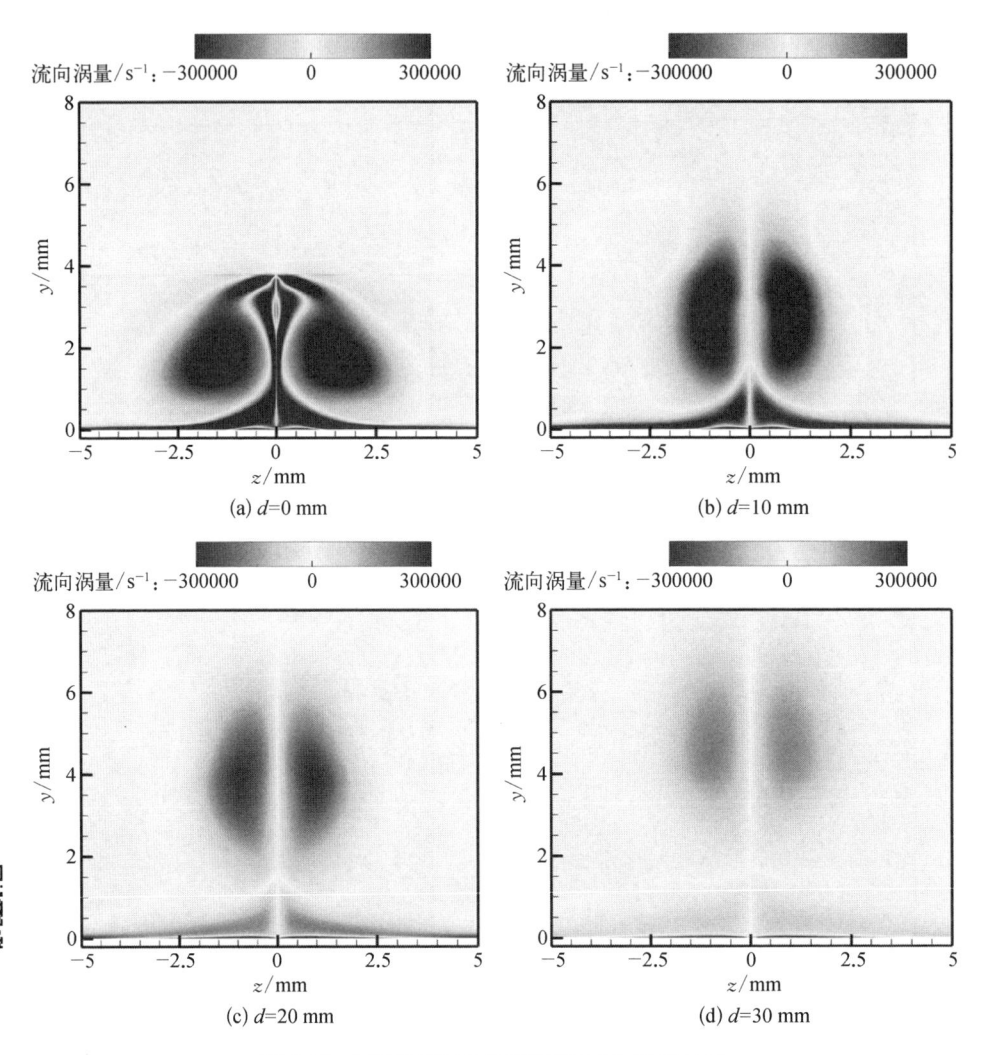

(a) $d=0$ mm

(b) $d=10$ mm

(c) $d=20$ mm

(d) $d=30$ mm

图 3.15　MVG 尾流不同截面的流向涡量云图

第 3 章 微型涡流发生器流向位置变化对激波/边界层干扰控制效果的影响

用,并可能导致 K‑H 失稳,使得尾流中的主涡对耗散,其上洗作用和下洗作用也进一步减弱,这对 MVG 应用于 SWBLI 的控制效果是相对不利的。因此,需要合适地选择 MVG 在流场中的流向位置,使得尾流能够作用在 SWBLI 区域中。

图 3.16 更清晰地展示了 MVG 尾流向上远离壁面的现象。MVG 尾流中主涡对和次级涡对的存在,使其对称面上的 y 方向速度出现明显差异。尾流中的蓝色区域为次级涡对的下洗作用区域,可以发现次级涡对的作用区域没有明显变化。红色与白色区域为主涡对的上洗作用区域,可以看到主涡对随流向位置的增加而提高,表明尾流的升高与上洗作用诱导的法向速度有关。发现尾流升高的角度与 MVG 的坡度角近似相同,尾流的抬升角与 MVG 的坡度角之间是否存在因果关系有待进一步研究。

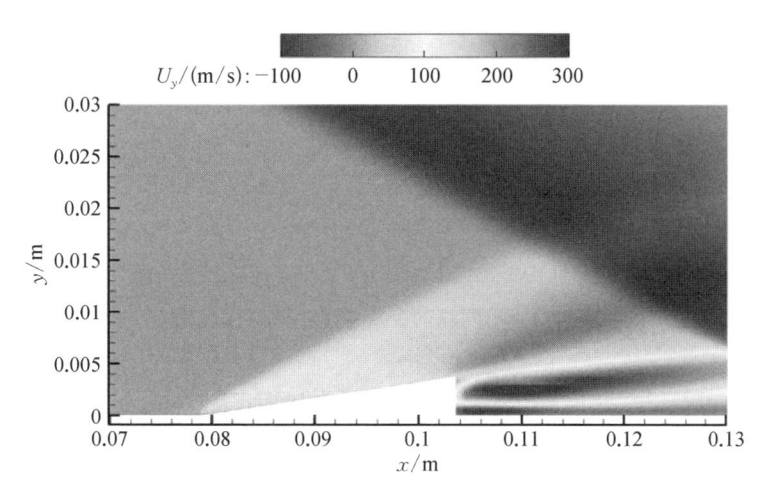

图 3.16 流场对称面上的 y 方向速度云图

为了进一步了解 MVG 周边的流动结构及其尾流形成的原因,针对 MVG 对边界层的影响开展研究。图 3.17 展示了不同法向高度来流经过 MVG 的流动演化过程。其中,流向截面为马赫数云图,流线用压力着色。通过对比可以发现,在来流高度为边界层高度的 2% 时,流经 MVG 的流线在其迎风面高压的影响下向侧边缘偏转离开并形成流向涡,且尾流流线主要集中在主涡对的涡核位置。来流高度为边界层高度的 5% 时,其流线也汇聚在 MVG 的流向涡中,但在尾流流线的分布更加均匀。当来流高度为边界层高度的 10% 时,进入主涡对的流线明显减少,并有一部分流线流入了次级涡对的区域。来流高度为边界层高度 20% 的流线基本绕开了 MVG,仅有少部分流线被卷入尾流中。

(a) $y=0.02\delta$

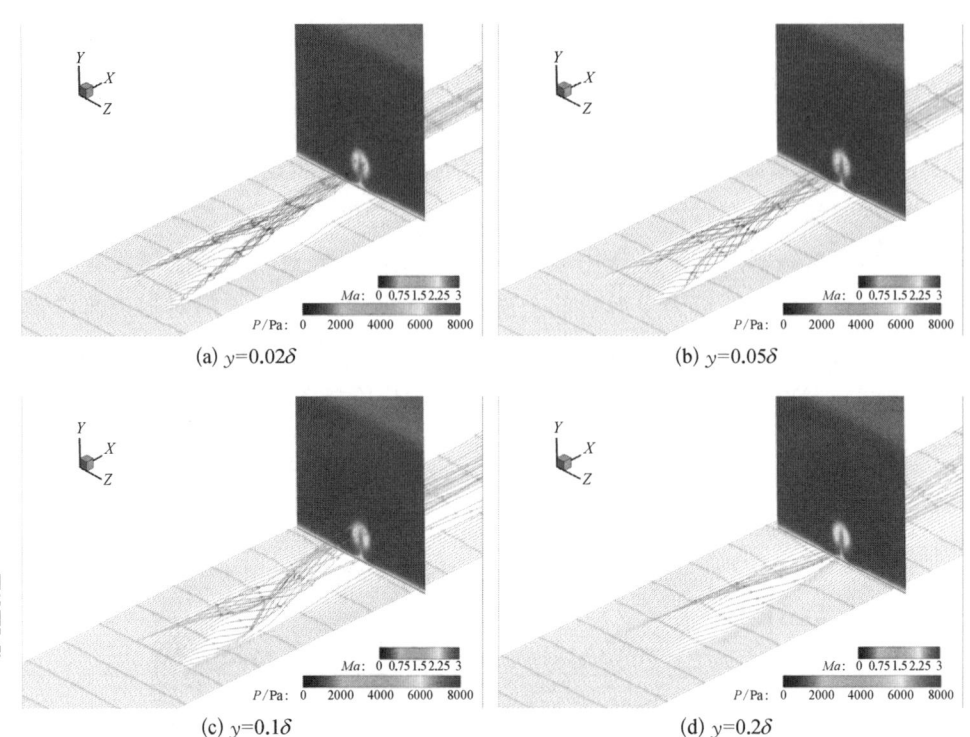

(b) $y=0.05\delta$

(c) $y=0.1\delta$

(d) $y=0.2\delta$

图 3.17 不同法向高度来流的流线演化图

由此可知，MVG 尾流内主涡对的气体主要来自上游边界层底层的低速区域，次级涡对中的气体主要来自边界层上游上层的高速区域。MVG 通过流体流经其几何外形产生的压力差作用，将其展向范围接触到的边界层底层低速流体卷入 MVG 的侧边缘，在两侧流向涡的带动下在其尾缘合并形成流向涡对并继续向下游运动，其尾流速度明显低于主流的速度，这体现了 MVG 对于边界层底层低速流体的收集-再分布作用。而上层的高速流体在流向涡的影响下卷入了尾流下层的次级涡对中，使得下游边界层底层的动量有明显提高，这体现了 MVG 对边界层动量掺混的设计初衷。由于 MVG 圆柱形的尾流在流场中随运动不断升高，其低速低压的尾流与主流的接触面积不断增大，并在剪切作用的影响下实现动量掺混，从而提高边界层的整体动量水平，实现对 SWBLI 流场的控制作用。

图 3.18 为 $X^* = 28.5$ 算例中不同法向高度（$0.25H$、$0.5H$、$1.25H$）的压力、密度和流向涡量云图。由 MVG 诱导产生的低压、低密度尾流在向下游运动的过程中不断升高。尾流中的压力与密度随运动过程逐渐提高并接近外层的主流水平；尾流中的涡量随运动逐渐耗散。MVG 诱导的尾流对下游 SWBLI 流场存在

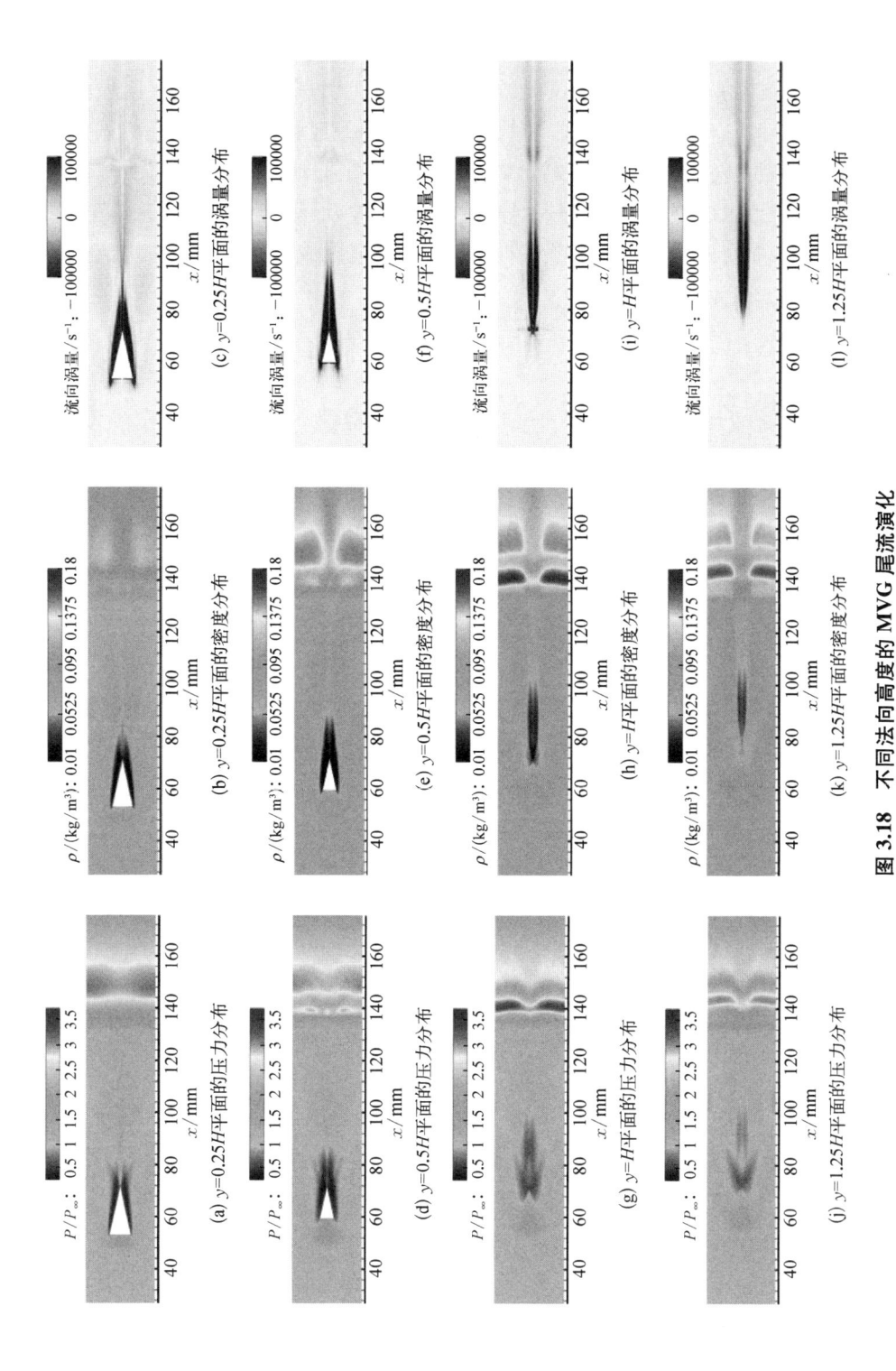

第 3 章　微型涡流发生器流向位置变化对激波/边界层干扰控制效果的影响

图 3.18　不同法向高度的 MVG 尾流演化

一定的影响,其尾流低压低密度的特性,使得SWBLI近壁区域的压力和密度进行再分布,尤其是在MVG尾缘延长线上的影响最为明显,使得SWBLI区域的压力和密度沿MVG尾缘的延长线呈对称分布。在近壁区域,尾流对流场的涡量分布也存在较微弱的展向影响,如图3.18(c)所示。在相对壁面较高的法向高度上,尾流对下游的影响主要是对入射激波、反射激波以及膨胀波系的影响。其低压低密度的特性,且能在下游持续较长的范围,使得尾流在到达激波作用范围时能够对激波产生较强的破坏作用。

3.3 微型涡流发生器流向位置变化对激波/边界层干扰流场的影响

3.3.1 微型涡流发生器流向位置变化对波系结构的影响

超声速来流从左向右运动,与斜坡发生碰撞并产生一道斜激波。斜激波与边界层相互作用并产生较为明显的分离。MVG的加入一定程度上改变了流场结构。为了对比分析所有工况的流场结构特征,图3.19显示了流场对称面上的密度梯度云图及分离区的等值面,在$u/u_\infty = 0$的等值面上用蓝色表示分离泡。

对于引入MVG的工况,可以发现流场结构发生很大变化。MVG诱导产生了激波及尾流,使得流场结构更加复杂,并随着MVG距离分离区越来越近,其对SWBLI附近流场的影响更加强烈。通过不同工况的对比,MVG周边的流动结构在所有工况中是相似的,但随着其流向位置的变化,由MVG诱导产生的波系结构在不同位置上,对流场的影响和分离区的变化有着明显的区别。其中较为明显的现象是MVG距离分离区越近,分离泡的变形越明显。

为了更加直观地分析MVG对流场波系结构的影响,增加图3.20进行详细介绍。图3.20为NC工况与$X^* = 28.5$工况中流场对称面上密度梯度云图,MVG用蓝色区域表示。

在NC算例中超声速气流从左向右运动,与上表面的斜坡碰撞后压缩产生入射激波,在斜坡后缘气流偏转产生膨胀波系。入射激波与下壁面边界层发生相互作用,诱导边界层发生了分离,并在SWBLI区域形成反射激波和再附激波,以及两道激波间的膨胀波系。

在工况$X^* = 28.5$中,通过与NC(无控)算例的对比,微型涡流发生器对流场结构的变化起到了主要影响,且其对分离区的遏制作用是比较显著的。在引

第 3 章　微型涡流发生器流向位置变化对激波/边界层干扰控制效果的影响

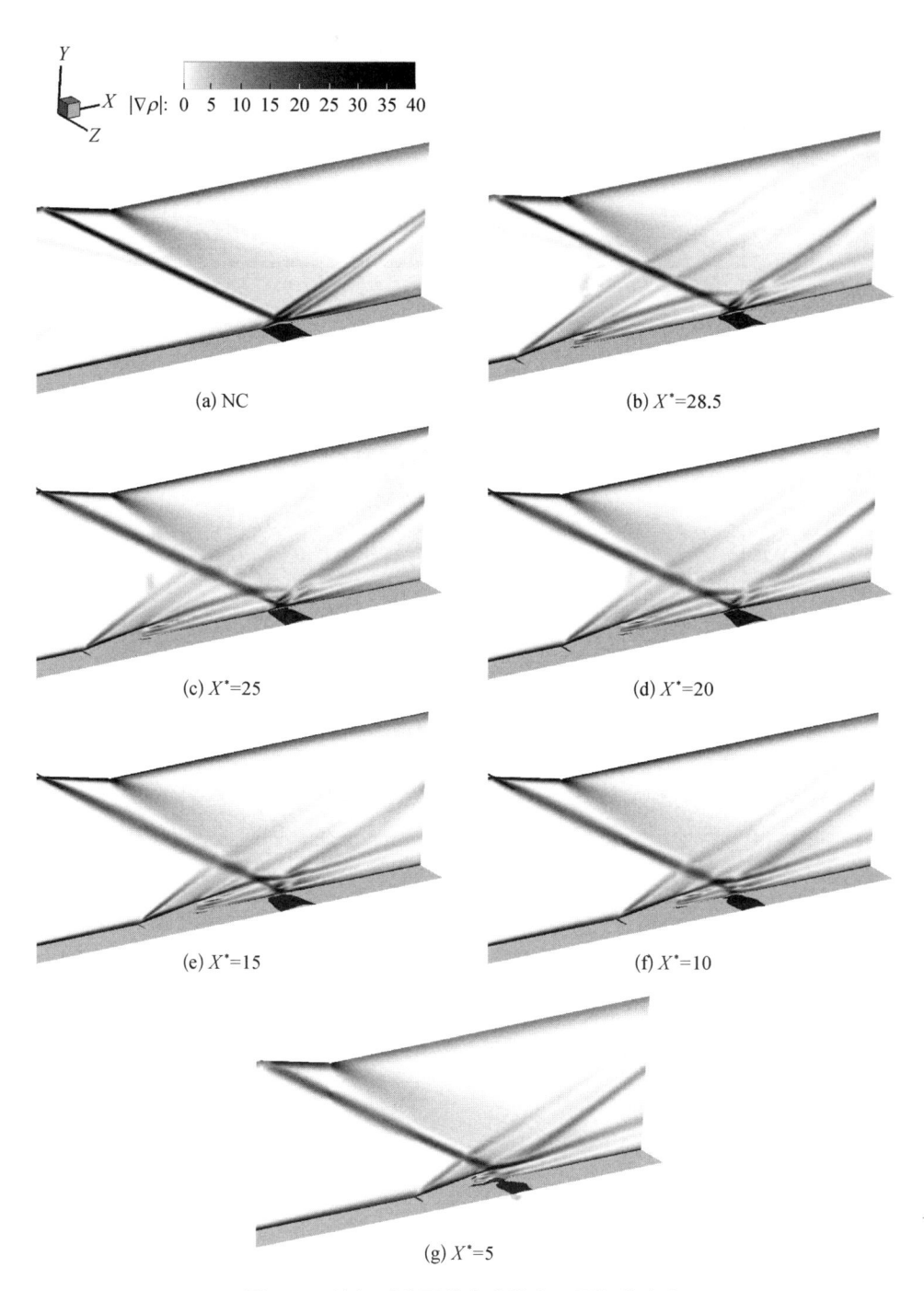

(a) NC

(b) $X^*=28.5$

(c) $X^*=25$

(d) $X^*=20$

(e) $X^*=15$

(f) $X^*=10$

(g) $X^*=5$

图 3.19　流场对称面的密度梯度云图与分离泡

(a) NC 工况的整体流场结构

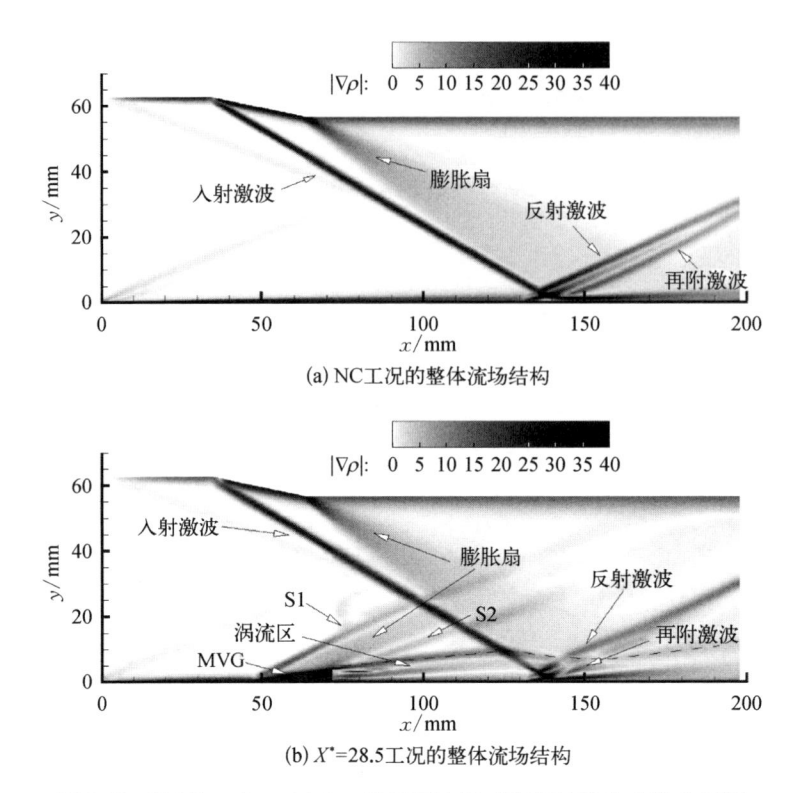

(b) $X^* = 28.5$ 工况的整体流场结构

图 3.20 NC 和 $X^* = 28.5$ 工况平面流场对称面处的密度梯度云图

入 MVG 后,由其前缘和后缘产生的两道激波(S1、S2)均穿过入射激波,激波强度有所减弱;在 MVG 上表面产生的膨胀波系则滞止在入射激波前。以流向涡为主导的尾流在图 3.20(b)中以虚线标出,尾流在经过 MVG 后在流场近壁面的区域向下游运动并逐渐抬升。穿过入射激波后尾流发生了偏转靠近底壁,并穿过反射激波。经过再附位置后将再附激波包裹在尾流中并再次抬升,再附激波在尾流下游尾流中迅速耗散消失。

本章对于尾流演化的形式及尾流中涡结构的变化并没有进行过多讨论,分析其演化过程需要精度更高的数值仿真方法(如 DNS、LES 等),考虑到计算资源成本及实际应用的效率,本章重点开展 MVG 尾流对 SWBLI 控制效果的影响。

图 3.21 显示了各工况中 SWBLI 流场的流动细节。其中,声速线($Ma = 1$)用红线表示,分离等值线($U/U_\infty = 0$)用蓝线表示。在 NC 工况中,入射激波 C1 滞止在边界层内声速线上,使得边界层局部静压升高。在逆压梯度的作用下,激波引起的压升由边界层的亚声速区域向上游传递,并导致边界层亚声速区域扩张增厚并产生分离。边界层的分离使得分离泡前气体偏转压缩产生一组压缩波

第 3 章　微型涡流发生器流向位置变化对激波/边界层干扰控制效果的影响

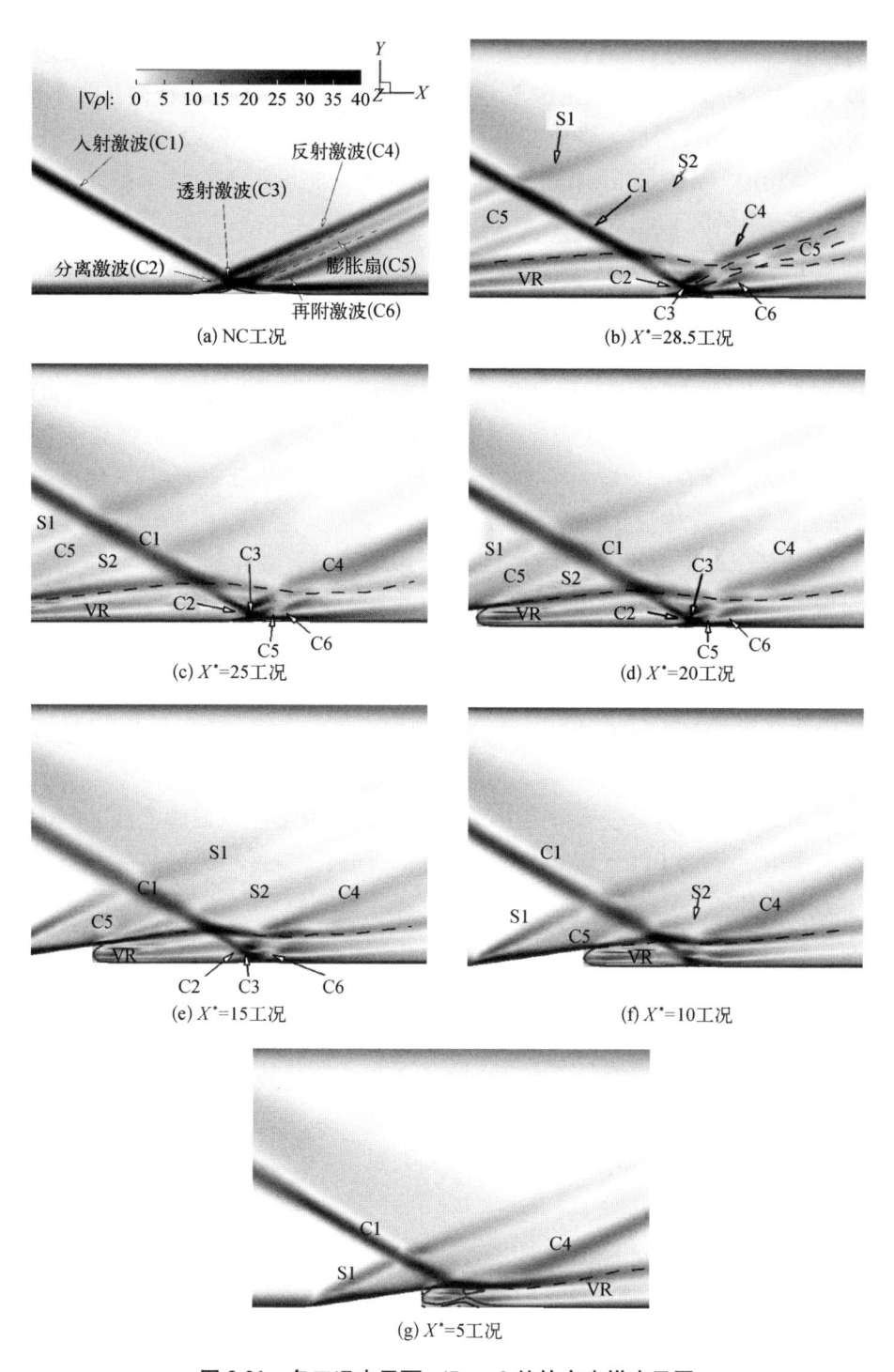

图 3.21　各工况中平面 $z/D = 0$ 处的密度梯度云图

系,这组波系汇聚形成分离激波 C2。C1 与 C2 相交后发生偏转,分别形成透射激波 C3 和反射激波 C4。透射激波 C3 穿透黏性流层,由于分离泡内压力不变,C3 在分离泡表面反射成为膨胀波系 C5,并引起剪切层向下壁面偏转,使流动再附、分离泡消失。这一过程伴随着另一组压缩波系的出现,该组波系在主流中汇聚并形成再附激波 C6。

对于有控工况,入射激波诱导的激波/边界层干扰现象依然存在,但分离区有明显的减小。MVG 的尾流穿过 SWBLI 区域时,能够较好地降低入射激波 C1 的强度并使其发生部分偏转。注意到尾流作用区域内有一条深色条带,这是由于尾流中主涡对之间的上洗区使得流动聚集所产生的局部密度升高。在 MVG 后缘的顶角和底部的声速线脱体,这是由于 MVG 两个侧面主涡对诱导产生的上、下两对次级涡在 MVG 后缘相遇,导致上下各存在一个低速区域,并使流动滞止,在工况 $X^* = 5$ 中显示较为明显。

MVG 低压低密度的尾流在一定程度上影响了反射激波 C4 及膨胀波系 C5,再附激波 C6 的角度也发生了明显的偏转并保持在尾流区域内,这在 $X^* = 28.5 \sim 15$ 工况下都能较为清晰地观察到。

在 $X^* = 10 \sim 5$ 的工况中,由于 MVG 距离分离区非常近,低压低密度尾流严重影响了分离区结构;入射激波反射产生的膨胀波系 C5 及再附激波 C6 已经无法从尾流中观察到。

在 $X^* = 5$ 工况中声速线产生明显的升高,这是由于主涡对间上洗区产生的强剪切作用使得 SWBLI 区域局部剪切层抬高,同时上洗区也为分离区的压升释放了通道,使得壁面分离泡与 MVG 尾缘的分离区相连。同时观察到,随着 MVG 流向位置的变化,由前缘诱导的激波 S1 和在后缘处诱导的压缩激波 S2 与入射激波 C1 之间的激波/激波相互作用更加强烈。在 $X^* = 5$ 工况中,MVG 后缘的压缩波系与分离区波前的压缩波系汇聚成反射激波 C4。

图 3.22 为本章研究各工况中平面 $z/D = 0$ 处的马赫数云图,能够清晰地捕捉到 MVG 尾缘的流动分离及低速尾流的速度轮廓。对比图 3.21 发现,在所有有控工况中,分离激波的激波脚均产生后移;反射激波发生明显变形,再附激波耗散在尾流中。

涡旋尾流对 SWBLI 区域的速度水平有较明显的影响,通过涡旋对的动量输运,底层边界层的速度有明显提高,分离激波脚发生后移,有效抑制了 SWBLI 分离区长度。

通过对比观察到 MVG 诱导产生的低速尾流在流场中的影响跨度较长,向下

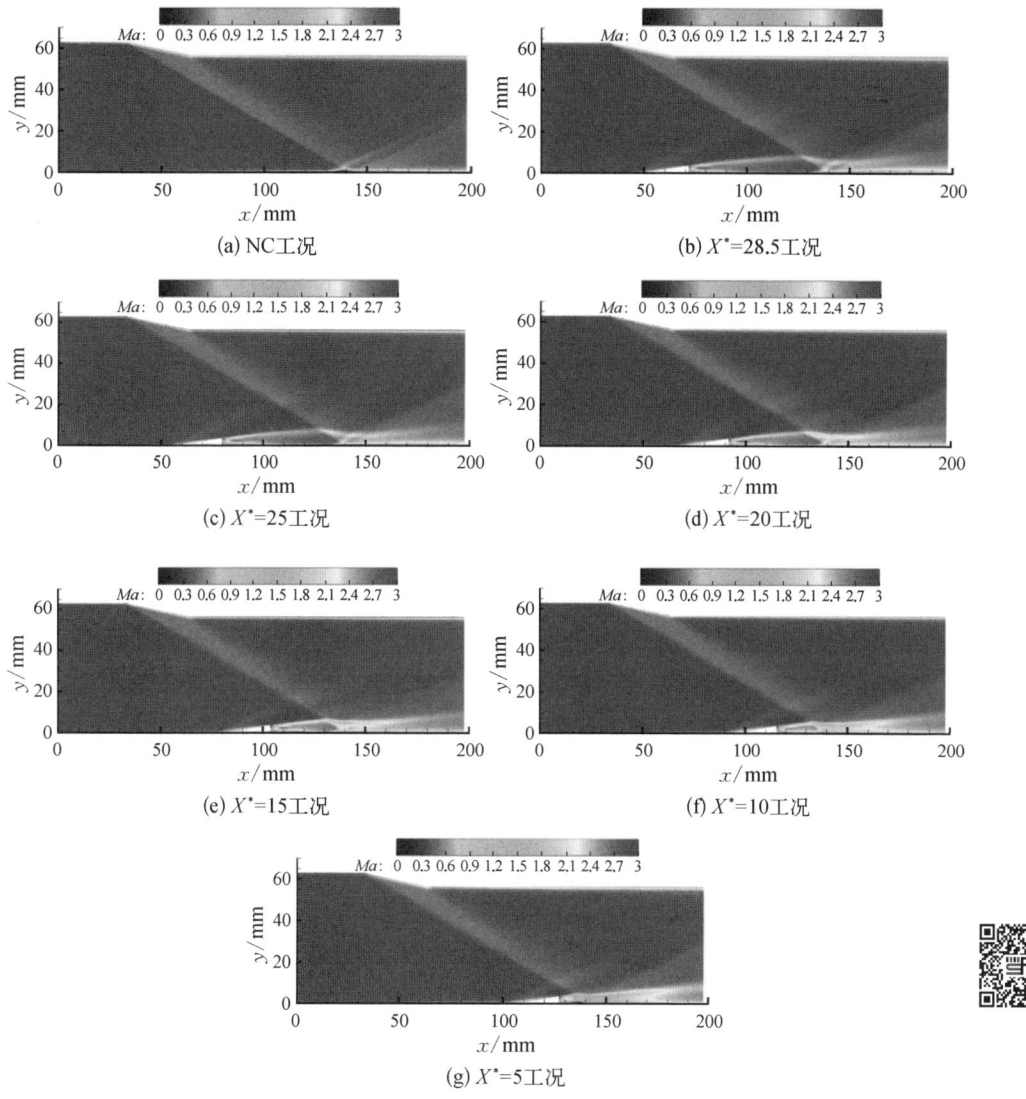

第 3 章 微型涡流发生器流向位置变化对激波/边界层干扰控制效果的影响 59

(a) NC工况
(b) X^*=28.5工况
(c) X^*=25工况
(d) X^*=20工况
(e) X^*=15工况
(f) X^*=10工况
(g) X^*=5工况

图 3.22 各工况中平面 $z/D = 0$ 处的马赫数云图

游运动的过程中受外层主流的影响导致尾流速度增加,经过约一个 MVG 弦长后与主流速度水平趋同,同时受内部法向速度的诱导逐渐向上抬升,如图 3.22(b)所示。尾流遇到入射激波后向壁面偏转并继续向下游运动,经过再附位置后再次偏转并抬升。尾流经过 SWBLI 区域后受干扰区内的激波结构影响导致整体速度水平有明显降低。

随着 MVG 向 SWBLI 接近,下游尾流的速度水平逐渐降低。一方面是因为随着 MVG 流向位置的增加,尾流与外层主流的接触距离变短,造成尾流在经过 SWBLI 区域前增速不完全;另一方面可能是由于尾流中的流向涡对与 SWBLI 区域的靠近过程中,SWBLI 底层低速气体被卷入了涡对间上洗区导致在该截面内尾流整体速度水平降低。在工况 $X^* = 5$ 中,MVG 尾流中的速度明显低于其他工况,通过与图 3.21(g)对比,能够印证这一说法。

由图 3.23 可知,有控工况中,在 MVG 前缘及后缘产生的两道激波与入射激

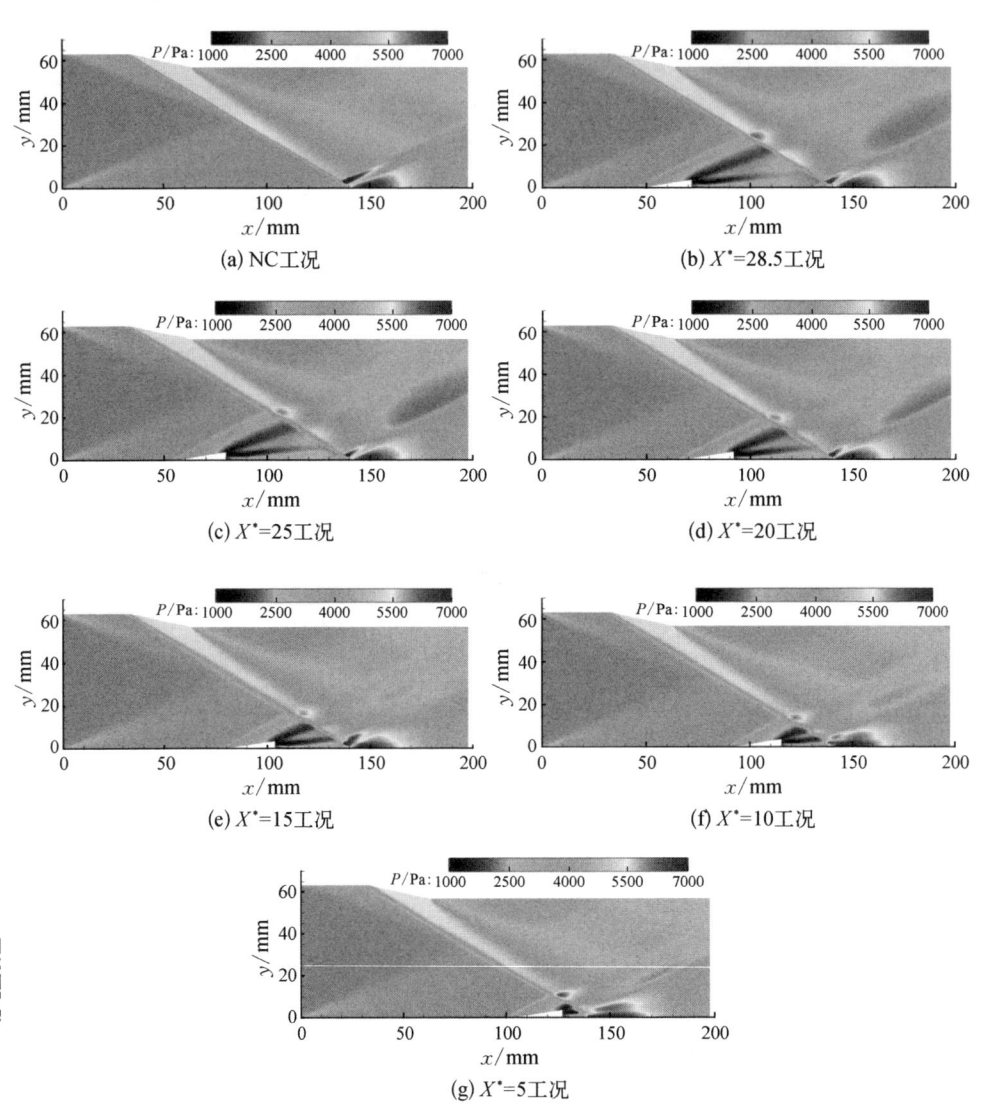

(a) NC 工况

(b) X^*=28.5 工况

(c) X^*=25 工况

(d) X^*=20 工况

(e) X^*=15 工况

(f) X^*=10 工况

(g) X^*=5 工况

图 3.23 各工况中平面 $z/D = 0$ 处的压力云图

波碰撞后造成局部压升。MVG 尾缘产生的膨胀波系及低压尾流,对 SWBLI 区域的压力分布有较明显的影响,使得 SWBLI 的高压区域产生部分缩减,尤其是反射激波后的高压区域。通过与图 3.22 对比,能够发现这是由于 MVG 提高了底层的边界层速度,使得分离激波的激波脚后移,导致相交后的透射激波与反射激波间夹角变小,进而影响了激波相交后的高压区域。

与 NC 工况相比,有控工况中的再附激波附近的高压区域也发生较为明显的变形,由于再附激波存在于涡旋尾流中,其形状轮廓与涡旋尾流的轮廓存在关联。MVG 流向位置的增加,使得 SWBLI 流场高压区域的变形程度逐渐增加,反射激波后的高压区衰减变形;再附位置的高压区整体水平降低,并随再附激波的偏转而向壁面缩减。

图 3.24 是各工况下,$y = 0.05\delta$ 平面的流向速度云图。由图可以发现,在展向平面中,MVG 后存在高低相间的速度带结构,低速带主要在 MVG 的尾缘延长线附近,高速带分布在 MVG 两侧的斜边之后并包裹在低速带两侧。边界层底层速度越高,其抵抗逆压梯度的能力越强,分离激波脚越靠后;边界层底层速度越低,其抵抗逆压梯度的能力越弱,分离激波脚越靠前,由此导致引入 MVG 后的分离呈现出在不同的速度带影响下分离泡发生展向的变形。

图 3.25 是 $X^* = 15$ 工况下 $x/D = 140$ 处不同展向位置的边界层速度剖面。由图可以发现,在 $y = 0.05\delta$ 处,对称面的速度要高于其他展向位置及无控(NC 线表示)情况。体现在图 3.21(e)中即为对称面上的速度突变位置比其他展向位置靠后,这也是使分离区变形的根本原因。

随着 MVG 向分离区的靠近,分离区展向变形更加明显。分离区的整体动量水平有明显的提升,这是 MVG 尾流中流向涡导致边界层不同高度间动量输运的结果。同时由于 MVG 的收集-再分布的特点,本应进入 SWBLI 的底层低速气体卷入其尾流中,经过掺混后实现整体动量水平的提升,更加有效地减小了分离。

结合图 3.24 中观察到的尾流增速现象,可以发现 MVG 流向位置的变化与分离泡形状变化之间的关系。MVG 后的高低相间的速度带对称分布在 MVG 中轴线的两侧,两侧高速带包裹在低速带两侧,组成了 MVG 的稳定尾流区。这段稳定的尾流在流向上保持大约一个 MVG 的弦长距离。超过这段距离后,尾流的速度带发生变化,位于中间的低速带逐渐变为高速带,两侧的高速带速度降低并低于中轴线附近的速度。新的速度带组成了 MVG 的发展尾流区。

对比图 3.24 中的各工况不难发现,当发展尾流区作用于 SWBLI 区域时,在尾流影响的展向范围内,分离区呈"V"字形,如图 3.24(b) ~ (e)所示。当稳定尾

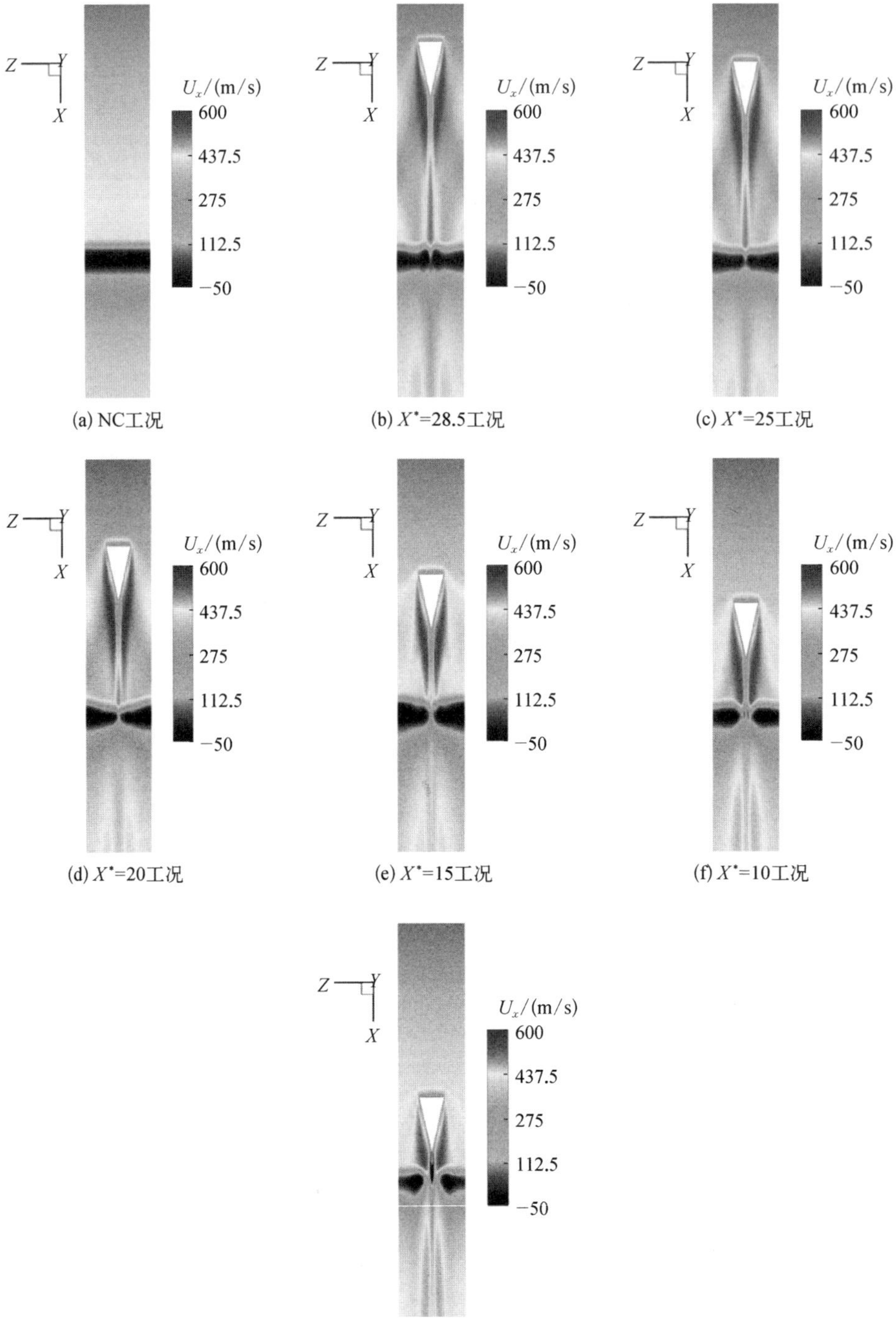

图 3.24 各工况下 $y = 0.05\delta$ 平面的流向速度云图

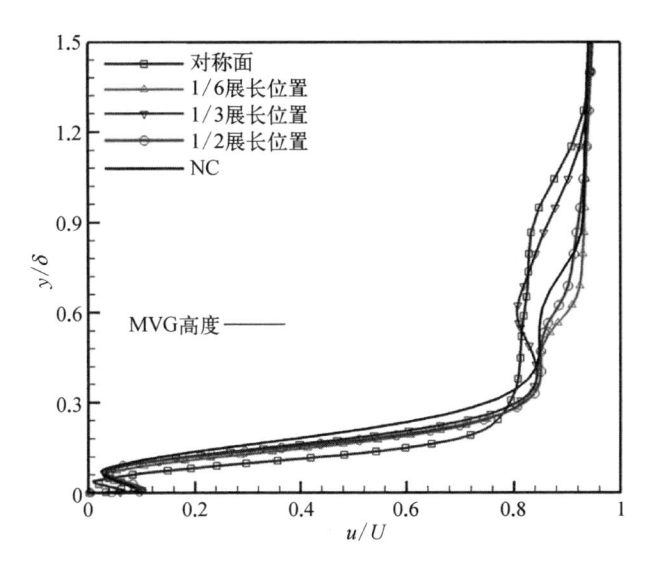

图 3.25　$X^* = 15$ 工况下 $x/D = 140$ 处不同展向位置的边界层速度剖面

流区作用于 SWBLI 区域时,分离区呈"Λ"形。又由于尾流中涡旋对的下洗作用,尾流对展向流场的气流速度依然有影响。尾流在流场中运动的距离越远,尾流区外的速度型越高,这也导致分离泡在展向的其他部分呈现不同形状,$X^* = 28.5$ 工况中尾流区外的分离泡变为明显的内弓形。而 $X^* = 5$ 工况中,相应部分则表现为鼓包形。

为了研究 MVG 控制 SWBLI 的更多细节及对壁面的影响,图 3.26 显示了本研究中所有工况下的壁面剪切应力($\tau_{\omega x}$)云图。流向壁面剪切应力定义为：$\tau_{\omega x} = \mu \dfrac{\partial u}{\partial y}$,$\mu$ 为黏性系数,u 为流向速度。壁面剪切应力是指壁面对流动的摩擦力。在分离边界和再附边界,$\dfrac{\partial u}{\partial y} = 0$,即 $\tau_{\omega x} = 0$。因此,通常用等值线 $\tau_{\omega x} = 0$ 来表示分离和再附边界的位置。在壁面分离区,$\tau_{\omega x} < 0$,即图中的蓝色区域。

由于流场的两个侧面采用周期性边界条件,对于 NC 工况,分离区的形状为规则矩形。但在其他有控工况下,分离区出现了明显的变形,且分离区后壁面剪切应力分布出现较大的改变。在 MVG 尾缘延长线上壁面剪切应力减小,在延长线的两侧则有部分增加。

对比各有控工况,分离区形状会随着微型涡流发生器与分离区的距离长短而变化,特别是当 MVG 靠近分离区时,分离区变形更加明显,其形状变为漏斗形,同时对下游壁面剪切应力分布的影响更大。根据壁面剪切应力公式,流向速

(a) NC工况

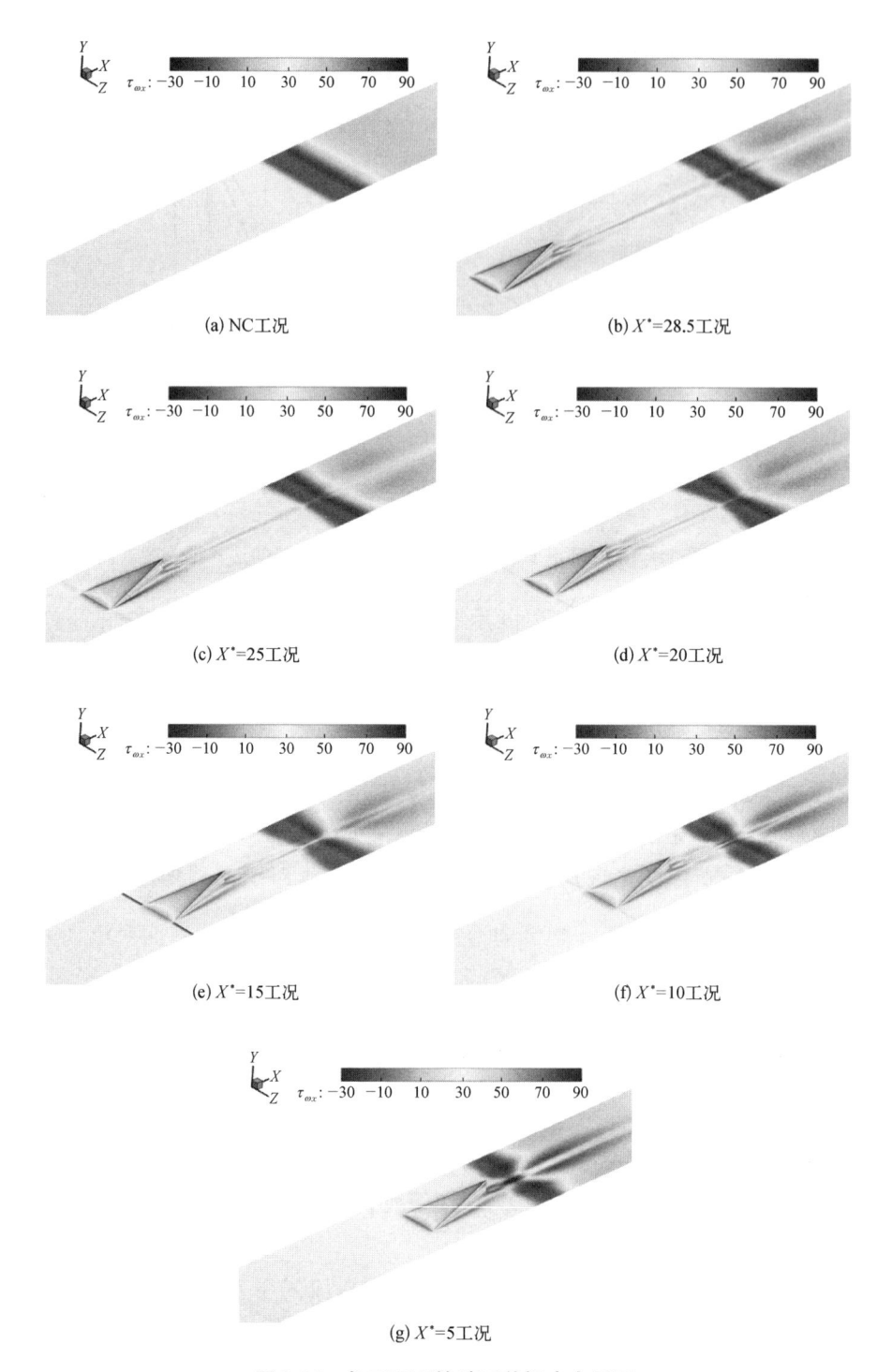

(b) $X^*=28.5$工况

(c) $X^*=25$工况

(d) $X^*=20$工况

(e) $X^*=15$工况

(f) $X^*=10$工况

(g) $X^*=5$工况

图3.26 各工况下的壁面剪切应力云图

度越大,剪切力越大。与图 3.24 对比,壁面剪切应力的分布与前文描述的展向速度带分布相同,这也印证了壁面剪切应力与流向速度的关系。

MVG 引入的流向涡增加了边界层底层的动量,并产生一对相向旋转的涡旋,当涡强度足够时,能够将分离泡割裂。因此,MVG 距离下游越近,分离泡割裂程度越大,这种情况下对于减小壁面分离区的效果是非常明显的,但也会使分离区的局部位置向上游移动,导致分离区局部热流的增加。考虑到流场的三维情况,MVG 对分离区的体积和壁面热流的控制效果需要定量研究来评估,后面将对分离区面积和体积进行定量计算。

图 3.27 显示了本研究中所有工况下底壁面的剪切力应力云图和流线图。在图 3.27 中,对于 NC 工况,流线明显表现出分离和再附的特征。流线在底壁面上聚集,在再附线上分散。侧壁面设定为周期性边界,因此并无侧壁面对 SWBLI 的影响。

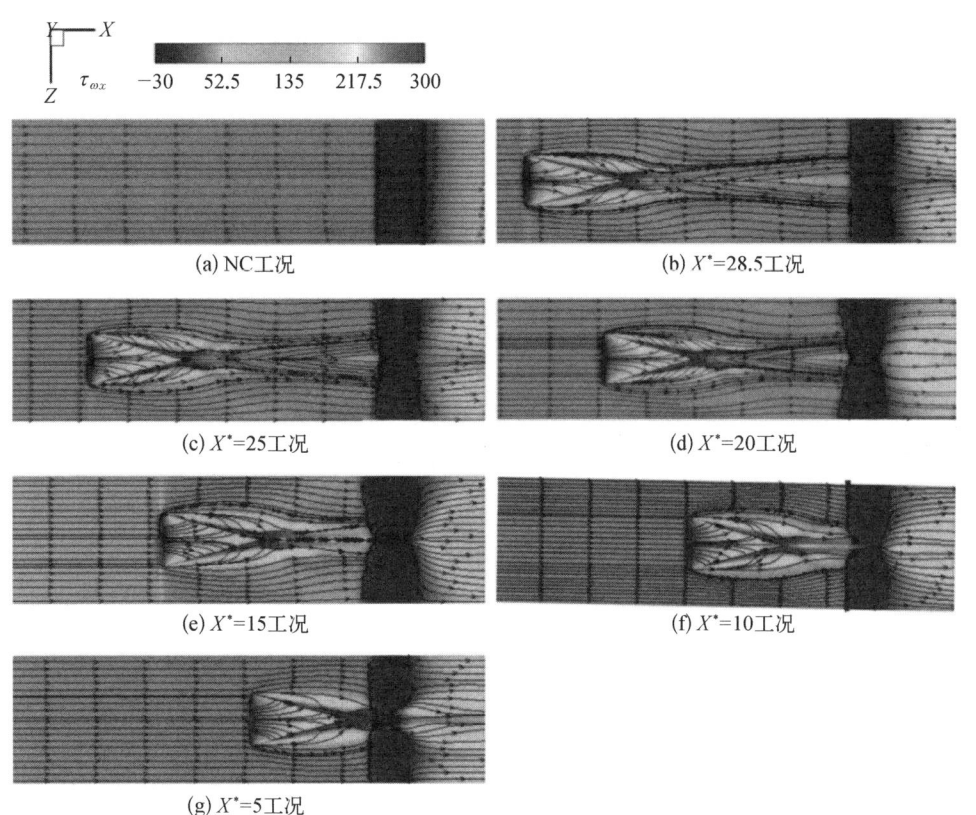

(a) NC 工况

(b) $X^*=28.5$ 工况

(c) $X^*=25$ 工况

(d) $X^*=20$ 工况

(e) $X^*=15$ 工况

(f) $X^*=10$ 工况

(g) $X^*=5$ 工况

图 3.27 底壁面流线示意图

对于其他工况，流线的分布由于 MVG 的引入产生变化。可以看出，围绕 MVG 附近的流动特征基本相似且有规律。在壁面流动发生偏转的区域，底壁面的剪切力更大。气流绕过 MVG 后会在尾流中产生一对相向旋转的涡旋对，使分离泡发生明显变形并呈漏斗状，分离泡内的流线发生了展向的偏移，以 MVG 尾缘的延长线为对称轴呈对称半弧形分布。

通过流线分布可以发现，尾流随流向位置的改变而逐渐抬升，因此 MVG 流向位置越靠近下游，其尾流中的涡对与分离泡的接触范围越大，分离泡内高压气体进入主涡对间的上洗区越多。MVG 的下洗作用使更多主流中的高速流体进入分离区。

MVG 的收集-再分布作用，使得分离区的流线向 MVG 尾缘延长线上集中，这是由于主涡对间上洗区的强剪切作用为分离泡内高压气体提供了新的压力释放通道，流线集中是分离泡变形的外在表现，但集中的流线可能会产生更高的热流峰值。

在流场分析的基础上，重点分析 MVG 在流向位置的变化对分离泡的控制效果。图 3.28 展示了在各工况下的分离泡等值面图，其中等值面图用 $U/U_\infty = 0$ 标记，并用温度着色。在无控工况下，靠近分离位置的温度偏低，靠近再附位置的温度偏高，这与流动的物理实际是相符的。在各有控工况下，$X^* = 28.5$ 对分离泡的温度影响更加显著，这是由 MVG 尾流引入的速度变化作用在分离区域时速度较高，再附时运动更剧烈导致的；在 $X^* = 15$、$X^* = 10$ 工况中，MVG 后流线对分离泡的切割更加明显，分离泡间产生间断。在 $X^* = 5$ 工况下，分离泡变形最剧烈，分离泡内高压气体经过 MVG 的尾流与 MVG 后缘的分离区连接，并在尾流中涡旋对的上洗作用下发生法向的变形。其余工况中，温度较高的区域均靠近分离泡的再附位置，高温区域的位置与图 3.27 中流动聚集的位置相对应，表明 MVG 对下游流动影响的同时也影响了分离区的热分布。

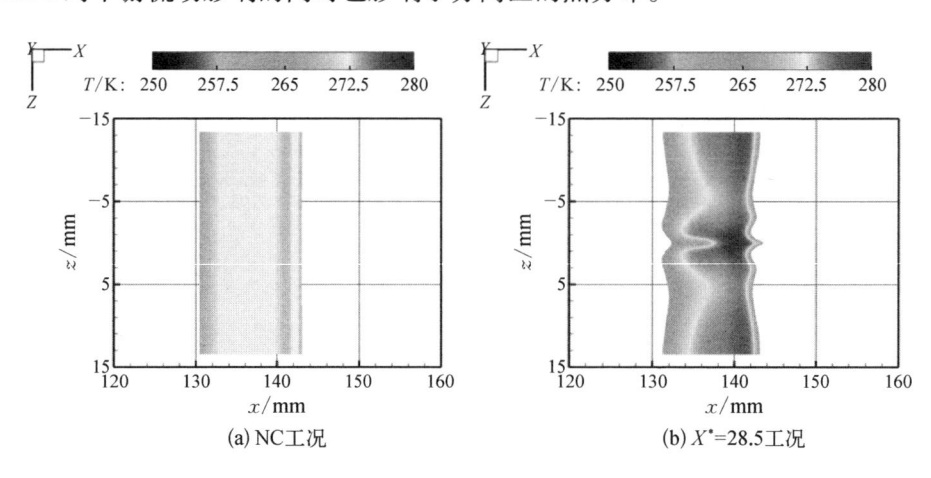

(a) NC 工况

(b) X^*=28.5 工况

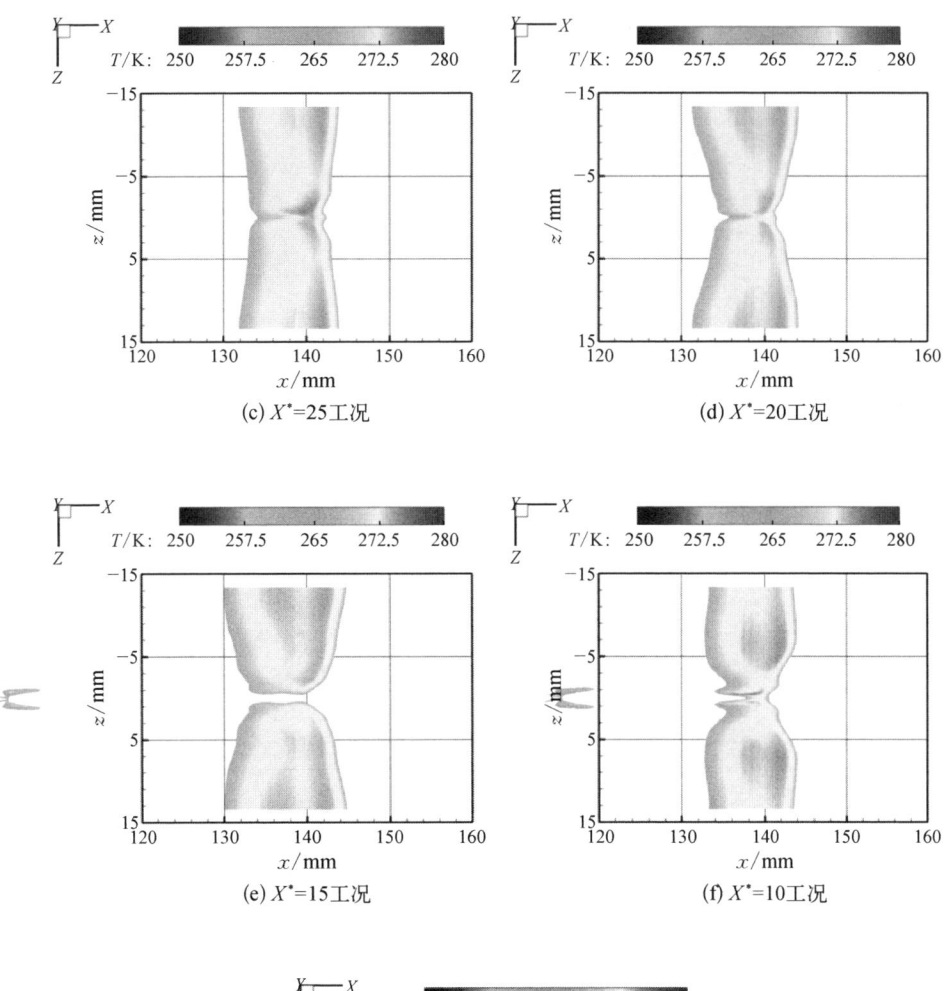

第 3 章　微型涡流发生器流向位置变化对激波/边界层干扰控制效果的影响

(c) $X^*=25$ 工况

(d) $X^*=20$ 工况

(e) $X^*=15$ 工况

(f) $X^*=10$ 工况

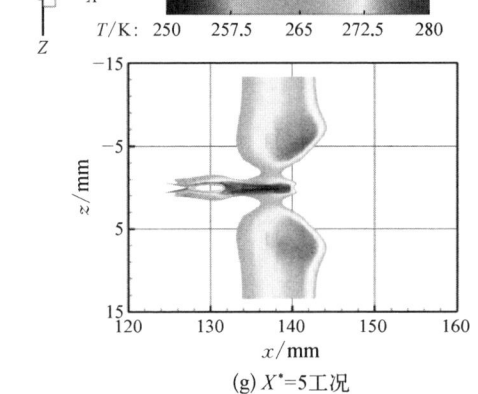

(g) $X^*=5$ 工况

图 3.28　本研究中各工况的分离泡等值面图

3.3.2 参数变化分析

本节将在流场分析的基础上,选取几个关键参数对微型涡流发生器的控制效果进行深入的定量研究。

首先对 MVG 控制分离区的效果进行定量分析。表 3.3 提供了本章所有研究工况中的分离泡面积和体积。面积 A 是分离泡在底壁面的投影面积,体积 V 是分离泡等值面($U/U_\infty = 0$)通过积分求得的,A_0 和 V_0 是无控工况 NC 的分离泡投影面积和体积。

表 3.3 本研究中所有工况下分离泡的面积与体积

工况	A/mm²	$(A-A_0)/A_0$/%	V/mm³	$(V-V_0)/V_0$/%
NC	333.69	—	144.33	—
$X^* = 28.5$	288.87	−13.43	67.71	−53.09
$X^* = 25$	274.35	−17.78	64.63	−55.22
$X^* = 20$	272.15	−18.44	66.44	−53.96
$X^* = 15$	310.61	−6.91	91.81	−36.38
$X^* = 10$	250.69	−24.87	58.68	−59.34
$X^* = 5$	234.83	−29.63	53.02	−63.27

如表 3.3 所示,所有有控工况均有良好的控制效果。各工况下分离泡的面积变化不明显,但体积减小较多,这意味着 MVG 的引入会对分离泡产生压缩作用,不仅使得分离泡发生展向变形,也使得分离泡的高度降低,发生法向变形。对比各有控工况,在 MVG 位置靠近流场上游时,各工况的控制效果差别不大,并且当 MVG 位于 $X^* = 15$ 工况的位置时,减小分离的效果不佳,这有可能是由于 MVG 的尾流在进入 SWBLI 区域时处于稳定尾流区和发展尾流区的中间状态,且其余展向位置的速度并未改变,因此仅对分离泡产生了切割效果,但并未压缩。随着 MVG 向分离区靠近,对分离泡的切割-压缩作用更加明显,控制效果呈增加的趋势。在 $X^* = 5$ 工况下,分离泡面积减少了 29.63%,体积减小了 63.27%,是所有工况中减小分离的最优状态。但应综合考量不同 MVG 的控制效果,同时分析其他参数的变化,更好地配置 MVG 流向位置并进行优化。

静压变化和总压损失从另一个侧面反映了流场特性。图 3.29 显示了底壁面中轴线上的静压分布图,静压显示了激波/边界层相互作用引起分离的典型特征。在图 3.29(a)中,MVG 前后的压力变化分布与 MVG 在流向位置的变化相对应,其物理意义已在图 3.10 中进行说明。

(a) 所有工况下的底壁面静压分布

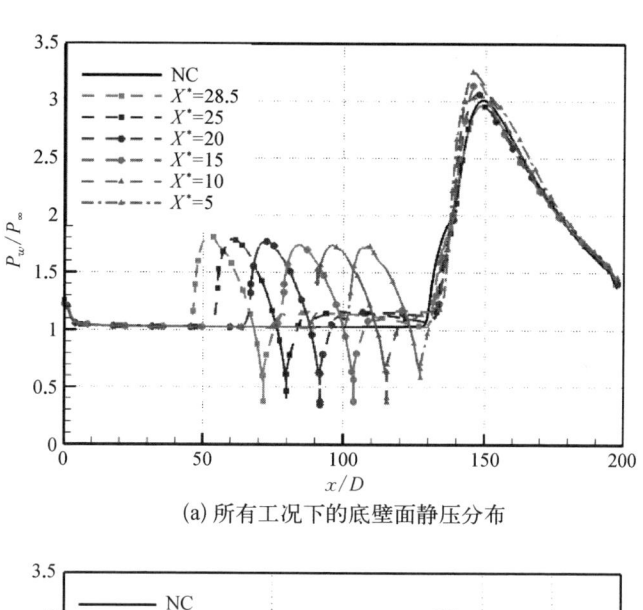

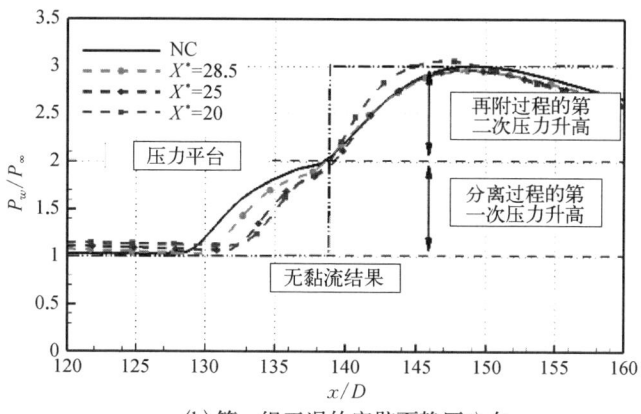

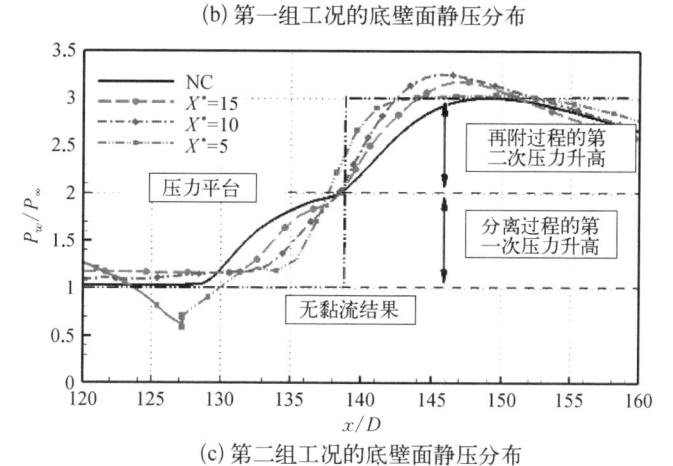

(b) 第一组工况的底壁面静压分布

(c) 第二组工况的底壁面静压分布

图 3.29　各工况下底壁面中轴线上的静压分布

为方便分析 MVG 对于激波/边界层干扰区域内压力的改变,将有控工况分为两组,如图 3.29(b) 和 (c) 所示。NC 工况中可以看到压力有两次上升。第一次出现压升,是在干扰刚开始时压力出现明显的爬升,由入射激波诱导导致边界层变厚,进而导致边界层前气体压缩,这与流动分离有关,然后到达一个压力平台,这是分离流动的典型特征。再附过程中出现第二次压力升高,这是由于流体再附过程产生压缩作用。这种压力变化与无黏流有明显不同。

在第一组工况中,与第一次升压过程中的无控工况压力相比,控制工况的压力较低,且升高位置更加靠后。第二次升压过程中,$X^* = 28.5$ 和 $X^* = 25$ 工况的压力曲线与 NC 工况相似,$X^* = 20$ 工况压力升高的位置更加靠前,第二次压升幅度也更大。这是由于随着 MVG 流向位置的改变,其尾流对下游的压力影响更加显著,这与分离区体积的减小也存在关联。在第二组所有工况中第二次压升都更加靠前,其中 $X^* = 5$ 工况的压升曲线更迅速,但二次压升水平与无控工况相同。在 $X^* = 5$ 工况中,第一次压升点与 MVG 后的压降点距离很近,且存在较大差值,这使得 SWBLI 区域内的高压气体沿底壁面向 MVG 后缘移动,两个分离区相连,如图 3.28(g) 所示。

表 3.4 展示了整个流场的压力损失,总压恢复系数 η 为流出总压与流入总压之比。可以发现,控制工况由于 MVG 的引入,产生了更大的总压损失,并且随着 MVG 向下游的分布,总压损失也提高。这不仅是由于 MVG 引入的激波结构、MVG 几何结构产生的阻力带来了总压损失,也是 MVG 尾流与 SWBLI 相互影响产生的耗散所引起。

表 3.4　各工况流场的总压恢复系数

参数	NC	$X^* = 28.5$	$X^* = 25$	$X^* = 20$	$X^* = 15$	$X^* = 10$	$X^* = 5$
$\eta/\%$	86.38	85.54	85.81	85.67	85.31	85.39	83.94

表面摩擦系数 C_f 是测量分离区的另一个重要参数,其定义为 $C_f = 2\tau_w/(\rho_{\text{ref}} \cdot v_{\text{ref}}^2)$,其中 ρ_{ref} 为参考密度,v_{ref} 为参考速度。图 3.30(a) 为本章所有工况下底壁面中轴线上的表面摩擦系数分布。图 3.30(b) 和 (c) 为分离区附近的 C_f 分布。根据 C_f 的定义,$C_f < 0$ 时位置在分离泡中,当 $C_f = 0$ 时,对应的位置是分离点或再附点,不同工况的分离点 S 和再附点 R 标注在图 3.31 中。

在图 3.30(a) 中,MVG 附近的表面摩擦系数分布在各工况中是近似的,其波

(a) 所有工况下底壁面C_f分布

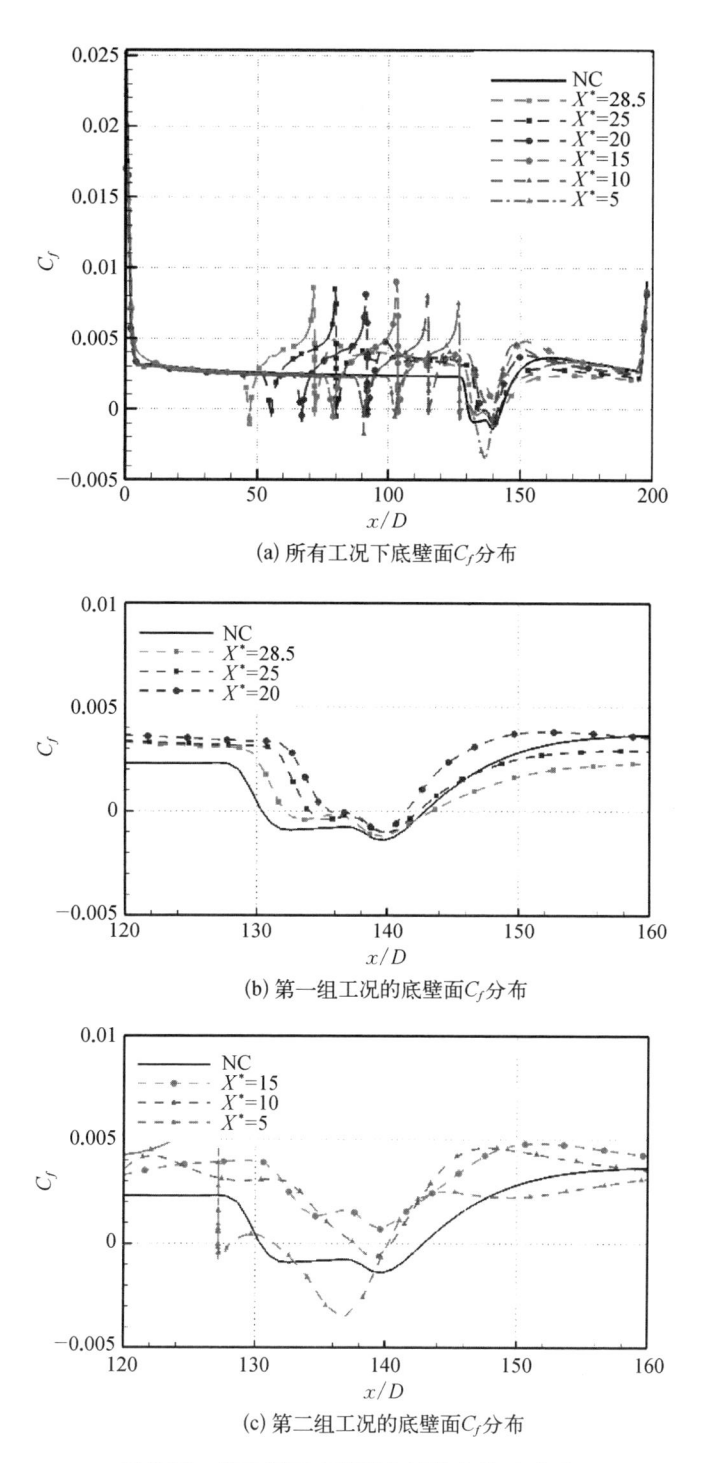

(b) 第一组工况的底壁面C_f分布

(c) 第二组工况的底壁面C_f分布

图 3.30　各工况下底壁面中轴线上的 C_f 分布

动与 MVG 流向位置的改变相对应。观察得出，在各工况中，MVG 的前缘和后缘处均产生了分离。通过不同组间的对比可以发现，各有控工况下流场底壁面中轴线上的流动分离均有减小。随着 MVG 向下游移动，中轴线上的分离区长度逐渐缩短，控制分离的效果更好。

在图 3.30 中，通过与无控工况的对比，所有有控工况的分离区长度都有明显的缩短，在 $X^* = 15$ 工况中，$C_f > 0$，表征在这条线上无流动分离现象，对应图 3.27 (e) 中尾流将分离区分割的情况。$X^* = 5$ 工况中，MVG 后缘的分离与 SWBLI 产生的分离位置非常接近，这容易诱发 SWBLI 的分离区与 MVG 后缘的分离区相连通。

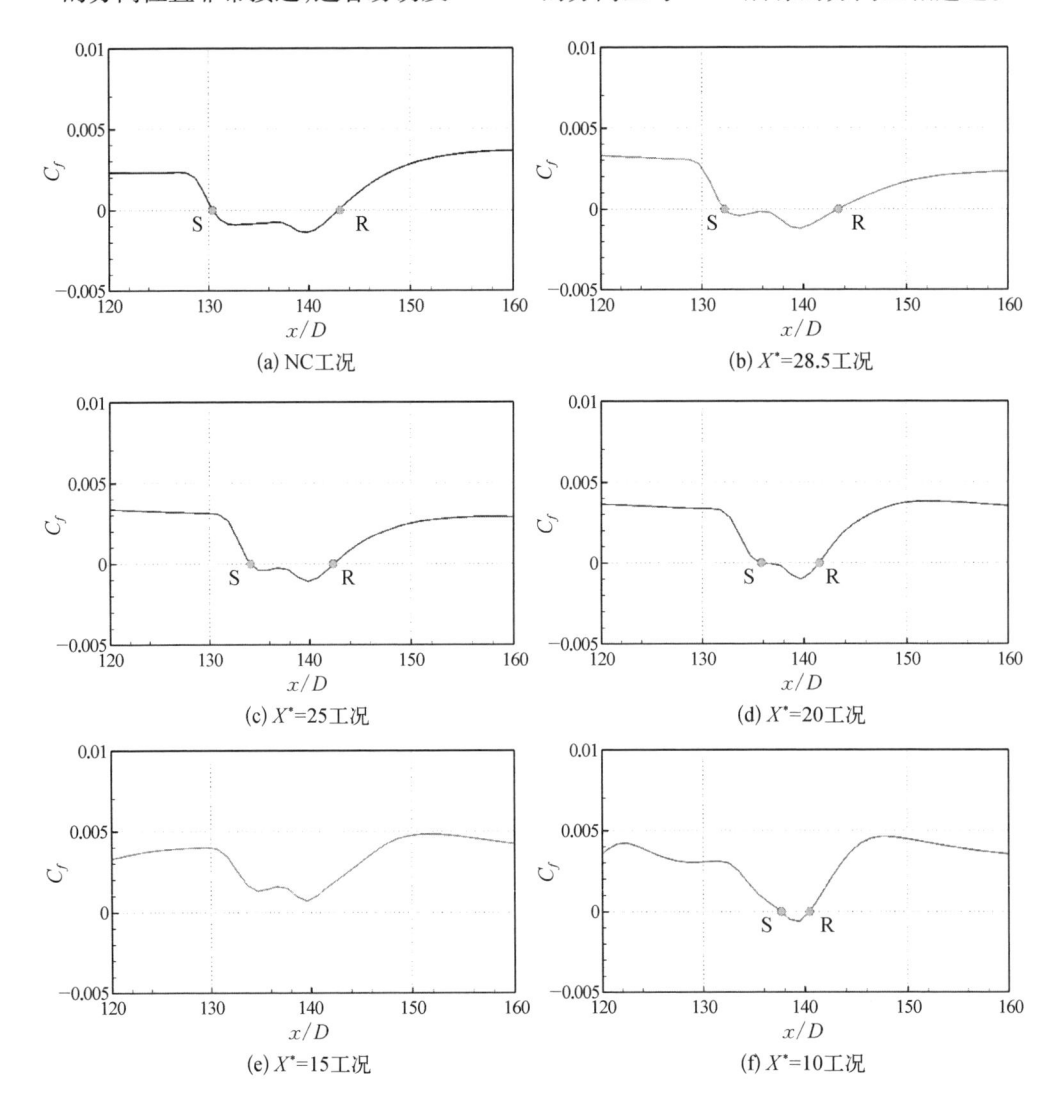

(a) NC 工况

(b) X^*=28.5 工况

(c) X^*=25 工况

(d) X^*=20 工况

(e) X^*=15 工况

(f) X^*=10 工况

(g) $X^*=5$工况

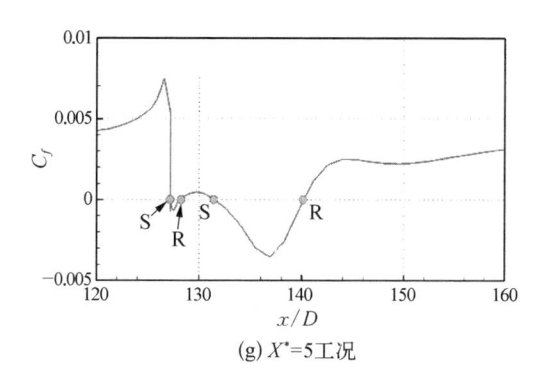

图3.31 各工况分离区附近的 C_f 分布

对比观察图 3.31 和图 3.29 可以发现，分离区的范围与从分离点 S 处起始的剪切层抵抗再附压升的能力有关，这种能力取决于再附过程中气体的动量水平。因此，当 MVG 靠近下游时，尾流的动量输运作用使得更多的动量从外流入边界层底层，令边界层的动量水平有显著的提升，使得剪切层内气体在较短的运动距离下就能获得抵抗再附压升的能力，表现形式即为分离区的范围缩短。

壁面热流密度是测量 SWBLI 控制效果的另一个重要参数。本节采用壁面斯坦顿数 St 表征热流密度分布[86]，其定义为

$$St = \frac{q_w}{(T_{aw} - T_w)\rho_\infty c_{p\infty} u_\infty} \tag{3.1}$$

$$T_{aw} = T_\infty \{1 + \sqrt[3]{Pr_w}[(\gamma-1)/2]Ma_\infty^2\} \tag{3.2}$$

式中，q_w 为壁面热流密度；T_{aw} 为绝热壁温；T_w 为壁温，$T_w = 265 \text{ K}$；ρ_∞、u_∞、T_∞ 和 Ma_∞ 分别为自由流的密度、速度、温度和马赫数；Pr_w 为普朗特数；$c_{p\infty}$ 为等压比热容；γ 为空气比热比。

图 3.32 显示了各工况下底壁面中轴线上的 St 分布。$St > 0$ 表示热流密度的方向从流场指向壁面。在图 3.32(a)中，MVG 周边的 St 曲线体现了流动经过 MVG 后产生的热流分布。在 MVG 前缘和后缘处由于流动压缩并各有一个回流区，导致局部热流密度升高。两侧的涡旋气流与上表面的膨胀气流在 MVG 后缘汇合产生涡旋对，气体在后缘附近的压缩要明显强于前缘处由气流偏转导致的压缩，因此后缘附近的热流峰值要高于前缘，其他工况中分布方式也是相同的。

在图 3.32(b)中，对于无控工况 NC，在 SWBLI 分离区 St 有两次升高，分别出现在分离点和再附点附近。St 的峰值出现在流动的再附点附近，对比图 3.29

(a) 所有工况的壁面 St 分布

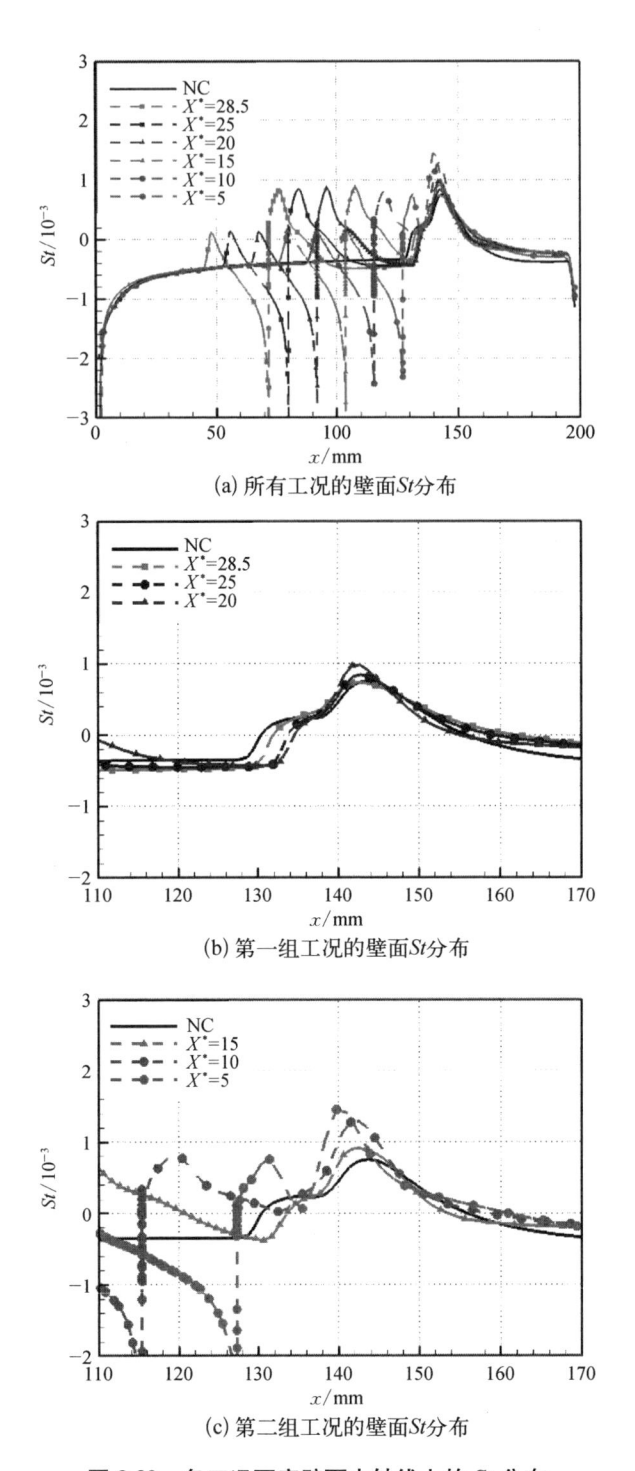

(b) 第一组工况的壁面 St 分布

(c) 第二组工况的壁面 St 分布

图 3.32　各工况下底壁面中轴线上的 St 分布

和图 3.30,即静压高、剪切作用弱的位置。在该位置流动重新附着在壁面上,流动压缩使得流线聚集,导致局部热流密度上升,这是边界层分离的一个典型特征。

对于有控工况,St 的峰值出现在 MVG 的后缘及分离区附近,这两个区域都存在流动重新附着在壁面上的现象。在分离区附近的热流密度分布中,工况 $X^* = 28.5 \sim 15$ 在分离点处 St 一次增量与工况 NC 的增量水平接近,但增加位置更靠后。说明在这些工况中,MVG 的引入对分离激波的压缩程度影响不明显,但激波脚的位置更靠近下游。而在 $X^* = 10$、$X^* = 5$ 工况中,分离点的 St 一次增量明显高于工况 NC,这是由于 MVG 尾流中存在二次涡旋对的作用。二次涡旋对的旋转方向与主涡对相反,因此在二次涡旋对间的流体速度是朝向壁面的,这就导致流体聚集在 MVG 下游壁面附近产生压缩。随着 MVG 靠近分离区,分离点周围流动压缩程度更加剧烈,导致局部热流密度明显高于其他工况。

所有有控工况中的 St 峰值与二次增量都要高于 NC 工况。这是由于 MVG 的引入增加了流动在其尾缘延长线上的汇聚作用,使得流线在再附位置更加集中,热流密度急剧增加。再附激波与壁面的夹角越小,壁面热流峰值越高。结合图 3.21 中各工况的波系结构进行分析发现,MVG 距离分离区越近,再附激波与壁面夹角越小,从另一个角度印证了 MVG 流向位置的增加会导致 St 峰值提高。同时发现,由于 St 峰值与再附点 R 的位置相关,MVG 距离分离区越近,St 峰值越靠近上游,这与分离区长度的变化相对应。

表 3.5 展示的是各工况中底壁面上的 St 情况。St_{peak} 是底壁面斯坦顿数的峰值,St_0 是 NC 工况下的值。可以看到,所有有控工况的 St 峰值都要高于无控情况,工况 $X^* = 28.5$ 的热控制作用相比于其他工况更优。除了 $X^* = 15$ 工况外,在其余工况中,MVG 流向位置越靠后,对壁面热流密度的影响越显著。这与 MVG 尾流使得分离泡发生形状畸变的趋势相同,分离泡缩减越明显的工况,St 峰值越高。$X^* = 15$ 工况中,St 峰值较低,其对分离泡的抑制作用也是最弱的。

表 3.5 本章中所有工况的壁面 $St(\times 10^{-3})$

工 况	St_{peak}	$(St_{\text{peak}} - St_0)/St_0/\%$
NC	0.761	—
$X^* = 28.5$	0.903	18.66
$X^* = 25$	0.936	23.00

续　表

工　况	St_{peak}	$(St_{peak}-St_0)/St_0/\%$
$X^* = 20$	1.068	40.34
$X^* = 15$	0.963	26.54
$X^* = 10$	1.318	73.19
$X^* = 5$	1.537	101.97

3.4　本章小结

本章首先构建了本书所有研究工作使用的流场计算域。为了更好地分析微型涡流发生器控制激波/边界层干扰的流动机理,将两侧设置为周期性边界条件。在保持微型涡流发生器形状尺寸不变的情况下,根据微型涡流发生器的流向位置,由远及近设计了六种工况。通过数值计算,得出结论如下:

(1) 本章基于时均稳态流场详细分析了微型涡流发生器绕流流场结构及尾流的发展过程,对微型涡流发生器控制激波/边界层干扰的流动机理进行了充分的分析。分析了微型涡流发生器在流场中引入的三维波系结构,重点讨论了流向主涡对和次级涡对的形成原理。微型涡流发生器在流场中诱导产生一对相对旋转的流向涡,使分离泡产生变形和压缩。同时,微型涡流发生器的引入导致流场激波结构发生变化。

分析微型涡流发生器的引入对于周边流动的改变及对边界层状态的影响,发现其对于展向范围内的边界层底层气体具有收集-再分布作用。对微型涡流发生器的尾流开展研究,发现其尾流随流动呈上升趋势,且以流向涡为主导的尾流在边界层中的持续距离有限,认为微型涡流发生器距离分离区较远时,其控制作用是有限的。

(2) 根据微型涡流发生器绕流结构及其对分离区的影响设计了六种工况,分别对应微型涡流发生器距离分离区由远及近的流向位置。经过计算,所有工况中微型涡流发生器对激波/边界层干扰的控制作用已被验证,所有工况下对减小分离泡体积都有很好的效果。微型涡流发生器流向位置的改变对分离区产生的影响非常显著;微型涡流发生器越靠近下游,对分离区的切割-压缩作用越明显,分离区变形越剧烈,抑制分离的作用越强,并使得分离区向上游靠近,其中控制分离效果最好的工况是 $X^* = 5$。随着微型涡流发生器的位置靠近下游,热流峰值相比于无控算例有较多的增加,但对本研究采用的边界条件影响不大。

第 4 章
次流循环构型设计及自适应控制方案研究

次流循环是一种被动的边界层流动控制方法，具有结构简单、易实现的特点，还能避免额外注入能量，没有流量损失，对超声速流场中出现的激波/边界层干扰现象具有良好的控制作用，特别是在减小分离区体积、抑制流动分离方面效果突出。但次流循环的控制效果受抽吸孔相对分离区位置的影响非常大，而实际应用中飞行器来流情况复杂多变，使得控制效果不稳定。因此，本章将设计一种新的次流循环构型，并研究与之相适配的自适应控制方案，使得次流循环在来流马赫数发生变化时依然能取得良好的控制效果。

4.1 物理模型及数值方法

4.1.1 流场模型及边界条件

在本节研究中，流场长度为 200 mm，通道高度为 60 mm，宽度为 40 mm。其中，坐标轴的 x 轴与流向保持一致，y 轴垂直于流场底壁面向上，z 轴方向符合右手法则，坐标原点位于底壁面沿 x 方向的中线上，与流场入口距离 50 mm。激波通过一个拐角诱导产生，激波发生器起点位于 ($x/D = -5$，$y/D = 60$，D 取值为 1 mm) 处，沿流向长 15 mm，角度为 13.6°。

利用 ICEM 构建流场的计算域，如图 4.1 所示。对流场模型的底壁近壁面区域、侧壁近壁面区域以及激波发生器附近区域进行局部加密，其中底壁面第一层网格高度设置为 0.002 mm，以保证 y^+ 值小于 1.0，此时可有效描述边界层内各项参数。各边界条件如表 4.1 所示。

第 4 章 次流循环构型设计及自适应控制方案研究

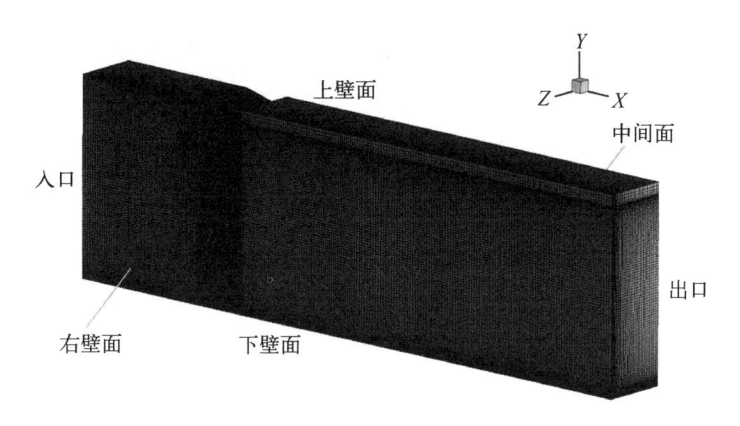

图 4.1 流场网格示意图

表 4.1 流场边界条件

边 界 名 称	边 界 条 件
入口	压力入口
出口	压力出口
上壁面	无滑移壁面
下壁面	无滑移壁面
右壁面	无滑移壁面
中间面	对称面

本节研究变来流马赫数条件下的控制机理，因此选择来流马赫数为 2.5、3.0、3.5 的流场进行研究。来流参数如表 4.2 所示。选取由 79% 氮气和 21% 氧气组成的空气从流场模型的左侧流向右侧，超声速来流静压为 2 758.4 Pa，静温为 107.1 K。计算得知，壁面条件为绝热壁时，$z/D = 0$ 且 $x/D = 50$ 处沿底壁面法向的温度分布如图 4.2 所示，三种马赫数流场的壁面滞止温度分别为 214.64 K、266.49 K、329.71 K。设壁面为等温壁，后续研究中三种来流马赫数流场壁面温度 T_w 分别设置为 214.6 K、266.4 K、329.7 K，此时壁温小于流体的壁面滞止温度，即壁面均为冷壁，流体在壁面处向外传热，可对壁面热流进行有效分析[87]。

表 4.2　流场来流条件

工况	Ma	P/Pa	T/K	T_w/K	μ/[kg/(m·s)]
NC2.5	2.5	2 758.4	107.1	214.6	1.79×10^{-5}
NC3.0	3.0	2 758.4	107.1	266.4	1.79×10^{-5}
NC3.5	3.5	2 758.4	107.1	329.7	1.79×10^{-5}

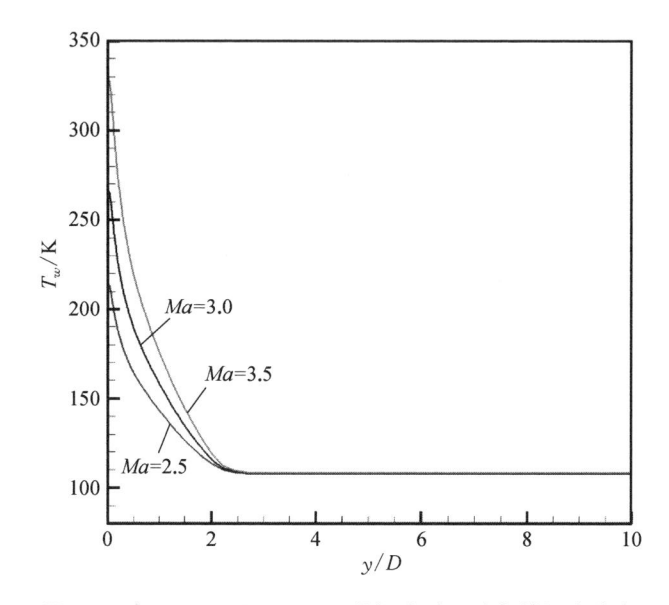

图 4.2　在 $z/D=0$ 且 $x/D=50$ 处沿底壁面法向的温度分布

4.1.2　网格无关性验证

为了验证网格无关性,选取无控流场,对来流马赫数为 3 的工况 NC3 进行分析。在图 4.1 中流场域网格的基础上构建三套不同密度的网格,分别为稀疏网格 Coarse(约 288 万个单元)、中等网格 Moderate(约 566 万个单元)和密网格 Refined(约 878 万个单元),如表 4.3 所示。

在 Fluent 中采用 RANS 方程和 SST $k-\omega$ 湍流模型进行计算,选取 $z/D=0$ 且 $y/D=30$ 处沿流向的马赫数、静压分布进行分析,得到的结果如图 4.3 所示。可以看出,三种密度的网格计算结果相差不大,均可以得到可靠的结果。为了节约计算资源和时间,接下来的研究采用中等密度的网格。

表 4.3 流场网格条件

网 格 尺 度	网 格 数 量
稀疏网格	2.88×10^6
中等网格	5.66×10^6
密网格	8.78×10^6

(a) 马赫数分布

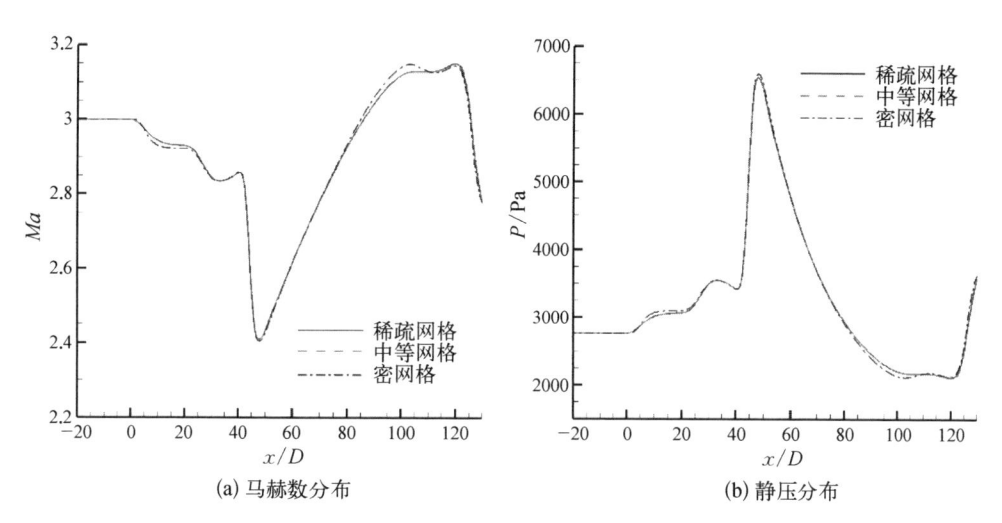

(b) 静压分布

图 4.3 不同网格尺度下 $z/D = 0$ 且 $y/D = 30$ 处沿流动方向的马赫数和静压分布

4.2 次流循环构型初步设计与优化

4.2.1 二维次流循环流场控制

对二维次流循环装置控制的流场,其计算模型如图 4.4 所示。计算域长度为 130 mm,高度为 40 mm,激波发生器后掠角 δ 设置为 20°,由激波发生器引起的激波对应的激波角为 β。

本节的研究方案如表 4.4 所示。Case NC 为基础工况作为对比,没有安装次流循环装置。Case CA、Case CB 和 Case CC 是不同结构的次流循环装置控制的工况。在图 4.4 和表 4.4 中,参数 w_1 为吹除孔的宽度,参数 w_2 为抽吸孔的宽度,在 Case CC 中,w_1 和 w_2 不包括抽吸通道和吹除通道中间肋片的宽度。参数 l 为

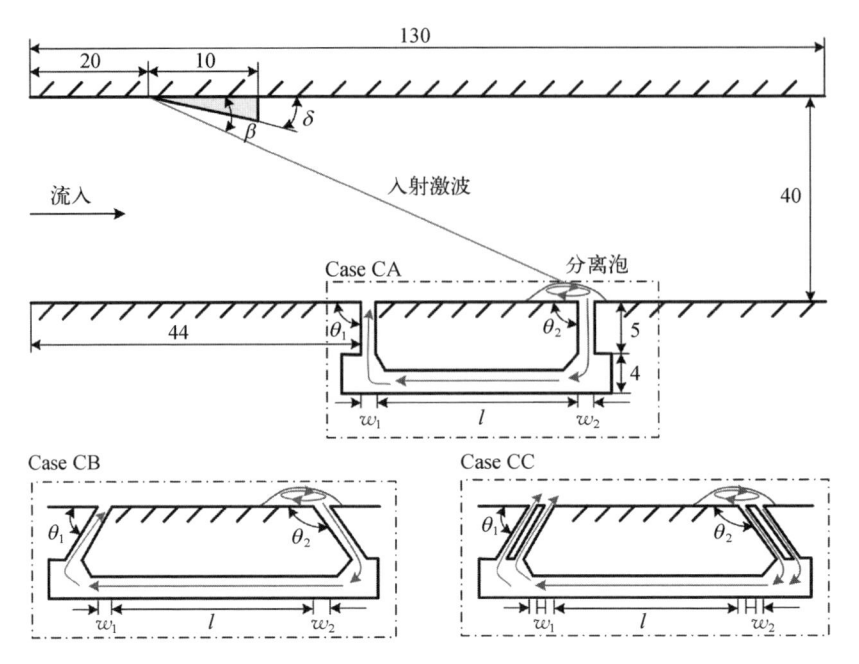

图 4.4　二维次流循环流场控制模型示意图(单位：mm)

抽吸孔前缘和吹除孔后缘之间的距离,角度 θ 为抽吸孔或吹除孔前缘与壁面之间的夹角,θ_1 与 θ_2 之和为 180°。对于工况 Case CA、Case CB 和 Case CC,次流循环结构的高度恒定为 9 mm。

表 4.4　次流循环控制激波/边界层干扰研究工况

工　况	w_1/mm	w_2/mm	l/mm	θ_1/(°)	θ_2/(°)
Case NC	—	—	—	—	—
Case CA	2	2	32	90	90
Case CB	2	2	32	40	140
Case CC	1+1*	1+1	30	40	140

注：1+1 表示两抽吸或吹除通道宽度均为 1 mm。

马赫数为 3 的超声速气流从计算域的左侧向右侧流动,来流条件如表 4.5 所示。来流空气总压为 101 325 Pa,总温为 300 K,单位雷诺数为 3.78×10^4 m^{-1},壁温为 263.25 K[87]。

表 4.5 次流循环控制激波/边界层干扰研究来流条件

Ma	P_0/Pa	T_0/K	单位 Re/m^{-1}	T_w/K
3	101 325	300	3.78×10^4	263.25

1. 流场结构

图 4.5 展示了整个流场的马赫数云图。超声速横向来流与激波发生器相遇产生的强斜激波与下壁面上的湍流边界层发生剧烈的相互作用。Case NC 中的分离区、反射激波和再附激波清晰可见,但是控制工况 Case CA、Case CB 和 Case CC 中的反射激波强度出现明显的下降。它既受到了抽吸孔抽吸气体时诱发的激波干扰,又受到了抽吸气体时压降的影响。在次流循环装置的控制下,分离区的面积明显减小。

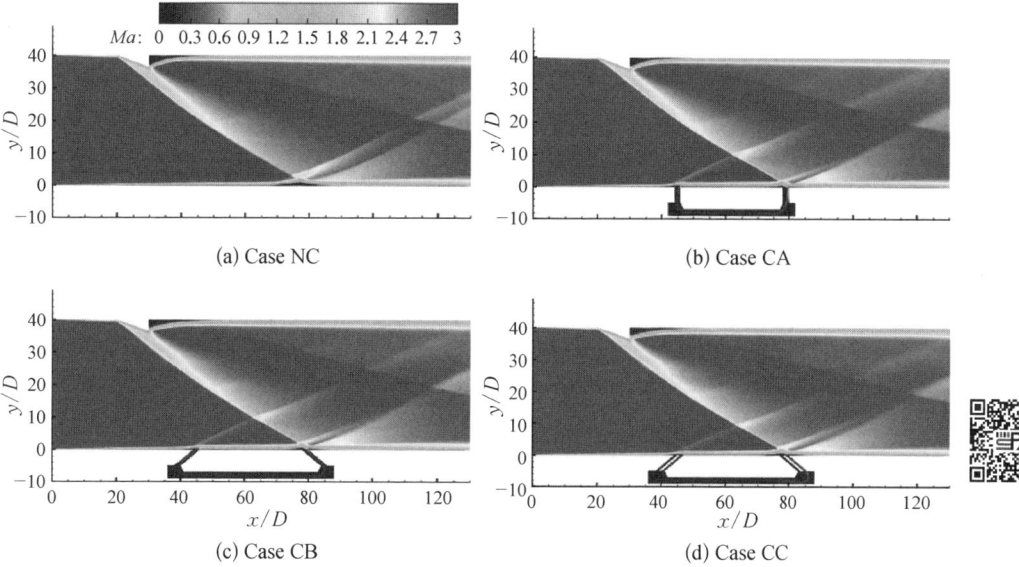

图 4.5 次流循环流场马赫数云图

图 4.6 和图 4.7 显示了 Case CB 的密度梯度云图及其放大图,橙色的流线展示了次流循环装置中气体的流动。声速线($Ma=1$)用红色实线标志。在图 4.6 和图 4.7 中,密度梯度清楚地展示了流场波系和边界层。在高压的作用下,分离区内的气体通过抽吸孔进入次流循环装置,在次流循环装置中进行输送,后经由吹除孔重新进入流场中,相当于射流,引起了当地边界层的分离,从

而产生了压缩激波。由于压缩激波的阻挡,抽吸孔和吹除孔之间的边界层变厚。如图 4.7 所示,在抽吸孔附近也捕捉到了压缩激波,这将在图 4.8 中进一步讨论。

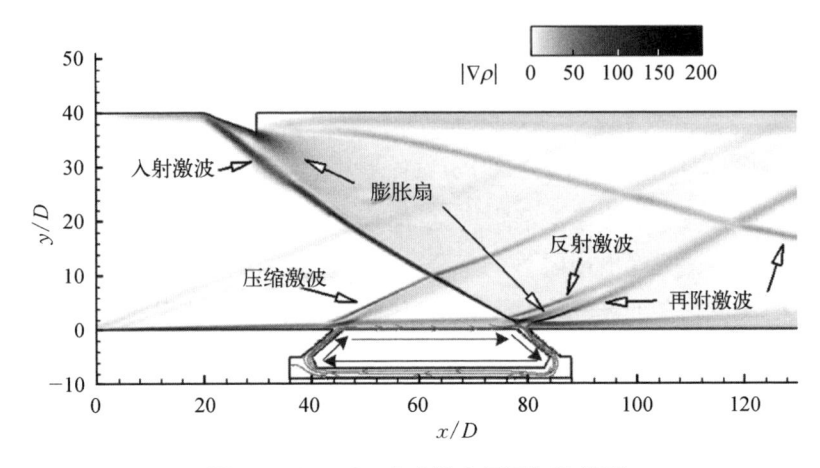

图 4.6 Case CB 密度梯度云图与流线图

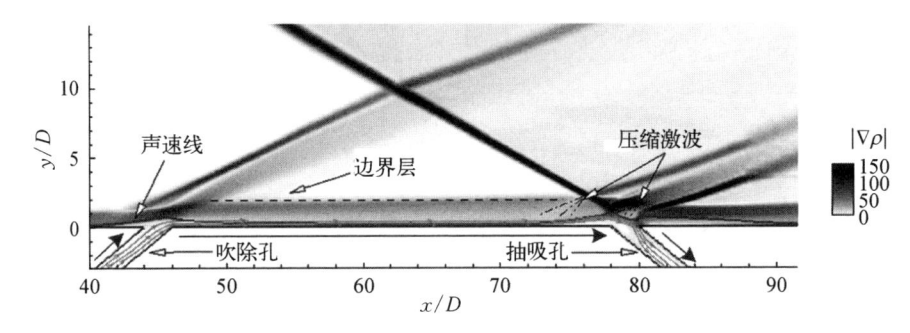

图 4.7 Case CB 放大后的密度梯度云图与流线图

为进一步研究次流循环装置控制下的流场激波结构,图 4.8 展示了抽吸孔附近的密度梯度云图,边界层用紫色点划线标志,分离流线即轴向速度等值线($U/U_\infty = 0$)用蓝色实线标志,黑色的点划线描绘了激波结构趋势或激波轮廓边界。

在图 4.8 中,为精确测量激波/边界层干扰引起的分离区面积,本节重点关注蓝色标志的分离流线($U/U_\infty = 0$)和下壁面之间圈定的区域,而抽吸孔和吹除孔内部的分离区和回流区对主流影响极小,不在计算范围内。分离区起点和终点分别为分离点 S 和再附点 R,在图 4.8 Case NC 中进行了标注。

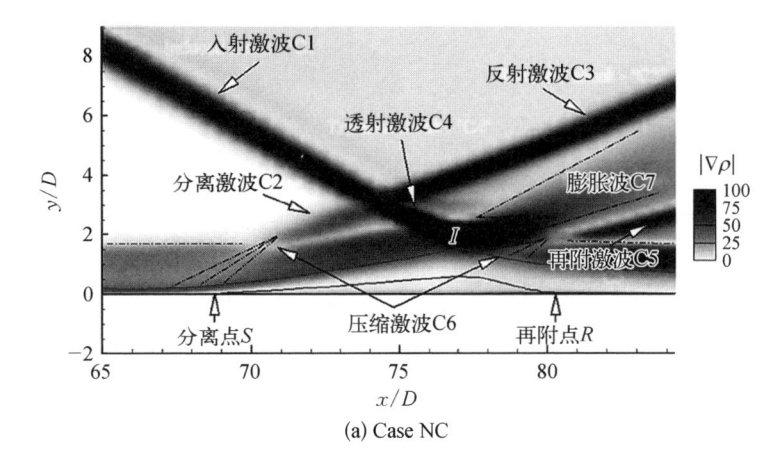

第 4 章　次流循环构型设计及自适应控制方案研究

(a) Case NC

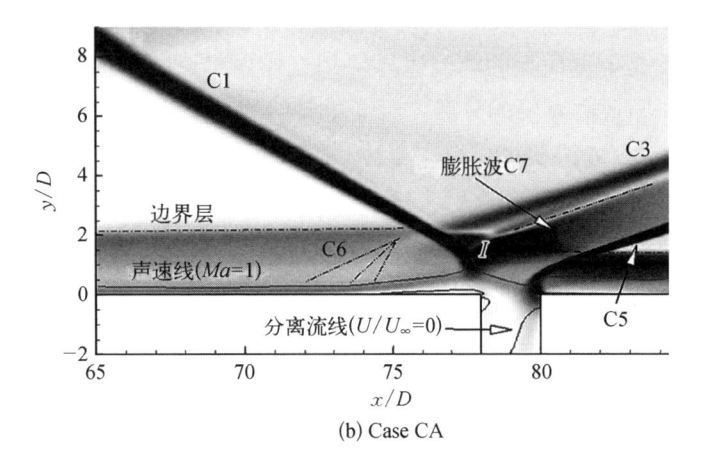

(b) Case CA

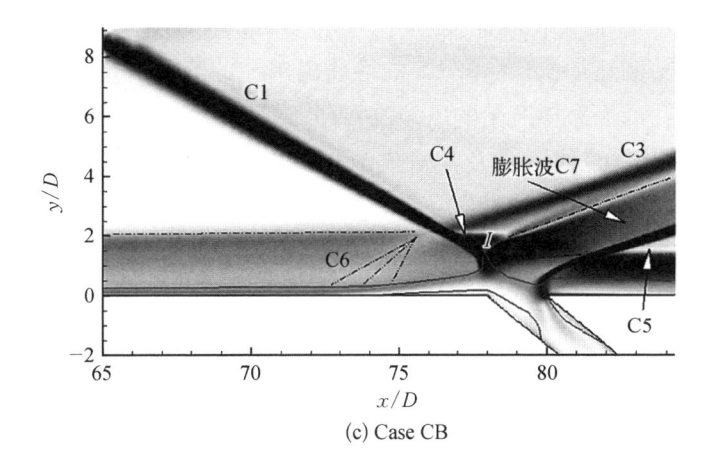

(c) Case CB

(d) Case CC

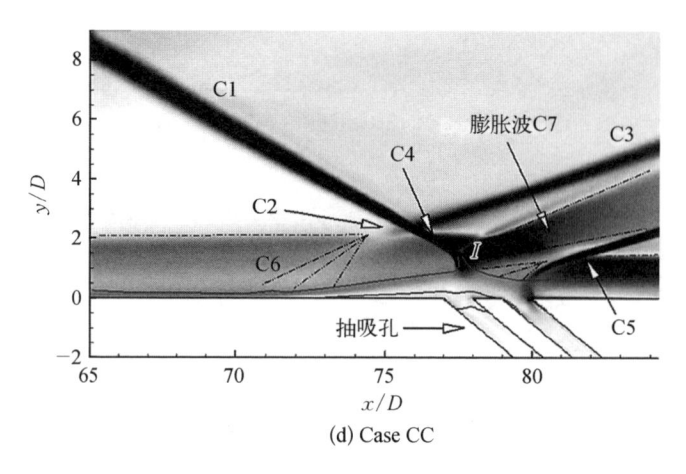

图 4.8 抽吸孔附近的密度梯度云图

入射激波 C1 与下壁面上的湍流边界层相互作用,导致局部压力上升,形成了逆压梯度,从而导致边界层的分离。后续边界层的来流遇到高压区开始爬升,形成了压缩激波 C6,C6 汇聚产生分离激波 C2,C2 的本质为压缩激波。C2 与 C1 相互碰撞,形成反射激波 C3 和透射激波 C4。在激波 C3 和 C4 之后产生了高压区,为保持压力的连续性,在 I 点处产生了一系列膨胀波,形成了膨胀波 C7。膨胀波的存在导致流动向下壁面偏转,然后重新附着、反射,最终形成了再附激波 C5。

对于有次流循环控制的工况,即 Case CA、Case CB 和 Case CC,由于抽吸孔处压力的释放,分离区面积迅速减小,最后只剩下一小部分。激波 C6 成为分离区前的主压缩激波,压缩激波 C2 被增长的边界层吞噬,与 C6 融为一体,C3 与 C4 的强度明显下降。抽吸孔的抽吸作用使拐点 I 处的流动过渡变得更加突出,膨胀波向壁面偏转明显加剧。激波 C5 的性质由单纯的流场再附转为再附与边界层来流和抽吸孔后缘碰撞产生的压缩波并存,同时其强度显著增加。

为进一步分析激波的形成及其对流场的影响,图 4.9 展示了 Case NC 和 Case CB 抽吸孔附近的静压云图。声速线($Ma = 1$)用红色实线标志,分离流线($U/U_\infty = 0$)用蓝色实线标志,激波用黑色点划线标志。

在图 4.9(a)中,激波的存在导致压力的变化,而压力的变化反过来又影响流场的分布。各型激波后出现了明显的压力突变,尤其是 C3 和 C4 激波后,压升更为剧烈。拐点 I 出现在高压区的边缘,其下游为膨胀波,它的作用是进行压力过渡,将气流引导向壁面。再附激波 C5 后出现了二次压升,分离

(a) Case NC

(b) Case CB

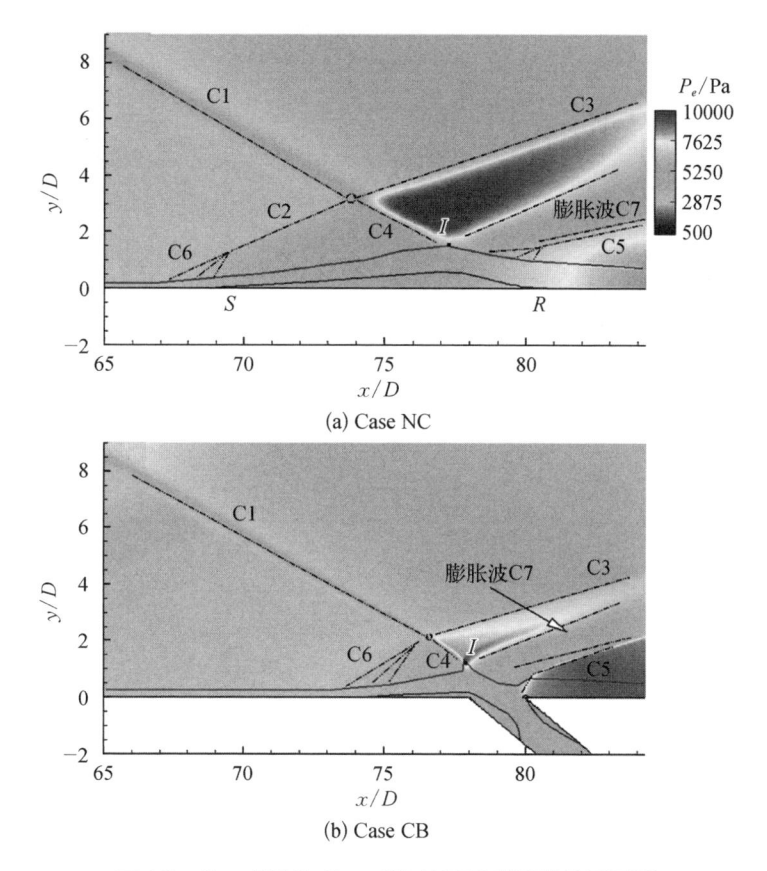

图 4.9 Case NC 和 Case CB 抽吸孔附近的静压云图

区内的压力不是最高的,但其足以使分离区内的气体进入次流循环系统。在图 4.9(b) 中,抽吸孔的泄压作用使得分离区附近的压力急速下降,尤其是 C3 和 C4 激波包裹的高压区。

图 4.10 展示了吹除孔附近的密度梯度云图,图 4.11 为相应的静压云图。

次流循环中的气体通过吹除孔重新进入流场,相当于射流流动,产生了压缩激波 C6。C6 的起始位置在图 4.10 中用箭头进行了标注,在 Case CC 中,C6 的起始位置比其他工况更靠近吹除孔的前缘。这是由来自吹除孔的不同压力水平引起的,如图 4.11 所示,压力水平 Case CA > Case CB > Case CC。吹除孔将流体重新喷入流场中,在其上游也会产生小型的分离区,这是次流循环装置的一个缺点。在吹除孔的后缘,压力的突然释放形成了膨胀波 C7。Case CC 的流场较 Case CA 和 Case CB 更复杂一些,气流由两个吹除孔喷出有一定的相互作用。

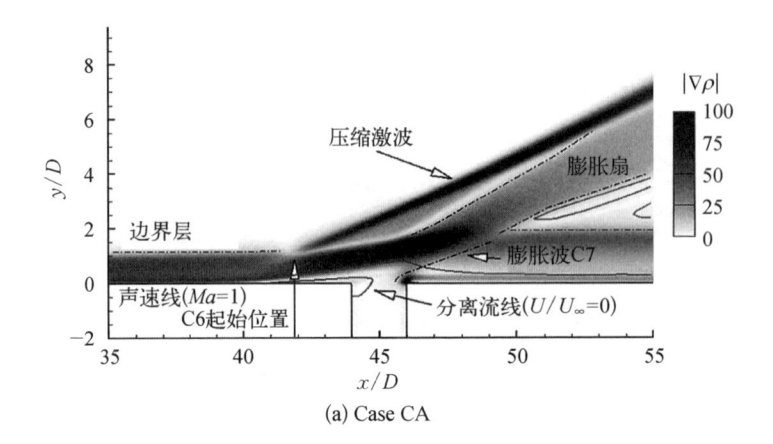

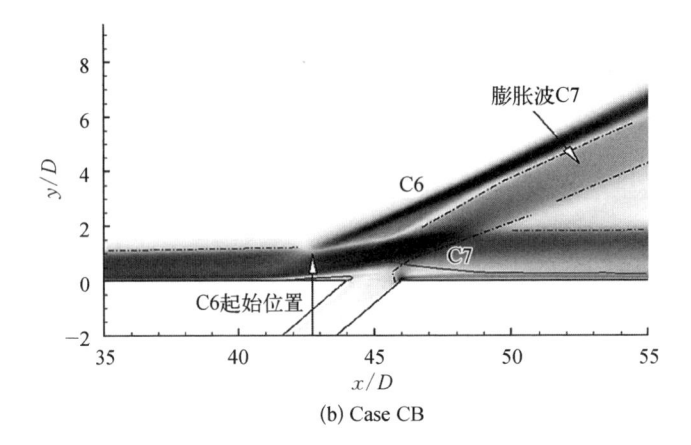

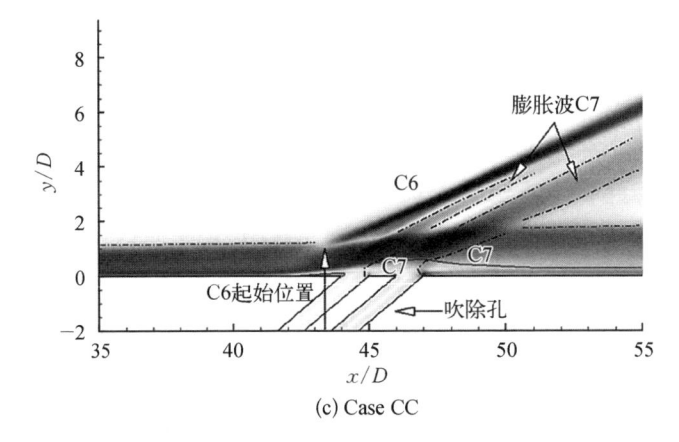

图 4.10 Case CA、Case CB 和 Case CC 在吹除孔附近的密度梯度云图

(a) Case CA

(b) Case CB

(c) Case CC

图 4.11　Case CA、Case CB 和 Case CC 在吹除孔附近的静压云图

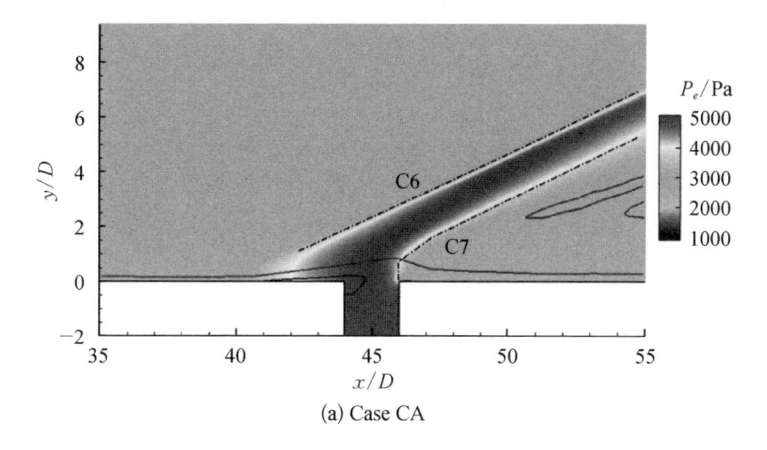

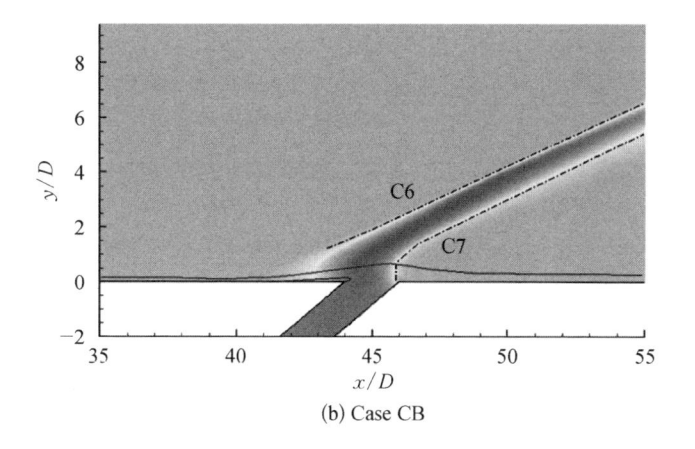

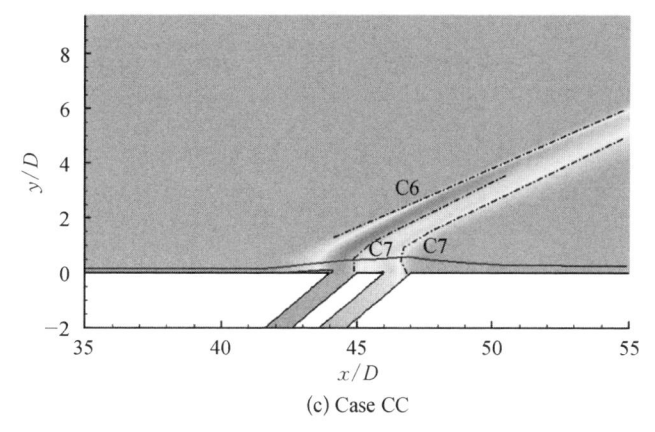

提取的壁面静压分布曲线如图 4.12 所示,并对 Case CA、Case CB 的抽吸孔和 Case CC 的吹除孔进行了位置标注。在抽吸孔处,较无控工况 Case NC,有控工况 Case CA、Case CB 和 Case CC 的压力出现明显下降,并且 Case CA 和 Case CB 的下降幅度较大,这预示着其对分离区的抽吸效果较好。在抽吸孔的后缘,流动再附,出现新的压力平台。在吹除孔的位置,气流再次进入流场引起压升,Case CA 的压升最大,这意味着 Case CA 中经由次流循环装置的气体流量最大。

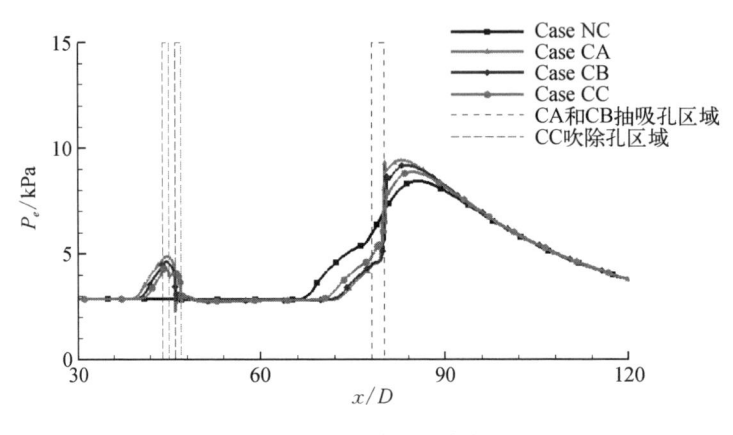

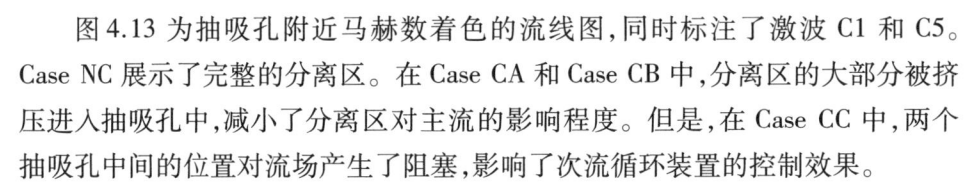

图 4.12 壁面静压分布曲线

图 4.13 为抽吸孔附近马赫数着色的流线图,同时标注了激波 C1 和 C5。Case NC 展示了完整的分离区。在 Case CA 和 Case CB 中,分离区的大部分被挤压进入抽吸孔中,减小了分离区对主流的影响程度。但是,在 Case CC 中,两个抽吸孔中间的位置对流场产生了阻塞,影响了次流循环装置的控制效果。

为定量对次流循环装置的控制效果进行评估,表 4.6 给出了抽吸孔和吹除孔出入口处的质量流量,正负号表示气流运动的方向。经由次流循环装置的流体出现了不同的流量变化,Case CA 最大,Case CC 最小。流量变化量出现了相反的趋势,这说明进入次流循环装置中的气体在流场稳定后并未经由吹除孔全部重新进入流场中,Case CB 和 Case CC 中滞留了部分气体,导致其控制效果不佳。

取分离流线($U/U_\infty = 0$)与计算域下壁面之间包裹的分离区,采用像素法对其面积进行精确计算,"A"表示控制工况分离区的面积,"A_0"表示 Case NC 分离区的面积,用于计算变化率。表 4.7 展示了分离区面积的计算结果,其中面积 A 包含气流由吹除孔重新进入流场产生的分离区面积。即便如此,次流循环装置的控制效果依然达到了 66% 以上。这说明次流循环装置对激波/边界层干扰流场具有优异的控制效果。本节研究的控制工况,控制效果为 Case CB > Case CA >

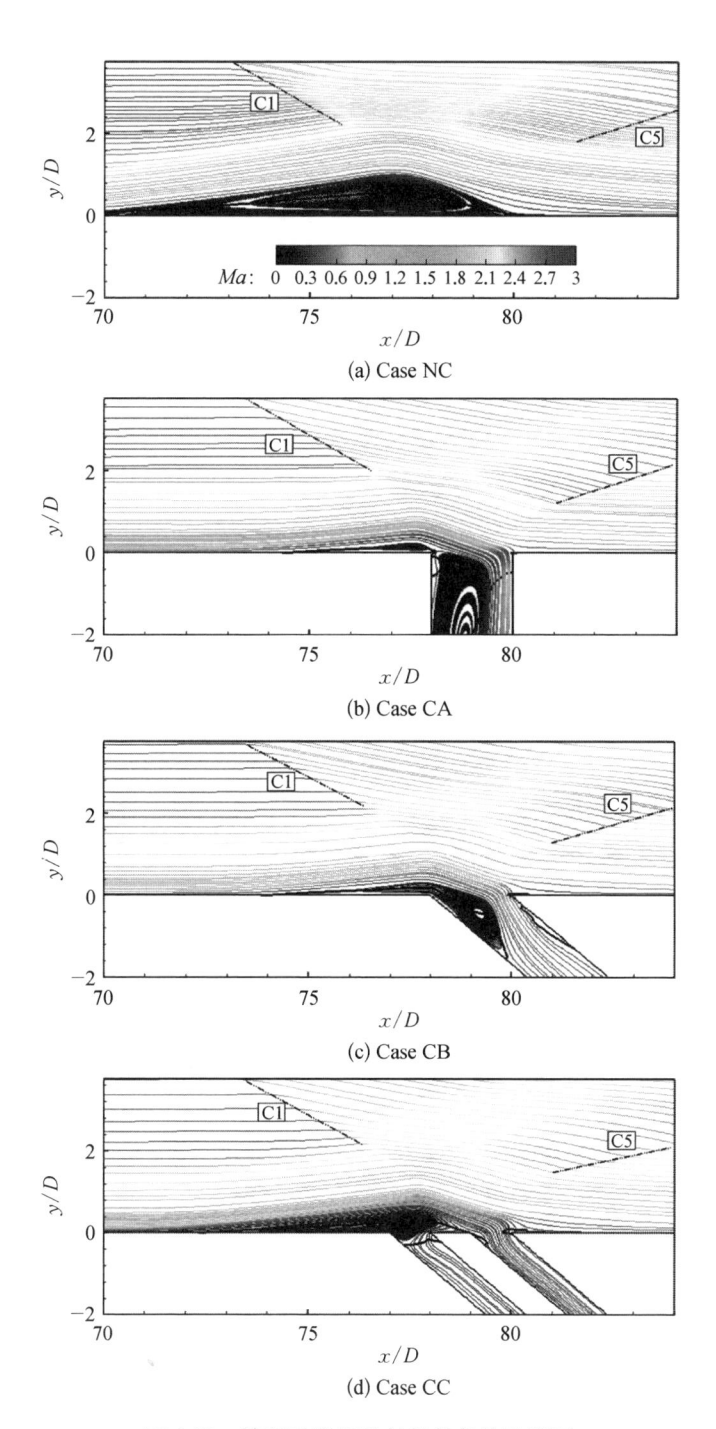

图 4.13 抽吸孔附近马赫数着色的流线图

表 4.6　抽吸孔和吹除孔出入口处的质量流量　　　（单位：kg/s）

工况	抽吸孔	吹除孔	变化量
Case CA	-6.575×10^{-3}	6.612×10^{-3}	0.37×10^{-4}
Case CB	-5.579×10^{-3}	5.782×10^{-3}	2.03×10^{-4}
Case CC	-4.468×10^{-3}	4.675×10^{-3}	2.07×10^{-4}

表 4.7　分离区面积及其变化率

工况	A/mm^2	$(A-A_0)/A_0/\%$
Case NC	3.042	—
Case CA	0.722	-76.27
Case CB	0.565	-81.43
Case CC	1.012	-66.73

Case CC,这说明分支形状的结构不利于次流循环装置抽吸分离区中的气体,而抽吸孔的偏转角度顺应入射激波角时是有利于提升控制效果的。

对次流循环装置控制的激波/边界层干扰流场结构进行简要总结,如图 4.14 所示。次流循环装置的引入引起了复杂的波系结构和整个流场的变化。在次流循环装置的控制下,分离区的面积明显减小,激波系的强度也随之降低。

2. 优化结果

次流循环装置的结构参数影响其控制效果,为获得最优的控制效果,选择 $w_{1/2}$(表示抽吸孔和吹除孔宽度)、θ_1 和 l 三个参数作为设计变量,设计了 5 水平 25 组的正交试验,参数水平表如表 4.8 所示,对其进行了优化研究,详细过程参见文献[68]。

表 4.8　次流循环装置优化参数水平表

水平	$w_{1/2}/\text{mm}$	$\theta_1/(°)$	l/mm
1	1	30	20
2	2	37.5	25
3	3	45	30
4	4	52.5	35
5	5	60	40

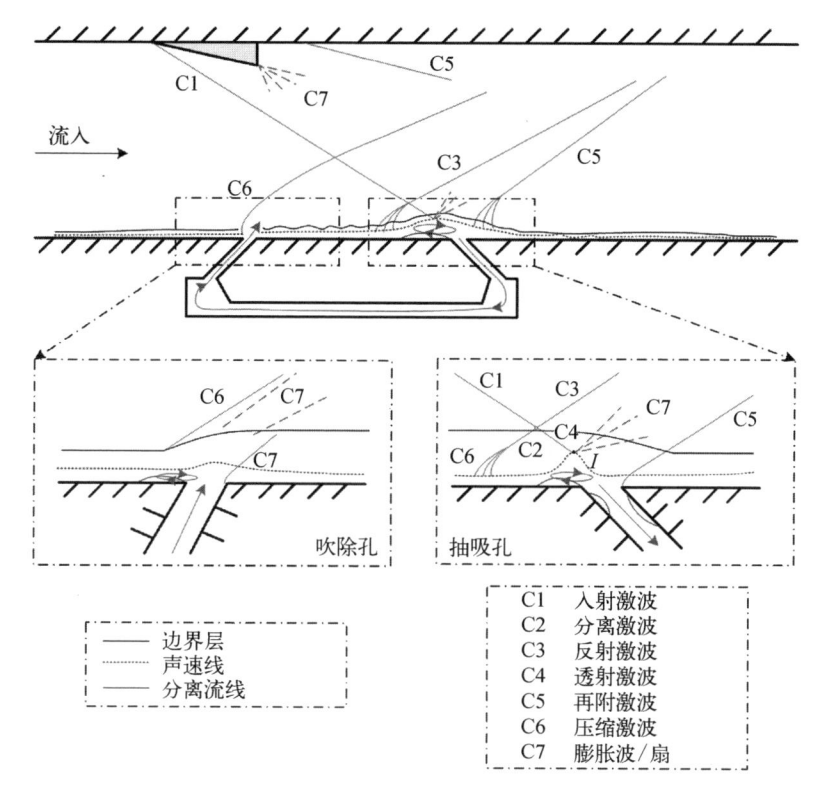

图 4.14 次流循环装置控制的激波/边界层干扰流场结构（以 Case CB 为例）

方差分析和 Duncan 多重性分析结果显示，抽吸孔的尺寸 $w_{1/2}$ 是影响控制效果的关键变量，随着尺寸 $w_{1/2}$ 的增大，分离区的面积单调递减，控制效果递增。采用 NSGA Ⅱ 遗传算法和 Kriging 代理模型的优化结果显示，在当前研究的参数水平范围内，$w_{1/2}$ 为 5、θ_1 为 58.1°时取得了最好的控制效果。因此，在下面的研究中，选择抽吸孔的尺寸 $w_{1/2}$ 为 5 mm，吹除孔前缘与壁面的夹角 θ_1 为 58.1°。

4.2.2 次流循环流场控制试验

通过静风洞地面试验对二维次流循环控制激波/边界层干扰方法进行进一步分析。次流循环装置示意图如图 4.15 所示。在研究激波/边界层干扰现象时，关闭氮气阀门，对比抽吸孔与吹除孔间距对次流循环装置控制效果的影响。在进行试验时，为方便试验件的加工与安装，方形的抽吸孔和吹除孔在下壁面上延伸出一段外圆内方的结构，分别向流场上游与下游倾斜，与 Case CB 一致，后采用硬管连接，防止真空罐的抽吸使其干瘪堵塞。硬管为气体流通通道，与仿真所用的次流循环装置通道效果一致。激波发生器角度为 10°，激波在壁面的作用位置为抽吸孔所在位置。射流喷孔为边长 2 mm 的方形喷孔（本节试验时关闭射流喷孔），根据优化结果，次流循环装置抽吸孔和吹除孔的边长均为 5 mm，吹除孔延伸结构前缘与壁面的夹角为 58.1°。

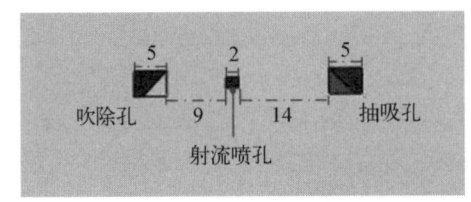

(a) 抽吸孔与吹除孔距离近

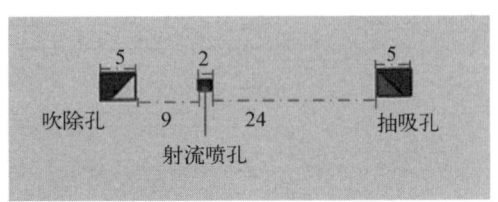

(b) 抽吸孔与吹除孔距离远

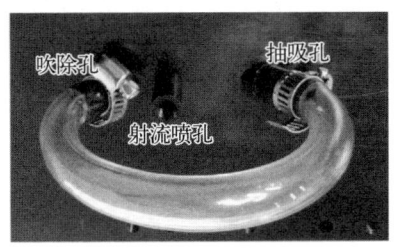

(c) 平板背侧实物图

图 4.15　次流循环装置示意图（单位：mm）

图 4.16 展示了 NPLS 方法观测的激波/边界层干扰现象图像，试验捕获了激波/边界层干扰流场的经典结构。入射激波的作用使壁面处出现了高压，诱发了壁面边界层的逆压梯度，导致边界层的分离，边界层内的来流遇到逆压梯度产生了分离激波，分离激波与入射激波相互作用，产生了透射激波和反射激波。此外，试验还捕获到了入射激波和分离激波交叉产生的滑移线。NPLS 方法没有明

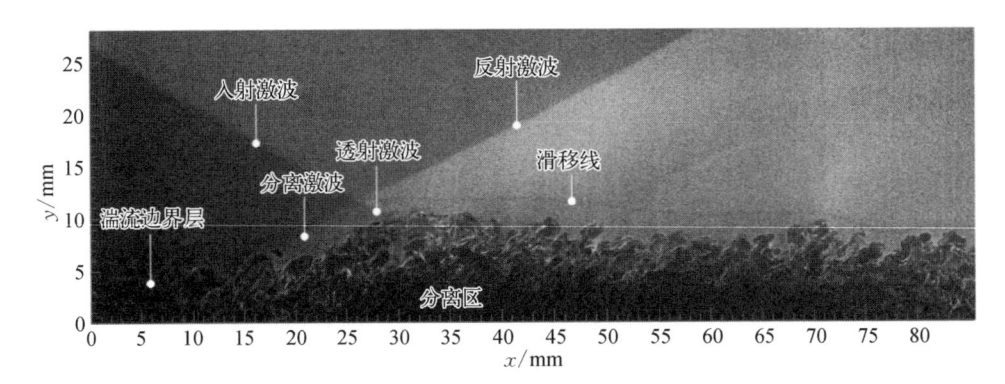

图 4.16　激波/边界层干扰试验 NPLS 观测图像

显的分离区轮廓,图 4.17 和图 4.18 给出了次流循环装置控制下的纹影图像,图 4.17 为瞬时图像,图 4.18 为时均图像,图 4.17(a)和图 4.18(a)均为无控状态下的纹影图像,用以对比次流循环装置的控制效果。

(a) 无次流循环装置控制

(b) 抽吸孔离射流喷孔近工况

(c) 抽吸孔离射流喷孔远工况

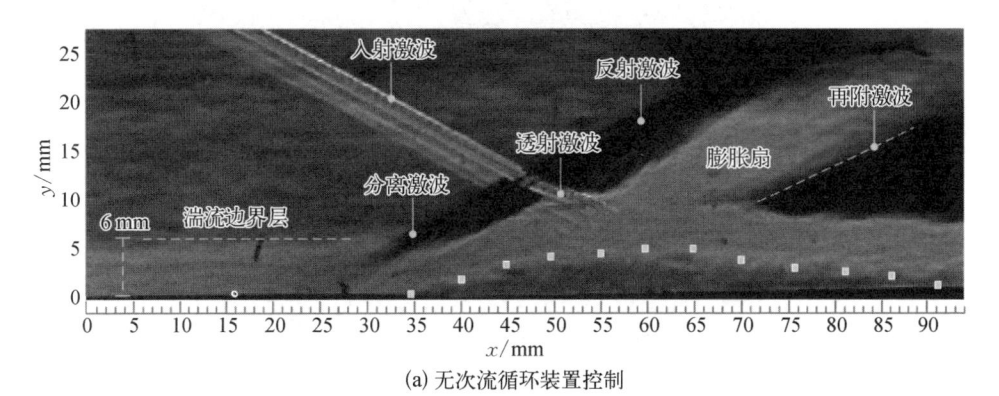

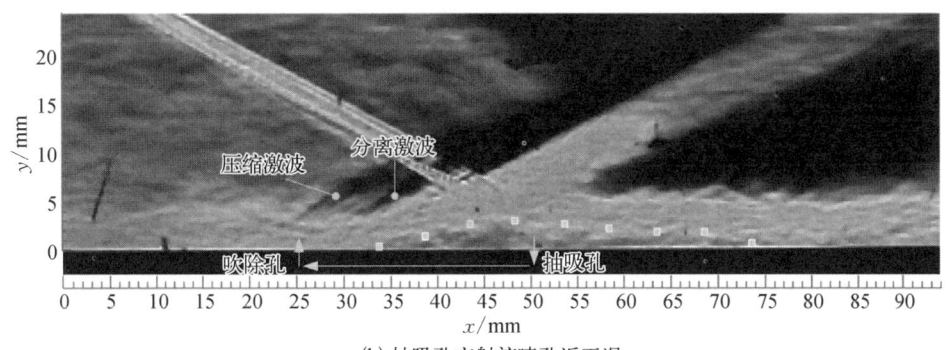

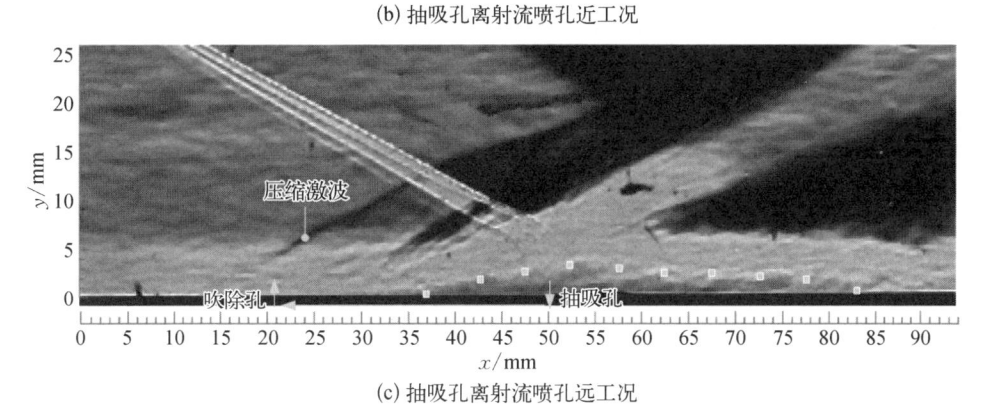

图 4.17　次流循环方法控制激波/边界层干扰试验纹影观测瞬时图像

在纹影图像中,由于观测结果为整个展向平面叠加的效果,试验件安装的微小倾斜均会引起试验观测误差。图 4.17 和图 4.18 中,由激波发生器诱发的入射

(a) 无次流循环装置控制

(b) 抽吸孔离射流喷孔近工况

(c) 抽吸孔离射流喷孔远工况

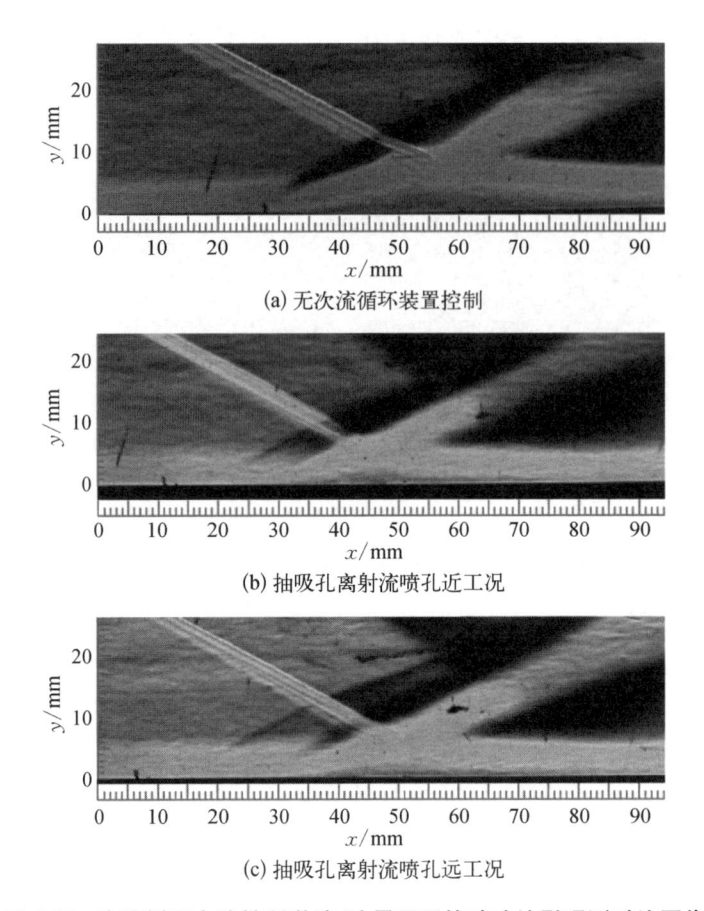

图 4.18　次流循环方法控制激波/边界层干扰试验纹影观测时均图像

激波由于安装误差出现了宽度变大的现象,其余波系的观测结果与数值仿真结果及 NPLS 试验结果(图 4.16)一致。图 4.17 中用蓝色方点手动标志了分离区的轮廓,可以发现,在两种次流循环装置控制的工况中,分离区均有效减小。图 4.17(b)和(c)中,在吹除孔的位置,纹影图像捕捉到了由次流循环装置吹出的分离区内的气体形成的弓形激波,其本质为一道压缩激波。间距更远的工况中吹除孔产生的压缩激波距离分离区更远、更独立,其最终均与激波/边界层干扰产生的分离激波汇聚融合。

采用像素识别的方法对图 4.17 和图 4.18 中的分离区面积进行测算,得到无次流循环装置控制工况、抽吸孔离射流喷孔近工况和抽吸孔离射流喷孔远工况下的分离区面积分别为 161.06 mm^2、50.25 mm^2 和 75.79 mm^2,分离区面积减小最大为 68.80%。此为首次通过试验的方法定量测量了次流循环装置对激波/边界层干扰分离区大小控制的效果,与数值仿真的定量化测量结果有所不同,这和数值仿真的精度、试验装置的安装精度和分离区大小的测量方法误差有关。但值得注意的是,无论是数值仿真还是静风洞地面试验,次流循环装置减小分离区的幅值均可以达到 50% 以上,非常具有应用前景。

4.2.3 三维次流循环构型初步设计

目前的研究表明,次流循环抽吸孔相对分离区的位置对控制效果的影响非常显著,而实际应用中飞行器来流情况复杂多变,流场还会由于激波/边界层干扰的作用产生低频振荡,燃烧不稳定导致流场出口压力变化,这些因素都会导致激波/边界层干扰区的位置发生改变。固定位置不变的次流循环控制很难使分离区与抽吸孔保持较好的相对位置,控制效果不稳定。因此,需要一种新的次流循环构型来对流场进行自适应控制。

当来流马赫数变化时或者流场出口压力产生振荡时,斜激波角度发生变化,激波与边界层相互作用的位置开始移动。而新次流循环构型中的抽吸孔呈阵列分布,范围较大,使得分离区始终在抽吸孔阵列范围内移动,可以形成一个有效的次流循环通路以抑制边界层分离,从而实现复杂多变流场中激波/边界层干扰现象的自适应控制,有效减少分离区的产生,提升进气道性能。

计算来流马赫数为 2.5 和 3.5 的无控工况 Case NC2.5 与 Case NC3.5,得到在平面 z/D = 0 处的流向速度云图如图 4.19 所示,其中绿色区域为流向速度 U/U_∞ = 0 的等值面,用以表征分离区。结合图 4.20 中底壁面分离区俯视图可以看出,Case NC2.5 的分离区在 66 < x/D < 80 区域分布,Case NC3.5 的分离区在 104 < x/D < 117 区域附近分布。

由此初步设计出一个次流循环控制构型,如图 4.21 所示,适用于来流马赫数在 2.5~3.5 变化流场的流动控制。抽吸孔阵列由若干抽吸孔组成,均匀分布在沿流向总长为 70 mm 的区域内,每个抽吸孔流向长度 2 mm,展向宽度 24 mm,Z 向深度 5 mm,每个抽吸孔之间沿流向间距 2 mm,并垂直于流场方向。吹除孔流向长度 5 mm,展向宽度 24 mm,Z 向深度 5 mm,与流场方向夹角为 β。吹除孔、次流通道与抽吸孔阵列组成次流循环流场,并与进气道内流场相连。在每一个抽吸孔与内流场相连处设置开关,每个开关可以独立根据进气道内流场与次流循环流场之间的流场参数自适应调节孔的打开与闭合,形成不同的次流循环通道。当来流马赫数变化或者流场出口压力产生振荡时,激波/边界层干扰的位置发生变化,但仍然在抽吸孔阵列范围内,通过自适应调节就能形成一个有效的次

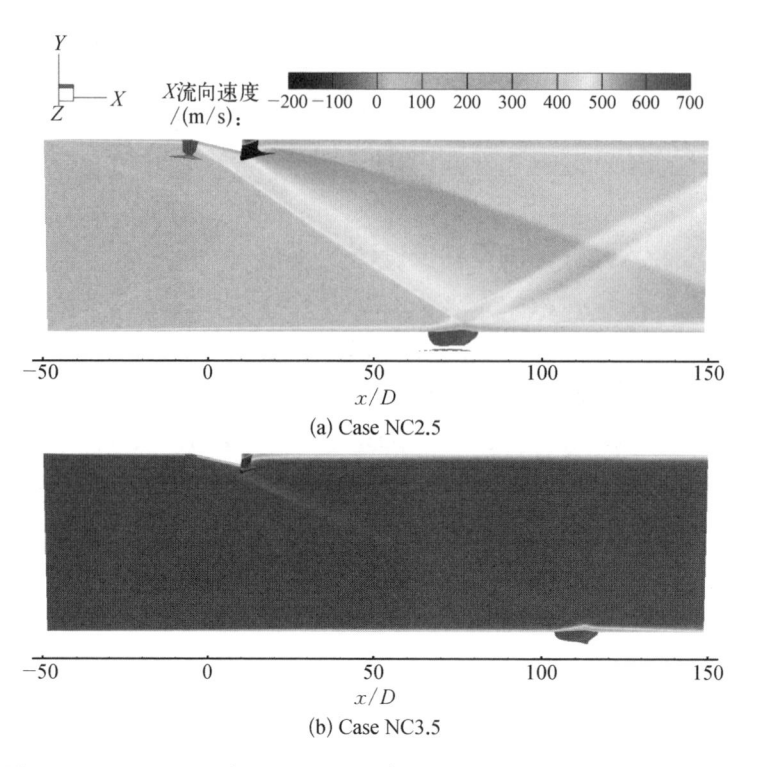

图 4.19　Case NC2.5 和 Case NC3.5 中平面 $z/D = 0$ 处的流向速度云图

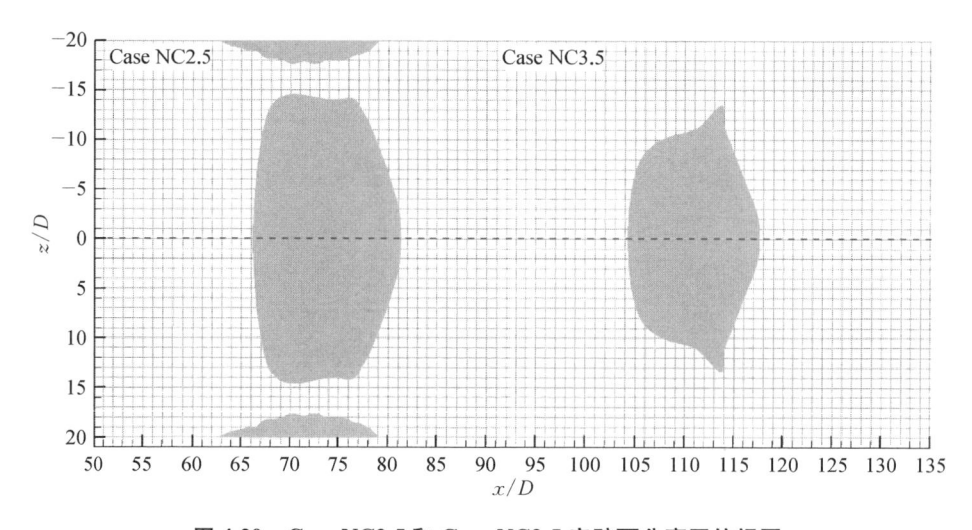

图 4.20　Case NC2.5 和 Case NC3.5 底壁面分离区俯视图

流循环通路以抑制边界层分离，从而控制复杂多变流场的激波/边界层干扰现象。

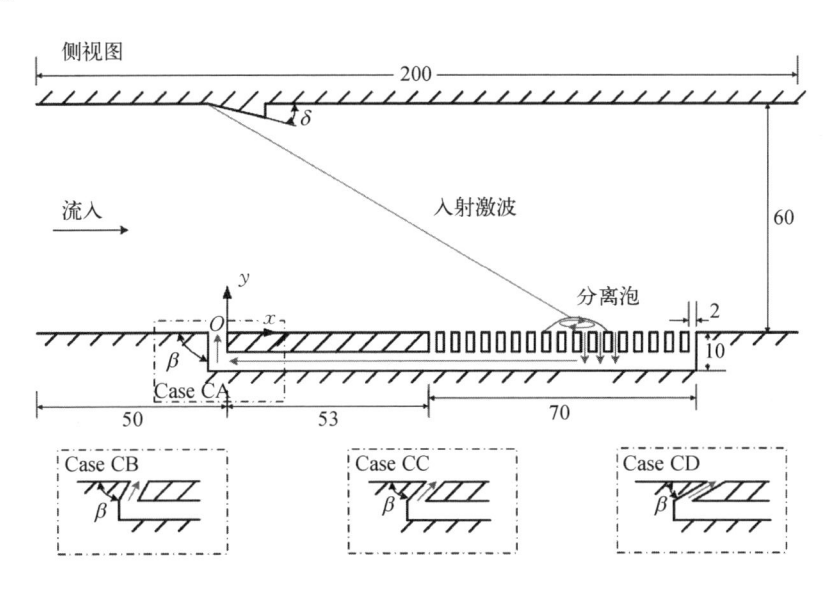

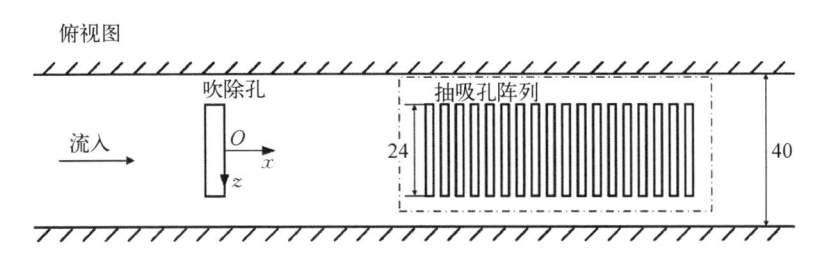

图 4.21　次流循环构型与流场示意图（单位：mm）

4.2.4　自适应控制实现过程初步设计

基于次流循环的激波/边界层干扰自适应控制工作过程如下。

（1）当流场未启动时，所有抽吸孔处的开关都处于关闭状态，断开了次流循环通道与流场在抽吸孔处的连接。

（2）当流场运行时，来流产生的斜激波入射到底壁面抽吸孔阵列所处区域，形成激波/边界层干扰现象，诱导边界层分离产生分离区，分离区所在壁面及激波后的壁面处静压升高，而由于次流循环通道内的流场通过吹除孔与流场上游相通，整个次流循环流场静压力处于较低水平。此时分离区所在壁面区域和激波后的壁面区域的抽吸孔上下表面形成了压力差,当内流场静压与次流循环流场静压的压力差大于某一特定值时,开关打开,抽吸孔连通流场形成次流循环,对激波/边界层干扰进行有效控制。

(3) 当来流马赫数增加或流场出口压力降低时,激波入射产生的分离区向流场下游移动,原分离区位置壁面静压力降低,与次流通道内的次流循环流场静压力的压力差降低,该处抽吸孔内的开关在弹簧阻尼的作用下回到原位,使得该位置抽吸孔关闭,防止次流循环流场内的气体形成回流造成分离区增大。

(4) 当来流马赫数减小或流场出口压力增大时,分离区向上游移动,新分离区位置壁面处静压力增大,此处开关在压力差的作用下打开,该处抽吸孔畅通形成新的次流循环通路,对新分离区进行有效控制。

4.2.5 三维次流循环构型吹除孔构型优化

研究中发现,在用图 4.21 中初步设计的次流循环构型 Case CA 进行控制时,吹除孔处将会产生额外的分离区,对流场造成不利的影响,因此需要对吹除孔的构型进行优化。选取四种不同吹除孔构型的流场进行计算,如表 4.9 所示。为保持每种工况中的次流循环流量相等,四种工况中 $53 \leqslant x/D \leqslant 97$ 区域的抽吸孔均保持关闭状态,$97 < x/D \leqslant 123$ 区域抽吸孔保持开启,吹除孔流向长度 l 保持 5 mm、展向宽度 w 保持 24 mm 不变。Case CA 中吹除孔与流向夹角 β 为 90°,Case CB、Case CC、Case CD 中夹角 β 分别为 60°、45°、30°。来流参数与表 4.2 中的 NC3 保持一致,各工况计算域物理模型如图 4.21 所示。超声速来流从左侧进入流场,与激波发生器碰撞产生斜激波,入射激波与湍流边界层相互作用产生较大的分离区。分离区的高压低动量流体在压力差的作用下吸入打开的抽吸孔,通过循环通道引流到流场上游从吹除孔吹出。

表 4.9 吹除孔优化各工况控制构型物理模型参数

工 况	l/mm	w/mm	β/(°)
Case NC	—	—	—
Case CA	5	24	90
Case CB	5	24	60
Case CC	5	24	45
Case CD	5	24	30

对各工况进行数值仿真计算，图 4.22 显示了平面 $z/D = 0$ 处的密度梯度云图与流场分离区。图中，绿色表示的是 $u/U_\infty = 0$ 的等值面，其中 u 为流向速度，U_∞ 为来流速度，本节将用该等值面表征分离区。可以看出，控制的加入在一定程度上改变了流场，产生了更为复杂的波系结构，且各控制工况流场结构类似。为了分析流场特征，图 4.23 提供了 Case NC3 和 Case CD 的 $z/D = 0$ 平面密度梯度局部放大云图，其中红色线表示 $Ma = 2$ 的等值线，蓝色点表示入射激波 C1 的延长线与壁面的交点。

(a) Case NC

(b) Case CA

(c) Case CB

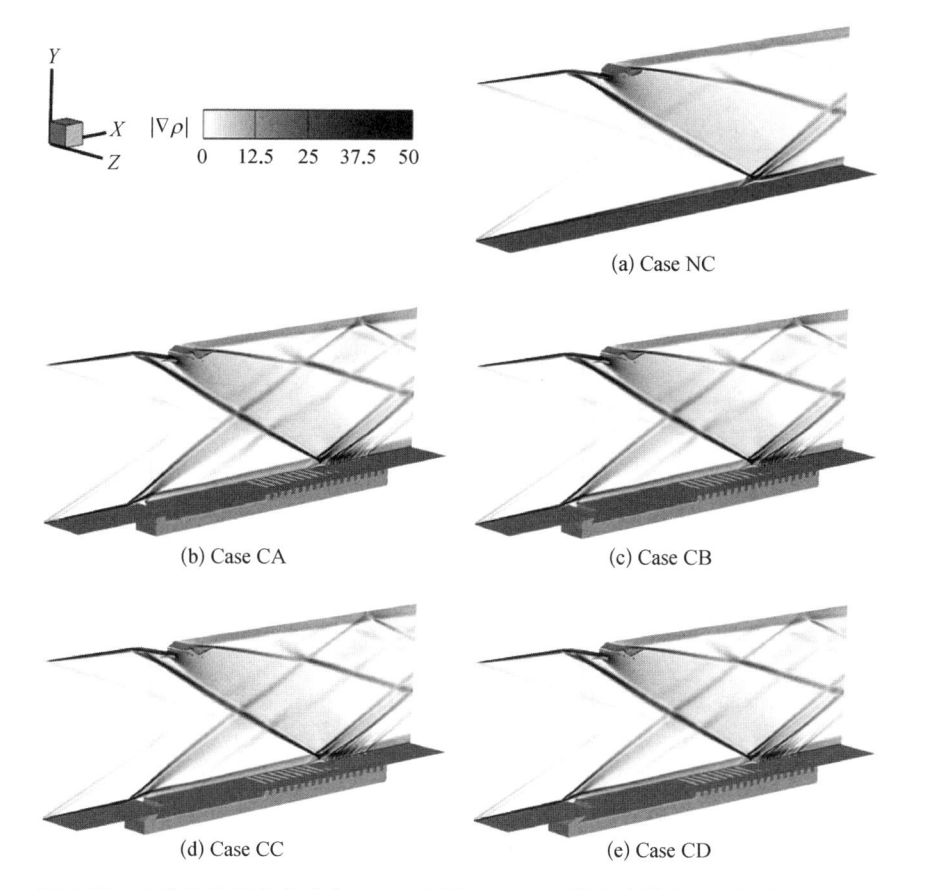

(d) Case CC

(e) Case CD

图 4.22　吹除孔构型优化中各工况在平面 $z/D = 0$ 的密度梯度云图与流场分离区

由图 4.23 可以看出，Case CD 的入射激波延长线与壁面的交点位置为 $x/D = 98.5$，Case NC3 的交点位置为 $x/D = 100.7$，即加入控制导致干扰区前移。在吹除孔至干扰区之间的区域，Case CD 中的红色等值线与壁面的距离明显高于 Case NC3，这表明该区域的边界层厚度增加。分析认为，在控制工况中，次流循

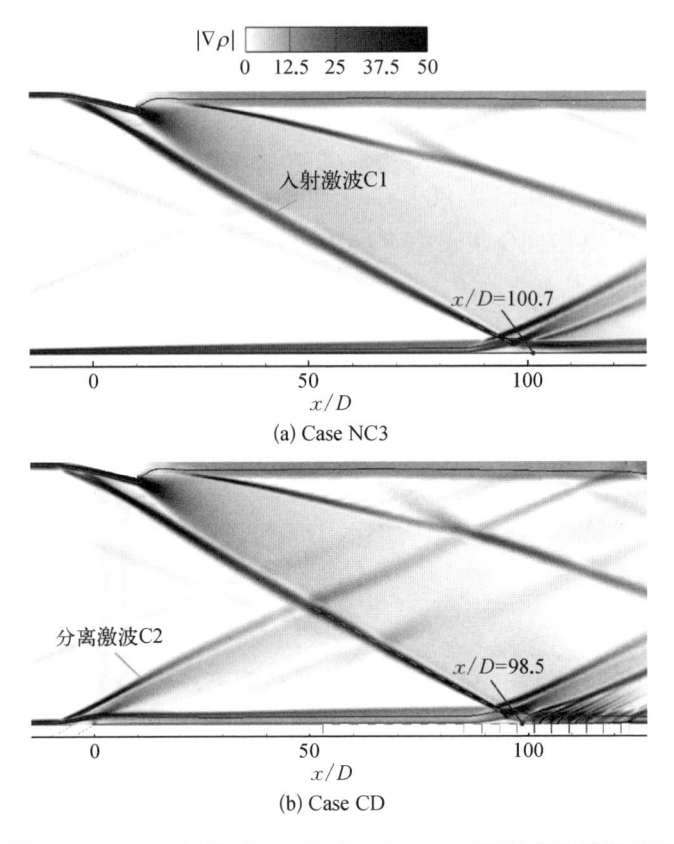

图 4.23 Case NC3 和 Case CD 在 $z/D = 0$ 平面的密度梯度云图

环吹除孔处喷出的低速气流与高速来流碰撞形成了新的分离区,使得吹除孔至抽吸孔之间区域边界层厚度增加。利用这一特性,在燃烧室中引入次流循环控制可有效提高混合速度和混合效率[88]。形成的分离区同时诱导产生了分离激波 C2 并与入射激波 C1 碰撞产生 I 类激波干扰[89],这导致入射激波发生偏转,入射点产生变化,干扰区前移。

由图 4.22 可以看出,各控制工况中吹除孔处的分离区大小有明显的差异;各控制工况抽吸孔区域的斜激波诱导分离区相对于无控工况该区域的分离区体积有明显减小,但各控制工况之间并无明显差异。分离区体积定量计算结果如表 4.10 所示。流场加入次流循环控制后,Case CA 中吹除孔处产生的分离区体积 V_b 最大,Case CD 中吹除孔处产生的分离区体积 V_b 最小,这表明吹除孔与流向的夹角 β 呈线性关系,即夹角越小,吹除孔处的分离区体积越小。分析认为,吹除孔与流向夹角越大,流出气流的 y 向分量就越大,更多高速来流将会受到影响,使得分离区高度增大,体积增大,吹除孔后的边界层厚度增加,使得控制效果降低。抽吸孔处分离区受到边界层厚度的影响,体积 V_s 也有所变化,但影响较小,其中 Case CD 即夹角为 30°的工况控制效果最好,抽吸孔区域体积减小了 71.28%,加上吹除孔区域产生的分离区总体积 ($V = V_s + V_b$) 也减小了 60.39%。

表 4.10 吹除孔优化各工况分离区体积控制效果

工况	V_s/mm³	$[(V_s - V_{s0})/V_{s0}]$/%	V_b/mm³	$[(V - V_0)/V_0]$/%
Case NC	35.118 6	—	0	—
Case CA	10.446 8	−70.25	24.092 5	−1.65
Case CB	10.484 1	−70.15	14.406 4	−29.12
Case CC	10.241 1	−70.84	10.959 9	−39.63
Case CD	10.084 4	−71.28	3.827 5	−60.39

为了解次流循环在降低流场总压损失方面的控制效果,计算各工况的总压恢复系数 σ,σ 定义如下:

$$\sigma = P_{0\text{out}}/P_{0\text{in}} \tag{4.1}$$

式中,$P_{0\text{out}}$ 为流场出口截面总压;$P_{0\text{in}}$ 为流场入口截面总压。

计算结果如表 4.11 所示,各控制工况总压恢复系数都有所提高,Case CD 的总压恢复系数达到了 74.24%,相比于无控工况提高了 1.03%。分析认为,吹除孔与流向夹角越小,吹除孔处分离区诱导产生的分离激波强度就越低,从而使得总压恢复系数有所增加,控制效果提升。

表 4.11 吹除孔优化各工况总压恢复系数控制效果

工况	σ/%	$[(\sigma - \sigma_0)/\sigma_0]$/%
Case NC	73.48	—
Case CA	73.82	0.46
Case CB	74.03	0.74
Case CC	74.12	0.87
Case CD	74.24	1.03

综上所述，Case CD 为最佳控制方案，即吹除孔与流向夹角为 30°时次流循环控制构型的控制效果最佳。按目前分析的数据结果推断，当夹角继续减小时，分离区体积及总压恢复系数的控制效果都会变得更好，但是角度过小易造成次流循环流场壅塞，且工程上实现有一定的困难，因此在后续研究中次流循环吹除孔与流向夹角选取为 30°。

4.3 自适应控制方案研究

4.3.1 自适应控制性能分析

当流场工作时，每个抽吸孔在自适应控制的调节下保持打开或者闭合的状态，形成新的次流循环，对 SWBLI 进行控制。本节将通过计算与分析找出来流马赫数分别为 2.5、3.0 和 3.5 时控制效果最佳的自适应控制方案。选取的来流参数与表 4.2 中对应马赫数的无控工况保持一致，各工况流场和控制构型与 Case CD 保持一致。

图 4.24 展示了 Ma = 2.5 时各控制工况的抽吸孔状态及近壁面流线，其中绿色流线表示流体的 y 向速度分量 u_y > 0，红色流线表示 u_y < 0。在 Case all2.5 中，每一个抽吸孔都处于打开状态，通过流线可以看出，在 x/D < 73 和 x/D > 107 区域抽吸孔有气流向内流场吹出，73 < x/D < 107 区域抽吸孔将气体吸入次流循环流场中。结合图 4.25 进行分析，此时分离区的低动量流体并未按照设想从吹除孔中吹出流入内流场，而是就近从 x/D < 73 和 x/D > 107 区域流入，形成新的回流。这导致 SWBLI 产生的分离区变厚变长，在 x/D = 53 处产生了分离激波，这对 SWBLI 的控制起到了反效果，因此需要关闭产生回流的抽吸孔。

如图 4.24 所示，在 Case 73 中，控制 x/D < 73 和 x/D > 107 区域的抽吸孔使其处于关闭状态，形成了新的次流循环通路。由流线可以看出，大部分边界层低动量流体通过次流循环通道从吹除孔中流入流场，但仍然有一部分从 99 < x/D < 107 和 73 < x/D < 77 区域流入；在 Case 77 中，控制 x/D < 77 和 x/D > 99 区域的抽吸孔使其处于关闭状态，此时打开的抽吸孔均无流体流出，边界层内低动量流体均通过吹除孔流入流场；Case 81 作为对照组，控制 x/D < 81 和 x/D > 99 区域的抽吸孔使其处于关闭状态，此时抽吸孔也均无流体流出，边界层低动量流体均通过吹除孔流入流场。

第 4 章 次流循环构型设计及自适应控制方案研究 105

(a) Case all2.5

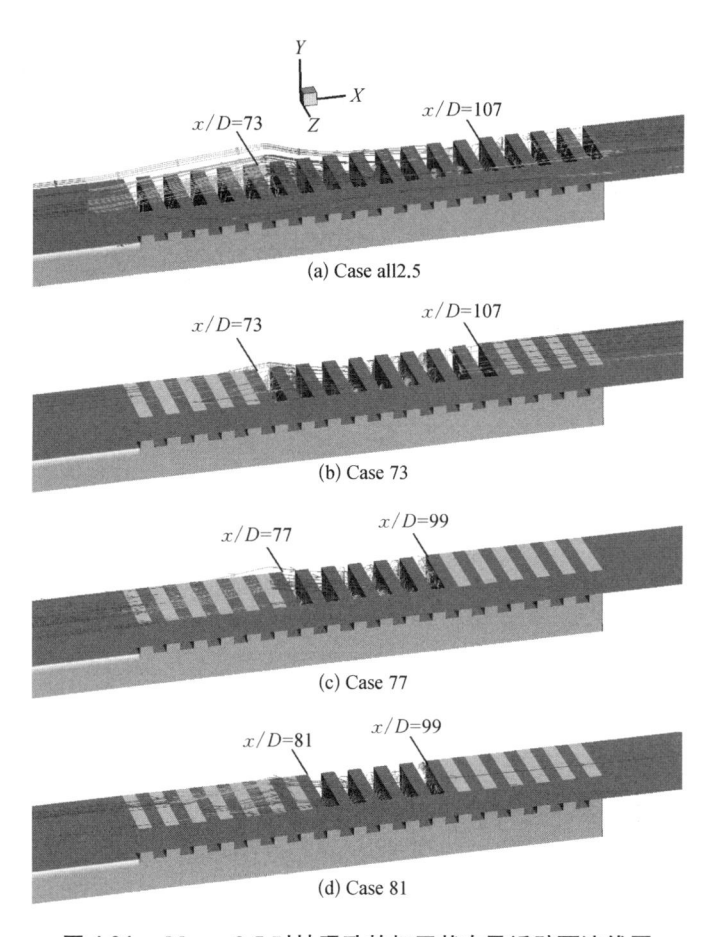

(b) Case 73

(c) Case 77

(d) Case 81

图 4.24　Ma = 2.5 时抽吸孔的打开状态及近壁面流线图

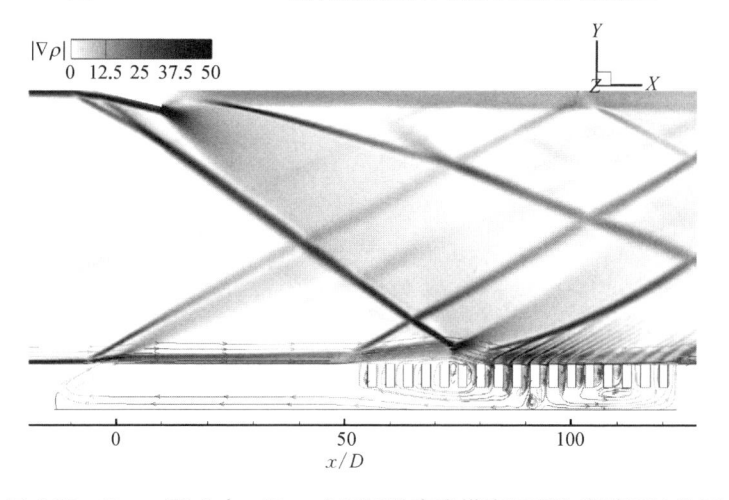

图 4.25　Case all2.5 中 z/D = 0 平面处密度梯度云图和底壁面流线图

图 4.26 展示了 $Ma = 3.0$ 时各工况的抽吸孔状态及近壁面流线。在 Case all3 中,每个抽吸孔都处于打开状态,$x/D < 93$ 区域的抽吸孔有流量吹入流场,形成了回流。为阻止回流的产生,在 Case 93 中关闭 $x/D < 93$ 区域的抽吸孔,此时有少部分流体从 $99 < x/D < 97$ 和 $119 < x/D < 123$ 区域吹入。在 Case 97 中,关闭 $x/D < 97$ 和 $x/D > 119$ 区域的抽吸孔,该算例中所有抽吸孔均无回流,边界层内低动量流体均通过吹除孔流入流场;Case 101 作为对照组,控制 $x/D < 97$ 和 $x/D > 111$ 区域的抽吸孔使其处于关闭状态,此时抽吸孔也均无流体流出,边界层低动量流体均通过吹除孔流入流场。

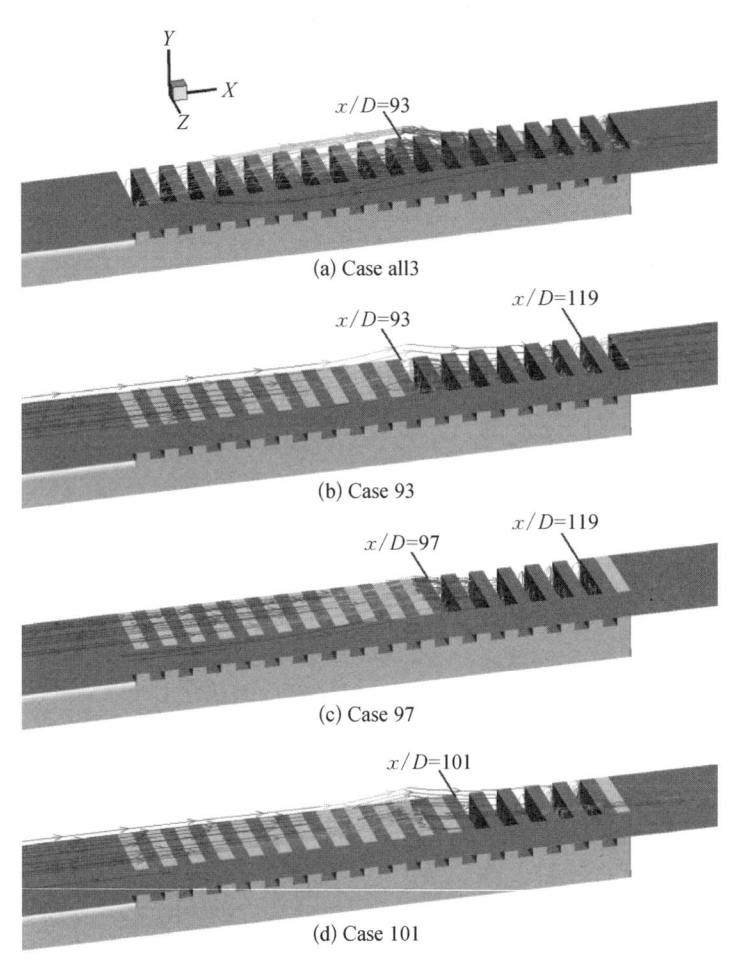

(a) Case all3

(b) Case 93

(c) Case 97

(d) Case 101

图 4.26　$Ma = 3.0$ 时抽吸孔的打开状态及近壁面流线图

当 $Ma = 3.5$ 时各工况的抽吸孔状态及流线如图 4.27 所示。各工况设置方式与上文类似，Case all3.5 中每个抽吸孔均处于打开状态；Case 109 中 $x/D <$ 109 区域的抽吸孔处于关闭状态，其余抽吸孔打开；在 Case 113 中关闭 $x/D <$ 113 区域的抽吸孔，此时各抽吸孔已无回流产生；Case 117 作为对照组进行设置，关闭了 $x/D < 117$ 区域的抽吸孔。

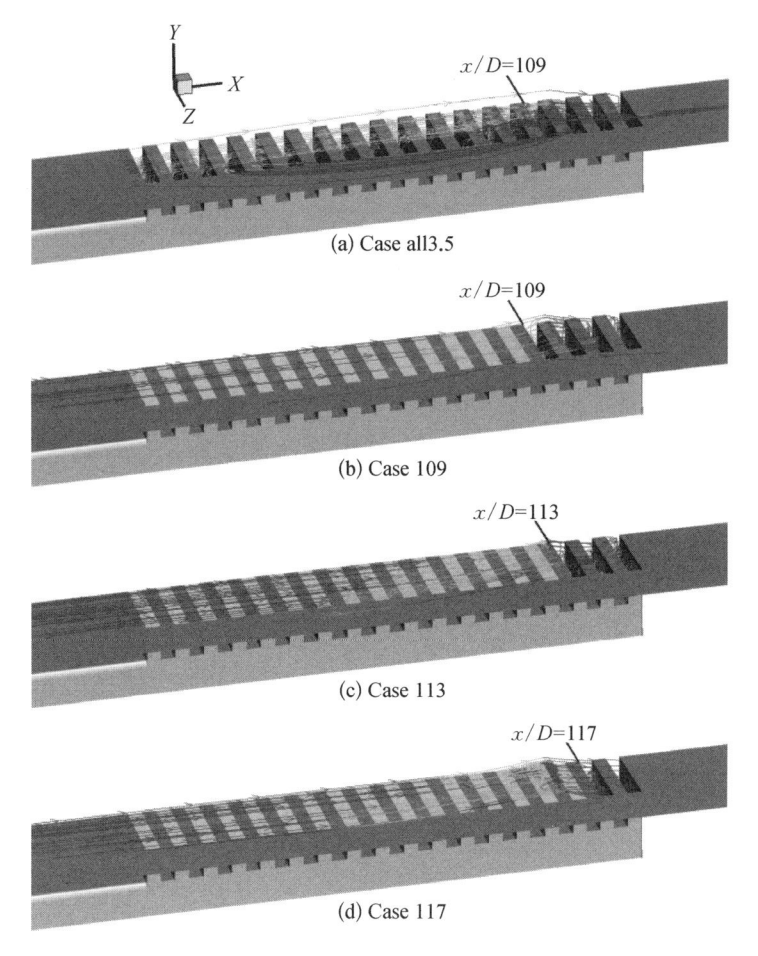

图 4.27 $Ma = 3.5$ 时抽吸孔的打开状态及近壁面流线图

图 4.28、图 4.29 和图 4.30 分别显示了 $Ma = 2.5$、3.0 和 3.5 时 $z/D = 0$ 平面处的密度梯度云图和等值面 $U/U_\infty = 0$ 表征的分离区，并对 Case 77、Case 97 和 Case 113 中分离区附近的云图进行了放大。

在无控工况中，激波发生器产生的入射激波 C1 与湍流边界层相互作用，使得局部静压升高，诱导边界层生成分离区，并产生反射激波 C2，分离区再附后产

(a) Case NC2.5

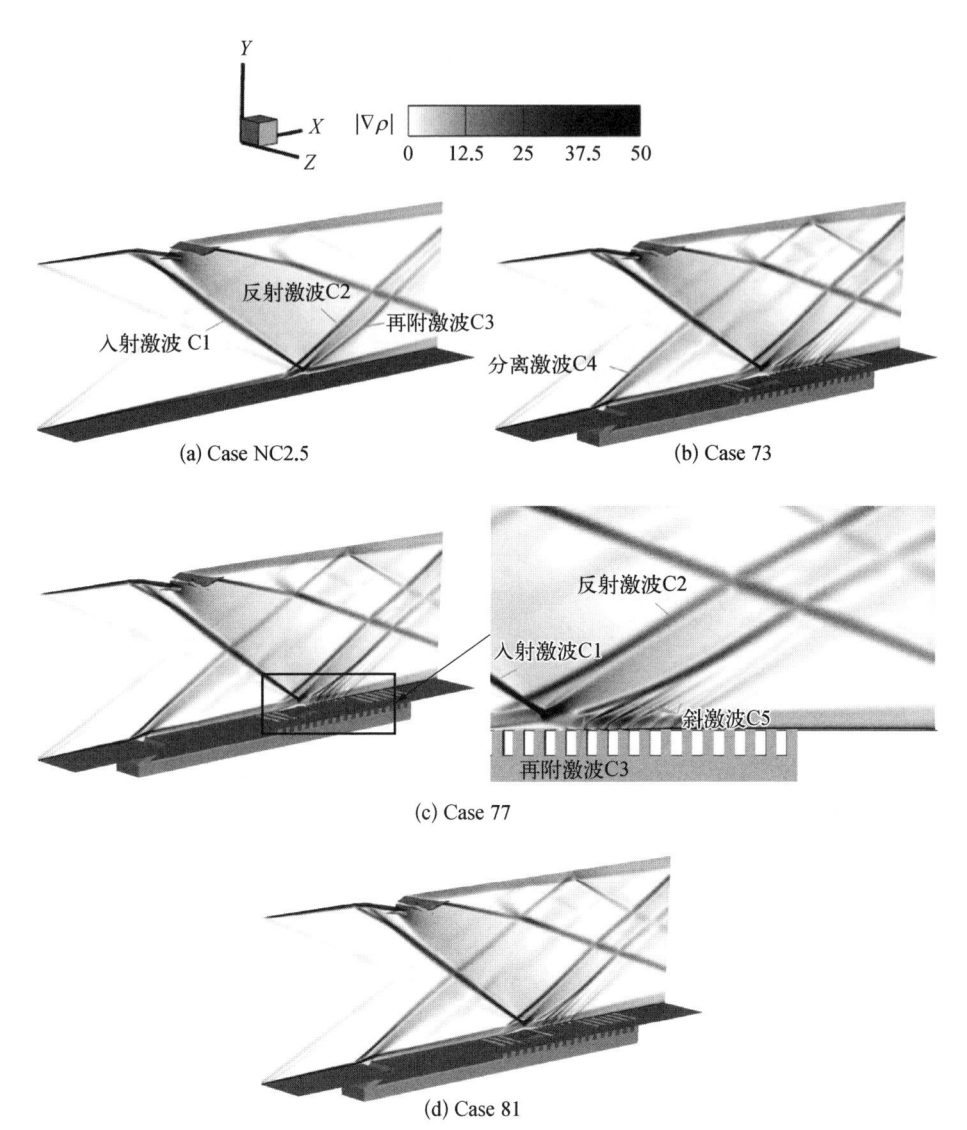

(b) Case 73

(c) Case 77

(d) Case 81

图 4.28　$Ma = 2.5$ 时 $z/D = 0$ 平面处的密度梯度云图和等值面 $U/U_\infty = 0$ 表征的分离区

生再附激波 C3。为确保压力的连续性，C2 和 C3 之间产生了一系列的膨胀波。

在加入次流循环控制后，各控制工况的流场结构发生了较大变化，但每个控制工况的流场结构都是类似的，因此统一进行分析。控制工况中，吹除孔处流出的低动量流体与高速来流作用形成了新的分离区，分离区诱导产生了分离激波 C4，分离激波与入射激波 C1 碰撞形成 I 类激波干涉，这导致分离区向前移动。

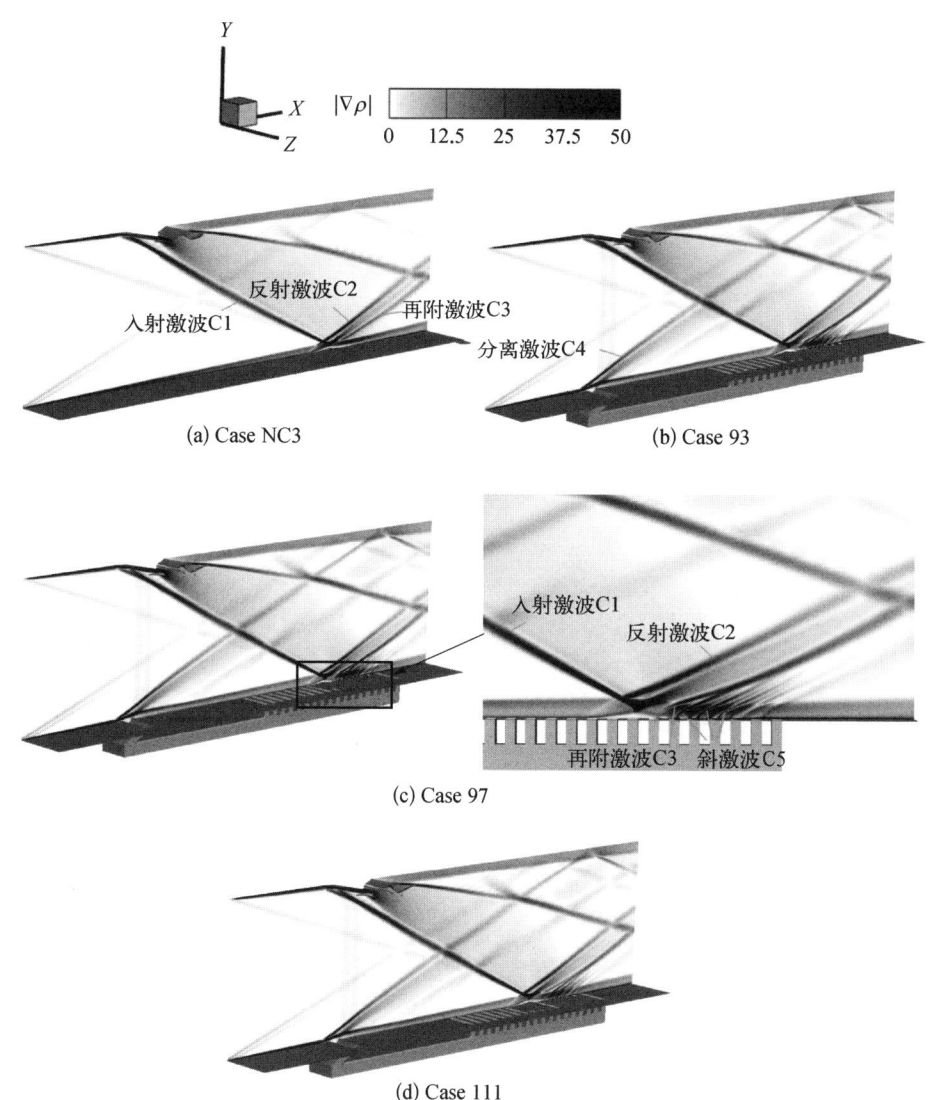

第 4 章 次流循环构型设计及自适应控制方案研究

(a) Case NC3

(b) Case 93

(c) Case 97

(d) Case 111

图 4.29 $Ma = 3.0$ 时 $z/D = 0$ 平面处的密度梯度云图和等值面 $U/U_\infty = 0$ 表征的分离区

在抽吸孔阵列区域,分离区明显减小,每一个打开的抽吸孔拐角处诱导产生了新的弱斜激波 C5,若干同族弱斜激波之间发生了 VI 类激波干扰[89]形成一个较强激波。

图 4.31 显示了各工况抽吸孔区域分离区的分布,用着绿色的 $U/U_\infty = 0$ 等值面表示,其中上半部分为无控工况,下半部分为控制工况。可以看出,控制工

(a) Case NC3.5

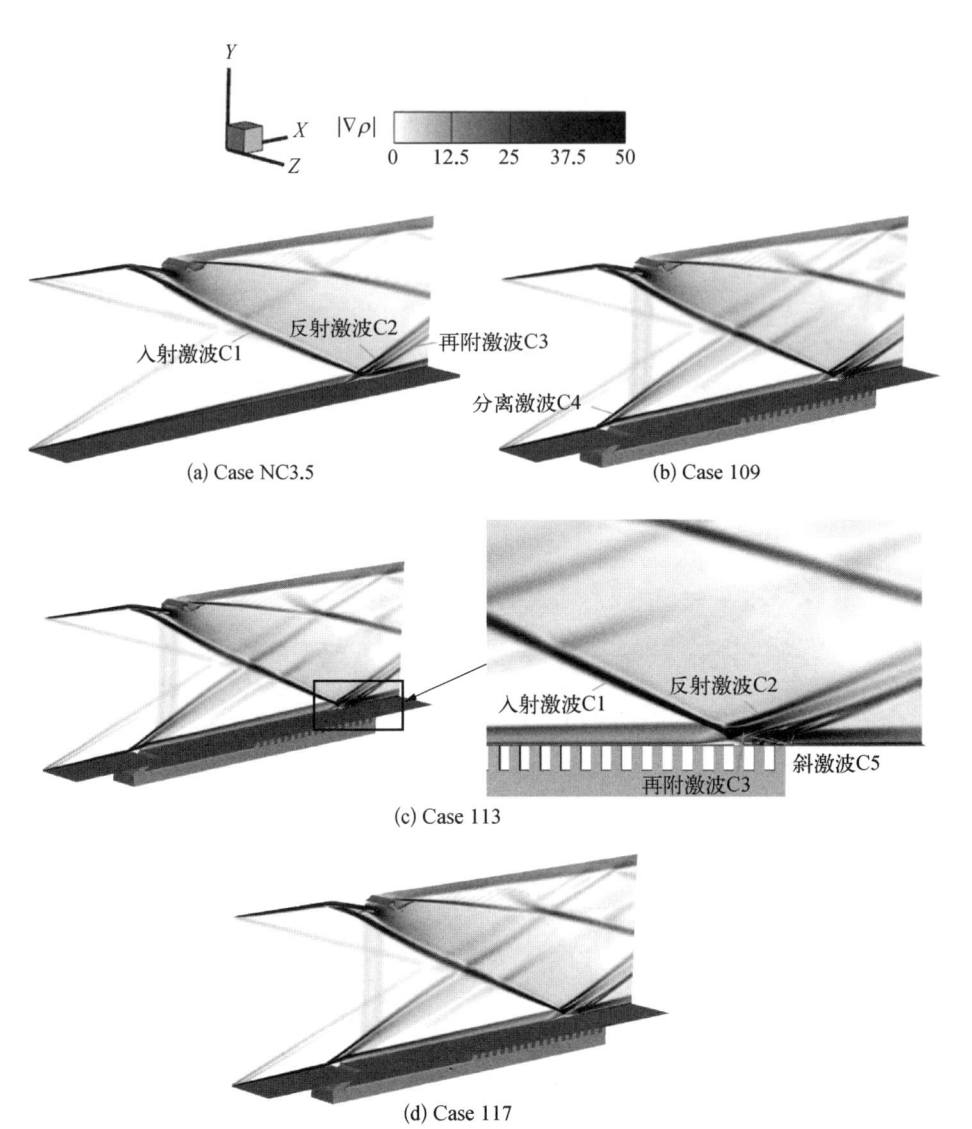

(b) Case 109

(c) Case 113

(d) Case 117

图 4.30　Ma = 3.5 时 z/D = 0 平面处的密度梯度云图和等值面 U/U_∞ = 0 表征的分离区

况中分离区的位置相对于无控工况均有所前移,形状和大小也发生了变化。各控制工况的分离区展向宽度均明显减小,在底壁面上的投影面积也有所减小。其中,Case 77、Case 97 和 Case 113 分别是 Ma = 2.5、3.0 和 3.5 条件下分离区投影面积最小的工况。但由于侧壁面边界层与激波的三维相互作用[90],各控制工况在侧壁面产生了新的分离区且侧壁面分离区有所增大。

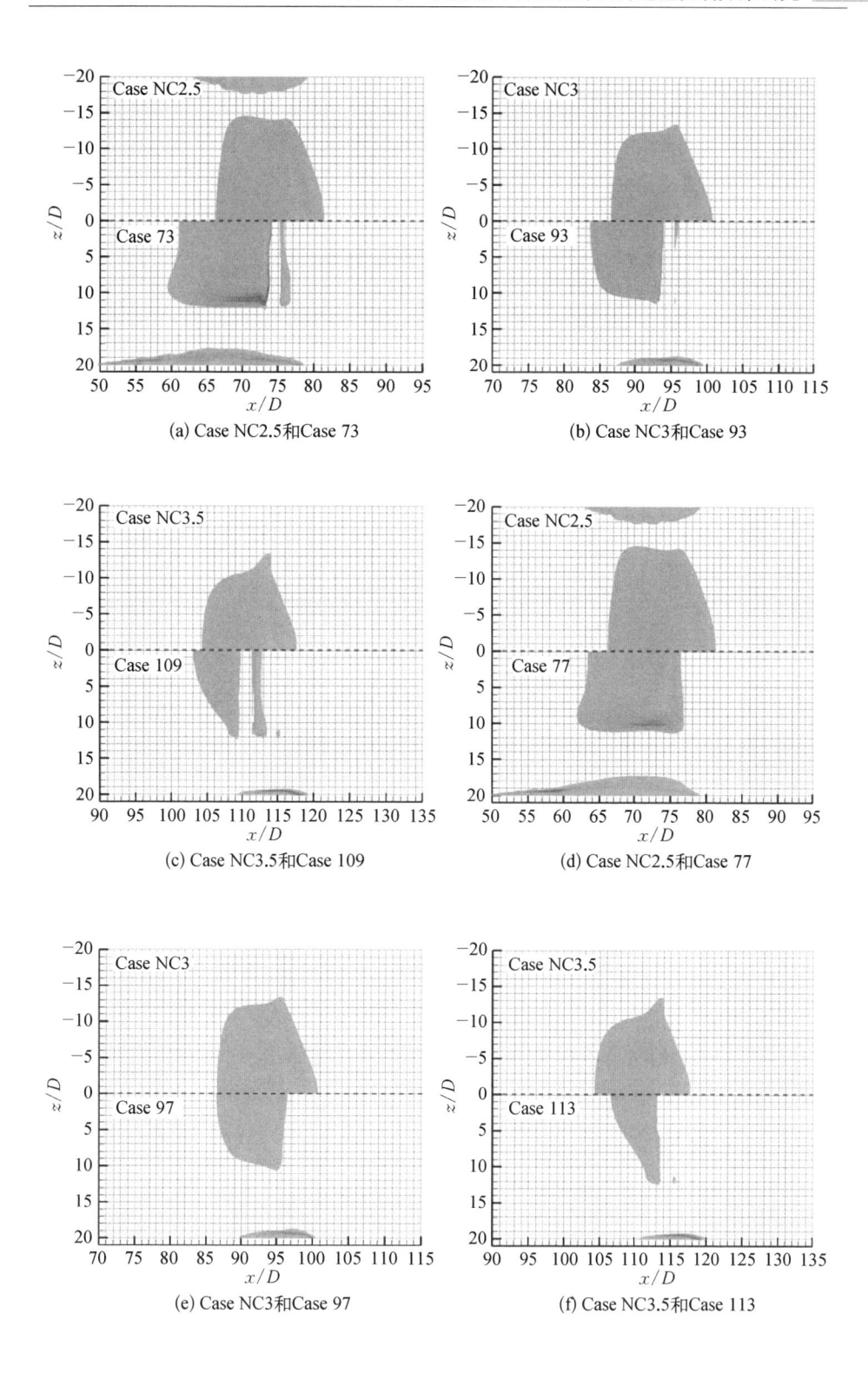

(a) Case NC2.5和Case 73

(b) Case NC3和Case 93

(c) Case NC3.5和Case 109

(d) Case NC2.5和Case 77

(e) Case NC3和Case 97

(f) Case NC3.5和Case 113

(g) Case NC2.5和Case 81

(h) Case NC3和Case 111

(i) Case NC3.5和Case 117

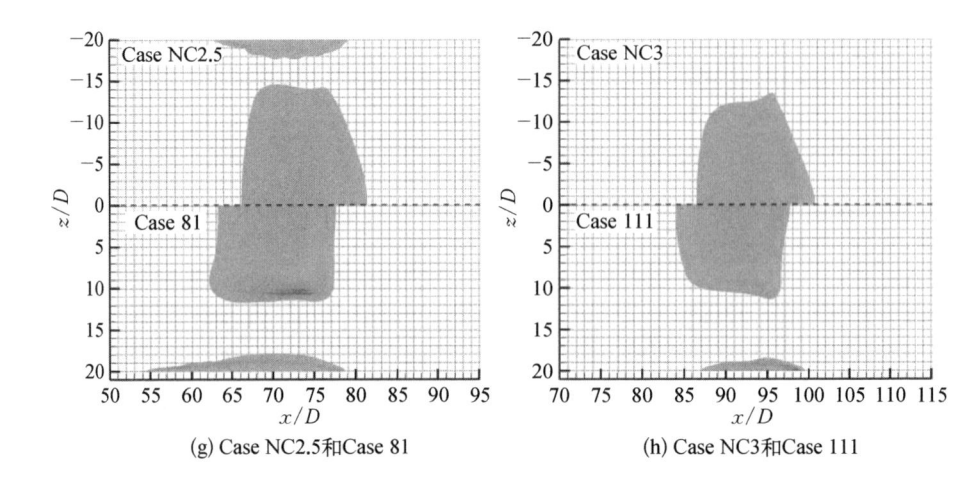

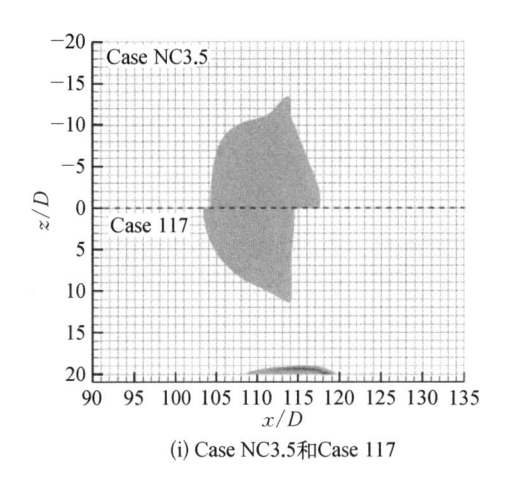

图 4.31　各工况抽吸孔处分离区示意图

对分离区体积进行定量计算，所得结果如表 4.12 所示。当 $Ma = 2.5$ 时，Case 77 对分离区体积减小的控制效果最好，相比于 Case NC2.5，抽吸孔处分离区体积 V_s 减小了 31.57%，加上吹除孔处分离区体积 V_b，总体积 V 减小了 24.50%；Case 73 和 Case 81 的分离区总体积反而增大。当 $Ma = 3.0$ 时，各控制工况分离区体积相比于 Case NC3 均有所减小，其中分离区 Case 97 的控制效果最好，抽吸孔处分离区体积减小了 61.26%，总体积减小了 49.44%，但 Case 97 的吹除孔处分离区体积 V_b 最大。当 $Ma = 3.5$ 时，Case 113 的控制效果最好，抽吸孔处分离区体积比 Case NC3.5 减小了 82.34%，总体积减小了 64.95%，同时 Case 113 的吹除

孔处分离区体积 V_b 最大。

表 4.12 吹除孔优化各工况分离区体积控制效果

工 况	V_s/mm^3	$(V_s - V_{s0})/V_{s0}/\%$	V_b/mm^3	$(V - V_0)/V_0/\%$
Case NC2.5	45.930 8	—	0	—
Case 73	45.809 6	−0.26	2.644 9	5.49
Case 77	31.432 7	−31.57	3.245 0	−24.50
Case 81	46.650 8	1.57	3.604 3	9.41
Case NC3	35.696 3	—	0	—
Case 93	26.709 4	−25.18	3.272 5	−16.02
Case 97	13.828 9	−61.26	4.222 3	−49.44
Case 111	31.287 2	−12.35	3.570 6	−2.36
Case NC3.5	28.749 8	—	0	—
Case 109	8.273	−71.22	2.831 1	−56.05
Case 113	5.076 4	−82.34	3.639 4	−64.95
Case 117	16.455 5	−42.76	3.631 4	−21.23

分析认为，Case 73、Case 93、Case 109 中部分打开抽吸孔有回流，低动量流体直接流入了分离区，造成底壁面抗逆压梯度的能力减弱，对抽吸孔处分离区体积的控制效果降低；而在 Case 81、Case 101、Case 117 中，抽吸孔打开的区域距离分离区较远，低动量流体未能通过抽吸孔充分吸入次流循环中，因此控制效果较差。以上原因造成了 Case 77、Case 97、Case 113 的抽吸孔分离区体积是相同来流马赫数条件下所有控制工况中最小的，这同时也使得 Case 97、Case 113 吹除孔处流量最大、吹除孔分离区的体积最大。综上所述，Case 77、Case 97 和 Case 113 分别是 Ma = 2.5、3.0 和 3.5 时分离区总体积控制效果最好的工况。

静压变化和总压损失是描述流场特性的重要参数。图 4.32 显示了各工况中 $z/D = 0$ 且 $y/D = 0$ 处沿流向的静压分布图，反映了底壁面中线沿流线的静压分布规律。在无控工况中可以看到压力有两次上升，第一次压升是由分离激波引起的，第二次压力升高是由于流体的再附作用，使得底壁面附近气体压缩。

在加入控制之后，各控制工况第一次压力升高的位置均有所提前，这表明控

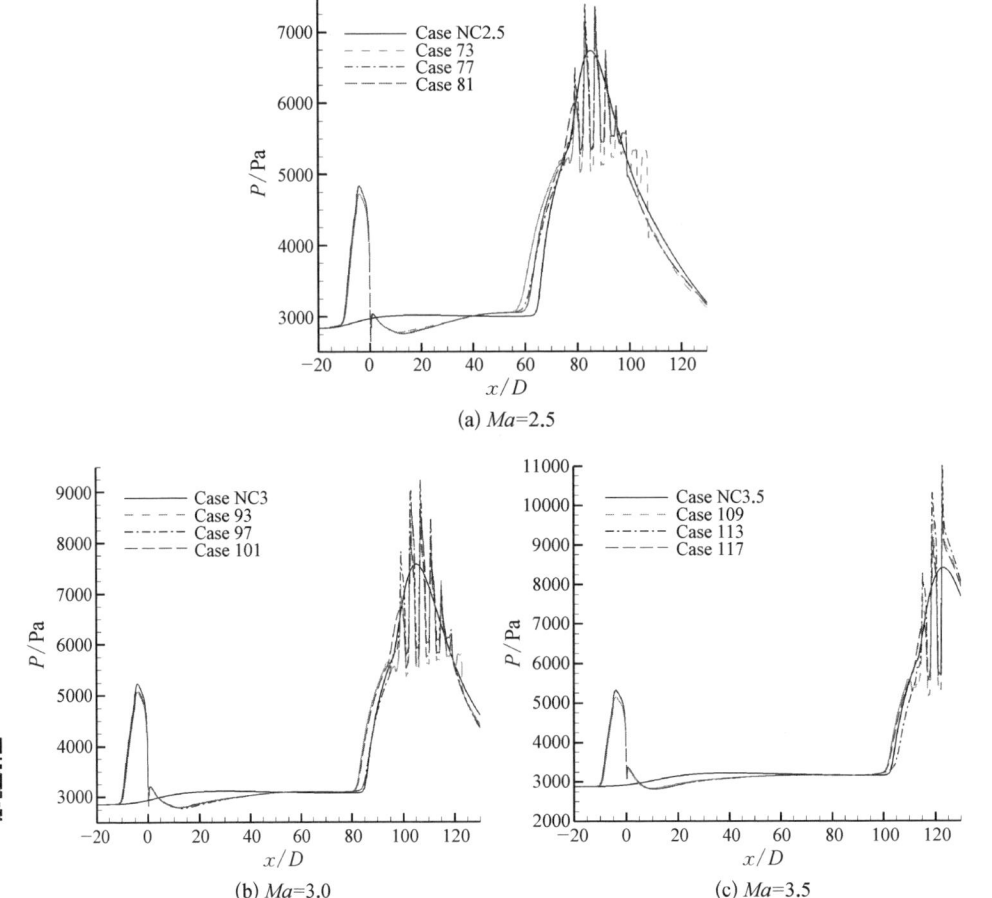

图 4.32 $z/D = 0$ 且 $y/D = 0$ 处沿流向的静压分布图

制的加入使得分离区前移。而且在第一次压力升高中,Case 77、Case 97 和 Case 113 的壁面压力是低于无控状态的,这是因为流动控制有效地将分离区内低动量流体通过抽吸孔吸入了次流循环,分离区的壁面压力降低。在第二次压力升高区域,各控制工况在打开的抽吸孔后静压急剧上升,高于无控工况,这是因为抽吸孔吸走了大量流体,抽吸孔后近壁面的区域动量来源降低,该区域流体动量减小,静压力升高。同时,在控制工况的吹除孔区域,吹出的低速气流与高速来流碰撞,使得近壁面处速度降低,也产生了一次静压力的上升。

表 4.13 展示了各工况流场的总压恢复系数。在引入控制后,来流马赫数为 3.0 和 3.5 条件下控制工况的总压恢复系数相对于无控工况均有所提高,其中 Case 97 和 Case 113 总压恢复系数最高,分别达到了 74.13% 和 72.70%,相较于

对应马赫数的无控工况提高了 0.97% 和 2.41%。但在来流马赫数为 2.5 时,控制工况的总压恢复系数降低,其中 Case 77 最优,相比于无控工况只降低了 0.01%。这说明次流循环的自适应控制对提高总压恢复系数有一定的效果,这与控制的引入改变了波系结构有关,虽然控制降低了抽吸孔处分离区的再附激波和分离激波强度,但吹除孔处也引入了新的分离激波。

表 4.13 吹除孔优化各工况总压恢复系数控制效果

工 况	$\sigma/\%$	$[(\sigma - \sigma_0)/\sigma_0]/\%$
Case NC2.5	77.13	—
Case 73	76.85	−0.37
Case 77	77.12	−0.01
Case 81	77.13	0.00
Case NC3	73.42	—
Case 93	74.06	0.87
Case 97	74.13	0.97
Case 111	74.01	0.80
Case NC3.5	70.99	—
Case 109	72.57	2.23
Case 113	72.70	2.41
Case 117	72.53	2.17

为分析次流循环控制的热效应,对壁面热流密度进行研究,本节用斯坦顿数 St 表征热流密度分布,对壁面 St 的定义如下所示[91]:

$$St = \frac{q_w}{(T_{aw} - T_w)\rho_\infty c_{p\infty} u_\infty} \tag{4.2}$$

$$T_{aw} = T_\infty \{1 + \sqrt[3]{Pr_w}[(\gamma - 1)/2]Ma_\infty^2\} \tag{4.3}$$

图 4.33 展示了各马赫数工况底壁面 St 的分布云图,各工况在 $z/D = 0$ 且 $y/D = 0$ 处沿流向的斯坦顿数分布如图 4.34 所示。可以看出,无控状态下壁面 St 在激波/边界层干扰区域附近有所升高,其中 Case NC2.5 由于三维侧壁壁面 SWBLI 效应,侧壁分离区处 St 比较高。

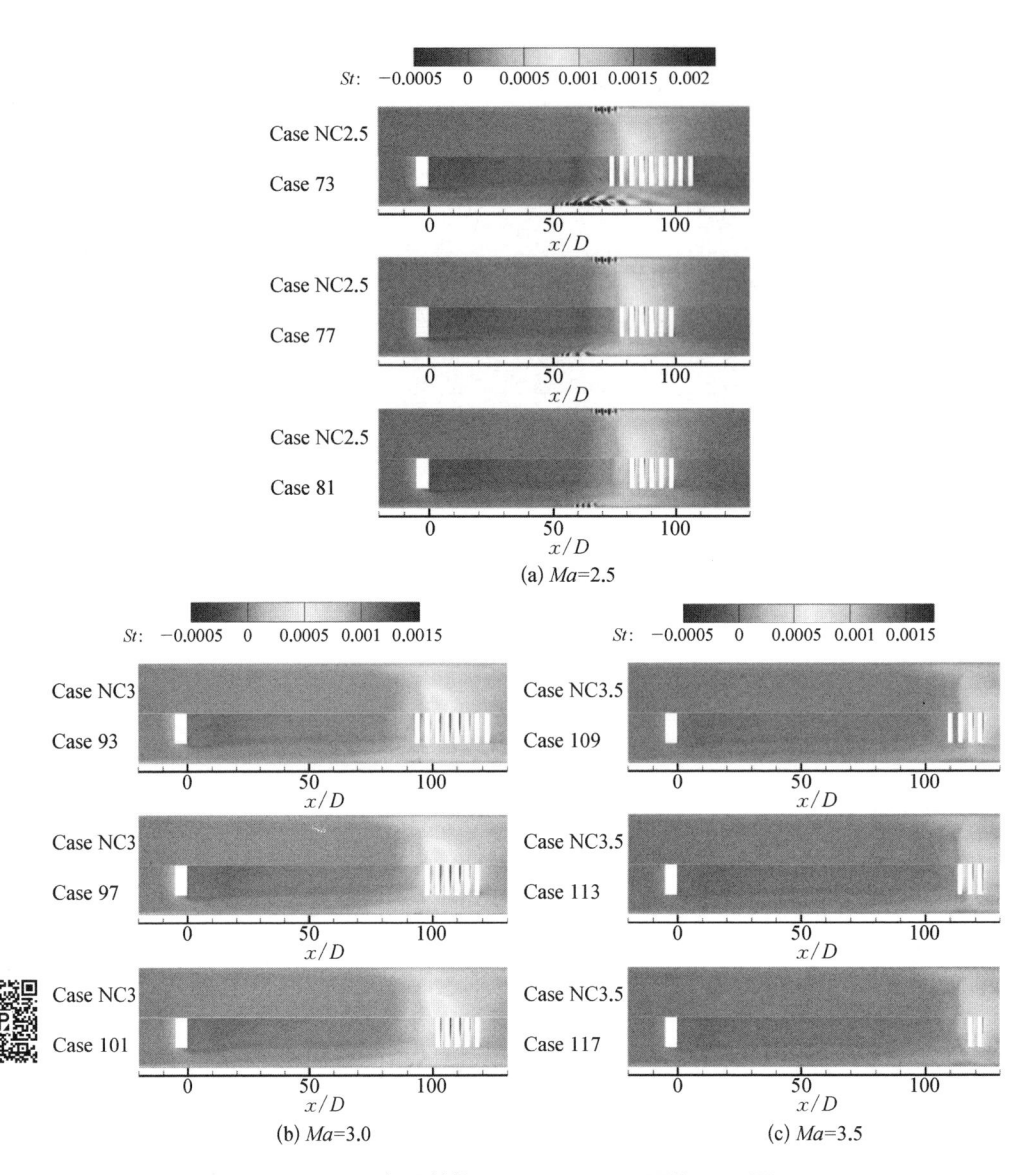

图 4.33　各马赫数工况 $y/D = 0$ 平面处 St 云图

在控制状态下,大部分区域 St 有所降低,但是在抽吸孔后沿,St 急剧上升,局部热流大增。选取底壁面中心线进行分析,如图 4.34 所示,抽吸孔后沿拐角处的峰值热流密度急剧上升,远远高于无控状态下的峰值热流密度。各工况峰值热流密度对比如表 4.14 所示,其中 Case 77、Case 97、Case 113 的峰值热流最高,分别比无控工况提高了 172.60%、258.35%、344.72%。吹除孔处由于产生了

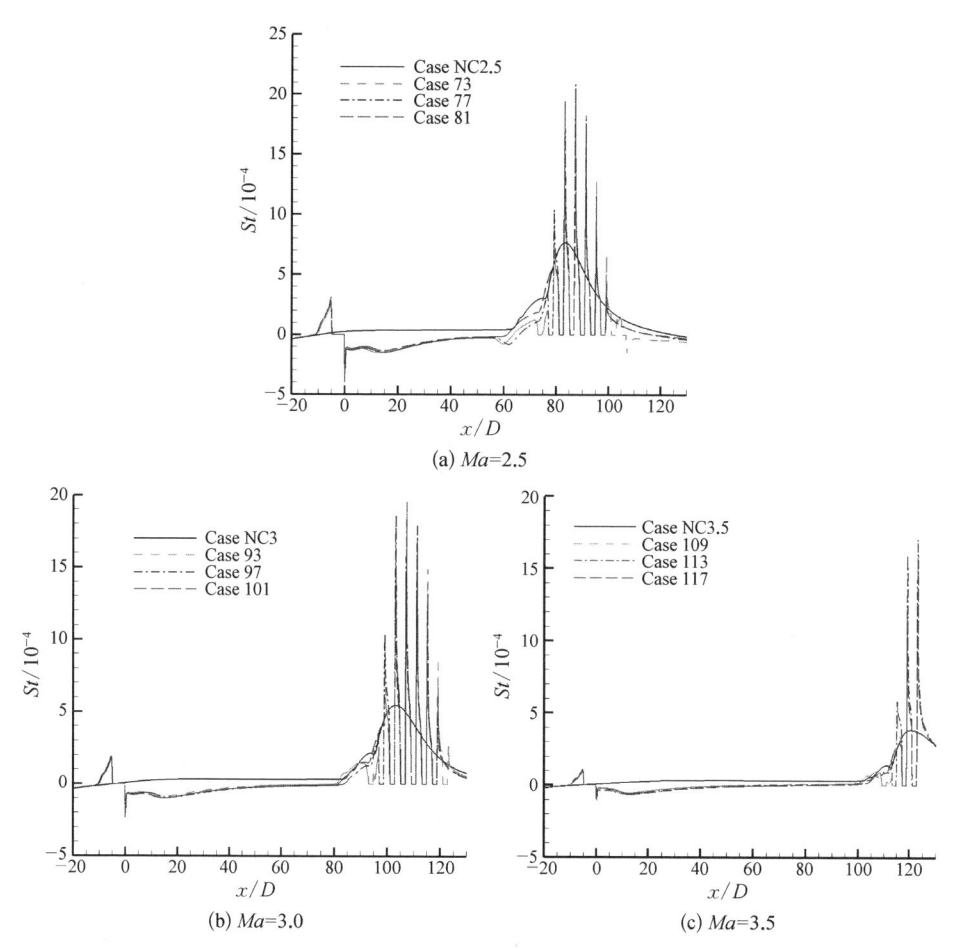

第 4 章　次流循环构型设计及自适应控制方案研究

图 4.34　各工况 $z/D = 0$ 且 $y/D = 0$ 处沿流向的斯坦顿数分布图

新的分离区，峰值热流也有所增加。但在打开的抽吸孔区域以外，各控制工况的平均热流密度相对于无控工况是有所减小的。

表 4.14　吹除孔优化各工况壁面热流峰值控制效果

工　况	$St_{peak}/10^{-4}$	$[(St_{peak} - St_0)/St_0]/\%$
Case NC2.5	7.649 4	—
Case 73	20.105 3	162.83
Case 77	20.852 2	172.60
Case 81	20.323 1	165.68

续　表

工　况	$St_{peak}/10^{-4}$	$[(St_{peak}-St_0)/St_0]/\%$
Case NC3	5.455 2	—
Case 93	18.618 3	241.29
Case 97	19.549 1	258.35
Case 111	17.623 3	223.05
Case NC3.5	3.836 6	—
Case 109	16.033 2	317.91
Case 113	17.062 0	344.72
Case 117	15.508 0	304.22

综上所述，次流循环自适应控制在来流马赫数为 2.5、3.0 和 3.5 的条件下均能取得良好的控制效果，其中 Case 77、Case 97、Case 113 的综合性能最为优秀，它们在减小分离区体积、提高总压恢复系数方面是相同马赫数工况中性能最优的，但在峰值热流密度方面，由于结构因素，控制效果不佳。因此，Case 77 是 $Ma = 2.5$ 时最佳的自适应控制方案，此时 $77 < x/D < 99$ 区域的抽吸孔打开，其余区域抽吸孔关闭；Case 97 是 $Ma = 3.0$ 时最佳的自适应控制方案，此时 $97 < x/D < 119$ 区域的抽吸孔打开，其余区域抽吸孔关闭；Case 113 是 $Ma = 3.5$ 时最佳的自适应控制方案，此时 $x/D > 113$ 区域的抽吸孔打开，其余区域抽吸孔关闭。

4.3.2　自适应控制机理分析

次流循环控制是一种被动控制方式，它能够工作的原因是：SWBLI 造成了分离区内气体压力升高，而次流循环通道通过吹除孔与流场上游相通，抽吸孔处与吹除孔处形成了压力差，次流循环启动，从而将分离区的低动量流体吸入次流循环，再通过吹除孔吹入流场上游。本节设计的次流循环自适应控制构型有多个抽吸孔，流场未启动时，所有抽吸孔关闭；流场启动后，激波发生器诱导产生的激波与湍流边界层相互作用形成分离区，分离区附近压力升高，部分抽吸孔打开；分离区内高压气体抽吸入次流循环通道后，次流循环内的静压升高，在一部分抽吸孔处会高于流场内静压，如果该处抽吸孔未关闭，就会形成回流。在综合控制性能最优的 Case 77、Case 97 和 Case 113 中，所有产生回流的抽吸孔均关闭,因此只需要把可以形成回流的抽吸孔全部关闭就能得到最有效的控制效果,也就是说,在每一个抽吸孔处安装单向阀就能实现自适应控制。

当来流马赫数变大导致分离区向下游移动时,原分离区位置壁面静压力降低,直至小于次流循环通道内的静压,产生回流,该位置抽吸孔在单向阀的作用下关闭,而下游部分壁面区域静压升高,抽吸孔打开,形成新的自适应控制方案。当马赫数减小时,分离区向上游移动,新分离区位置壁面处静压力增大,抽吸孔打开,下游部分壁面区域静压降低,抽吸孔关闭,形成新的次流循环回路,达成自适应控制。这说明自适应控制在流场发生变化时对激波/边界层干扰也是有效的,适用于宽速域来流流场的流动控制。

其中压力差是影响自适应控制的关键因素。选取施加控制前抽吸孔区域壁面压力 P_s 与吹除孔区域壁面压力 P_b 的压力差 ΔP 作为影响自适应控制方案的流场参数进行定量分析。图 4.35 显示了施加控制前无控工况的底壁面 $z/D = 0$ 处沿流向的静压力分布图,A、B、C 分别是三种工况的第二次压力升高点,图中标出了最佳控制工况中打开抽吸孔区域的静压,吹除孔区域的静压用 $x/D = -5$ 处的静压表示,Case 77 用实线标记,Case 97 用虚线标记,Case 113 用点划线标记。可以看出,最佳控制工况中抽吸孔打开区域与吹除孔区域之间在无控流场中的

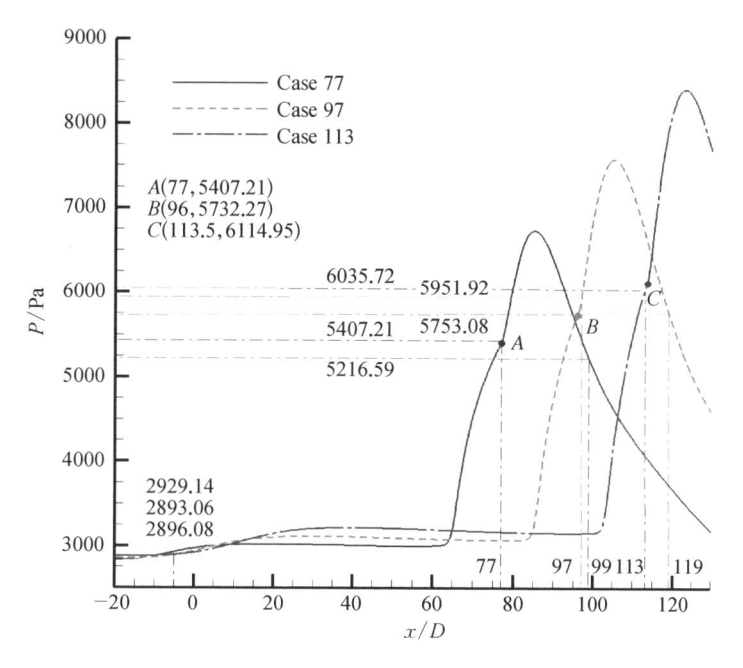

图 4.35 $y/D = 0$ 且 $z/D = 0$ 处沿流向的静压分布图

压力差 ΔP 都是大于特定值的，并且最佳控制工况中打开抽吸孔区域的前沿位置都位于无控流场底壁面中线静压分布的第二次压力升高点附近，且相对位置小于 2 mm。而控制构型中每个抽吸孔之间有 2 mm 的间距，选取最佳控制工况中抽吸孔打开位置时存在一定的误差，因此可以将第二次压力升高点与吹除孔之间的压力差作为最小压力差 ΔP_{min}，认为所有压力差大于 ΔP_{min} 区域的抽吸孔全打开时控制效果最佳。对数据进行拟合得到 ΔP_{min} 和 Ma 的关系式：

$$\Delta P_{min} = 37.04 Ma^2 - 518.6 Ma + 950.2 \tag{4.4}$$

从而得到抽吸孔打开区域的最小压力：

$$P_{min} = \Delta P_{min} + P_b \tag{4.5}$$

即只要打开底壁面中压力 P_w 大于 P_{min} 区域的抽吸孔，该来流马赫数流场的激波/边界层干扰就能得到有效控制。

综上所述，在最佳控制方案中，每个抽吸孔都不存在回流，因此只需在每个抽吸孔处安装单向阀，即可阻止回流的产生，可以实现变马赫数来流流场的 SWBLI 自适应控制。通过计算分析，得到了抽吸孔打开区域在无控工况中的最小壁面压力 P_w 与来流马赫数 Ma 的关系式。

4.3.3 自适应控制方案验证

选取 $Ma = 2.8$ 和 $Ma = 3.2$ 对自适应控制方案进行验证，通过式(4.4)得到此时 ΔP_{min} 分别为 2 692.7 Pa 和 2 980.0 Pa。计算无控工况 Case NC2.8 和 Case NC3.2，来流马赫数分别为 2.8 和 3.2，其他来流参数与表 4.2 保持一致。图 4.36 为 Case NC2.8 和 Case NC3.2 底壁面 $z/D = 0$ 处静压，给出了压力沿流向的分布情况，其中标出了无控状态时吹除孔区域的静压。由式(4.5)得到此时自适应控制方案中应打开的抽吸孔区域最小压力 P_{min} 分别为 5 606.1 Pa 和 5 871.2 Pa。

$Ma = 2.8$ 和 3.2 时的自适应控制方案如图 4.37 所示，红色线条为最小压力 P_{min} 的等值线，上半部分显示的是无控状态下底壁面的压力分布云图，下半部分是控制构型，白色表示该抽吸孔打开，灰色表示该抽吸孔关闭。$Ma = 2.8$ 时自适应控制方案为打开 $88.3 < x/D < 110.4$ 区域的抽吸孔，结合控制构型，此时应打开 $89 < x/D < 111$ 区域的抽吸孔，设置为 Case 89。$Ma = 3.2$ 时自适应控制方案为打开 $103.6 < x/D < 127.7$ 区域的抽吸孔，结合控制构型，此时应打开 $105 < x/D < 123$ 区域的抽吸孔，设置为 Case 105。

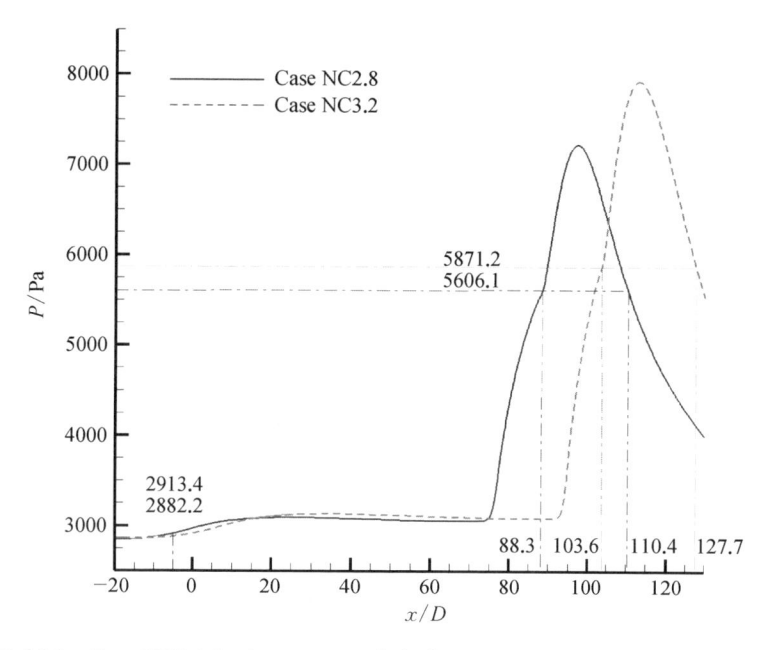

第 4 章　次流循环构型设计及自适应控制方案研究

图 4.36　Case NC2.8 和 Case NC3.2 中底壁面 $z/D = 0$ 处沿流向的静压分布

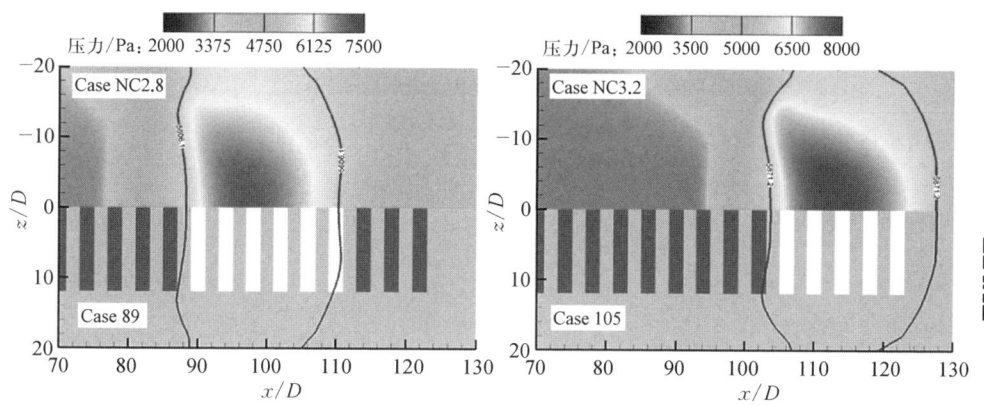

图 4.37　$Ma = 2.8$ 和 3.2 时的自适应控制方案

对 Case 89 和 Case 105 进行数值仿真计算，与 Case NC2.8 和 Case NC3.2 进行对比，得到结果如表 4.15 和表 4.16 所示。其中表 4.15 给出了抽吸孔处分离区体积和吹除孔处分离区体积的变化，表 4.16 给出了总压恢复系数和壁面热流峰值的变化。

表 4.15　Ma = 2.8 和 3.2 时分离区体积控制效果

工况	V_s/mm^3	$[(V_s - V_0)/V_0]/\%$	V_b/mm^3	$[(V - V_0)/V_0]/\%$
Case NC2.8	44.544 2	—	0	—
Case 89	20.954 8	−52.96	4.269 5	−43.37
Case NC3.2	28.864 2	—	0	—
Case 105	10.674 6	−63.02	3.716 7	−50.14

表 4.16　Ma = 2.8 和 3.2 时总压恢复系数及峰值热流控制效果

工况	$\sigma/\%$	$(\sigma - \sigma_0)/\sigma_0/\%$	$St_{\text{peak}}/10^{-4}$	$(St_{\text{peak}} - St_0)/St_0/\%$
Case NC2.8	74.40	—	1.294 1	—
Case 89	74.79	0.52	2.615 4	102.09
Case NC3.2	72.71	—	11.649 7	—
Case 105	73.74	1.42	40.818 6	250.38

由表 4.15 可以看出,Case 89 比无控工况 Case NC2.8 的分离区总体积减小了 43.37%,Case 105 比无控工况 Case NC3.2 的分离区总体积减小了 50.14%。与表 4.12 中的 Case 77 减小 24.50%、Case 97 减小 49.44% 和 Case 113 减小 64.95% 相比,Case 89 的分离区体积减小百分比处于 Case 77 和 Case 97 之间,Case 105 的分离区体积减小百分比处于 Case 97 和 Case 113 之间,达到了最佳控制的预期,且符合随着马赫数增加,分离区体积的控制效果越好的规律。

在流场总压损失的控制方面,Case 89 比无控工况 Case NC2.8 的总压恢复系数提高了 0.52%,Case 105 比无控工况 Case NC3.2 的总压恢复系数提高了 1.42%。同样,将表 4.16 与表 4.13 中的三种最佳控制工况相比,Case 89 和 Case 105 的控制效果达到了最佳控制的预期,且符合随着马赫数增加,自适应控制对总压损失的控制效果越好的规律。

在峰值热流的控制方面,依然用 St 表征热流的大小,表 4.16 给出了各工况峰值热流。Case 89 的峰值热流相比于无控工况 Case NC2.8 提高了 102.09%,Case 105 相比于无控工况 Case NC3.2 提高了 250.38%。与前文中来流马赫数 2.5、3.0 和 3.5 时一样,加入控制后峰值热流大幅上升,结合表 4.14 中的数据可知,来流马赫数越大,加入控制后峰值热流增加的幅度就越大。

Case 89 和 Case 105 近底壁面附近流线图如图 4.38 所示,其中红色流线 Y 向速度分量为负,绿色流线 Y 向速度分量为正。可以看出,部分打开的抽吸孔中产生了旋涡,但并没有流线流出,因此每个打开的抽吸孔均无回流产生,符合前文中最佳控制工况的必要条件。

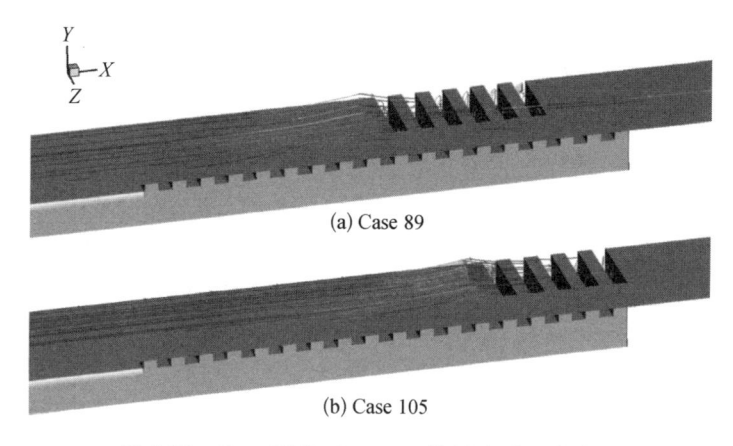

(a) Case 89

(b) Case 105

图 4.38　Case 89 和 Case 105 的近底壁面流线图

由以上结果可以看出,来流马赫数为 2.8 和 3.2 时,通过式(4.4)计算得出的自适应控制方案 Case 89 和 Case 105 控制效果良好,符合一定的规律,且抽吸孔无回流产生。因此可以认为,当马赫数在 2.5~3.5 变化、背压为 0 且来流参数与表 4.2 保持一致时,式(4.4)计算出的自适应控制方案是最佳控制方案,并对激波/边界层干扰有着良好的控制效果。本章提出的次流循环控制构型与自适应控制方案可对变马赫数来流流场中的激波/边界层干扰现象进行有效控制。

4.4　本章小结

本章采用三维耦合隐式 RANS 方程和双方程 SST $k-\omega$ 湍流模型对来流马赫数为 2.5、3.0 和 3.5 的流场进行了数值模拟。根据流场特性和参数分析,设计了一个适用于变马赫数来流的次流循环构型,提出了适用于该构型的自适应控制方案,得出如下结论。

(1) 本章设计的次流循环是一种被动的激波/湍流边界层相互作用控制方法。次流循环构型中抽吸孔在一定的范围内呈阵列分布,当来流马赫数在 2.5~3.5 变化导致分离区位置发生变化时,分离区依然在抽吸孔阵列范围内,通过控制抽吸孔开关可形成有效的自适应控制方案。

（2）次流循环的加入会改变流场的结构，吹除孔吹出的气体会产生分离区，导致吹除孔至抽吸孔区域的边界层厚度增加，入射激波诱导产生的分离区前移。在对次流循环构型的优化中发现，吹除孔与流动方向的夹角越小，吹除孔处吹出的气体诱导产生的分离区就越小。

（3）次流循环自适应控制对不同来流马赫数流场的 SWBLI 有着良好的控制效果，特别是在减小分离区体积和总压损失方面，Ma = 2.5、3.0 和 3.5 时的最佳控制工况分别为 Case 77、Case 97 和 Case 113，分离区总体积分别减小了 24.50%、49.44% 和 64.95%，总压恢复系数分别提高了 −0.01%、0.97% 和 2.41%。控制的加入也降低了大部分壁面的热流，但峰值热流增大，集中在打开抽吸孔的后沿，且随着来流马赫数的增加，次流循环自适应控制在减小分离区体积和减少总压损失方面控制效果越好，峰值热流增大比例也越高。

（4）自适应控制是在流场启动后，关闭抽吸孔阵列区域内会形成回流的抽吸孔，即可实现该流场的最佳控制，这可以通过在每个抽吸孔处安装单向阀来实现。无控状态下底壁面压力是影响自适应控制中抽吸孔开关的关键因素，最佳控制方案中抽吸孔打开区域的壁面压力与吹除孔区域壁面压力的压力差要大于一个特定值 ΔP_{min}，而 ΔP_{min} 为底壁面中线压力第二次压力升高处的压力与吹除孔处壁面压力的差值。通过分析，得到了抽吸孔将要打开区域的最小壁面压力 P_{min} 与 Ma 的关系式(4.4)和式(4.5)。

（5）选取 Ma = 2.8 和 Ma = 3.2 的流场对自适应控制机理进行验证，结果为利用该机理制定的自适应控制方案 Case 89 和 Case 105 可对流场进行有效控制，分离区总体积减小了 43.37% 和 50.14%，总压恢复系数提高了 0.52% 和 1.42%。证明式(4.4)和式(4.5)描述的自适应控制机理可有效控制来流马赫数在 2.5~3.5 变化、反压为 0 流场的激波/边界层干扰现象。

第 5 章

不同次流循环控制构型的自适应控制性能研究

第 4 章初步设计了可对变马赫数来流流场中的激波/边界层干扰进行有效控制的次流循环控制构型,并得到了可以根据底壁面压力参数变化进行设置的自适应控制方案。在此基础之上,本章选取第 4 章中的自适应控制方案,对抽吸孔的构型进行优化设计,根据抽吸孔分布与尺寸的不同设置六种次流循环控制构型。计算分析不同控制构型在变马赫数来流情况下对激波/边界层干扰现象的控制效果,并对控制效果进行评估,找出综合效果最佳的控制构型。

5.1 物理模型与边界条件

5.1.1 物理模型与网格划分

为探究抽吸孔的尺寸和分布对控制效果的影响,本章设计六种次流循环控制构型,其中一种与第 4 章构型相同。图 5.1 和图 5.2 给出了本章所用流场与控制构型,其中流场的几何参数与第 4 章相同,各控制构型中吹除孔的大小位置与 Case CD 一致,保持与流场夹角 β 为 30°不变,抽吸孔与吹除孔的深度保持 10 mm 不变,而抽吸孔均匀分布在 $52 < x/D < 124$ 和 $-12 < z/D < 12$ 范围内。吹除孔展向宽度 $l = 24$ mm,流向长度 $w = 5$ mm 保持不变,各工况不同构型的抽吸孔在底壁面上的总投影面积 S 保持不变,恒等于 864 mm^2。

其中,Case A、Case B、Case C 的抽吸孔沿流向呈栅栏状分布。Case A 每个孔的展向宽度 $w = 2$ mm,流向长度 $l = 24$ mm,每个孔间距 2 mm;Case B 每个孔的展向宽度 $w = 3$ mm,流向长度 $l = 24$ mm,每个孔间距 3 mm;Case C 每个孔的展向宽度 $w = 4$ mm,流向长度 $l = 24$ mm,每个孔间距 4 mm。而 Case D、Case E、

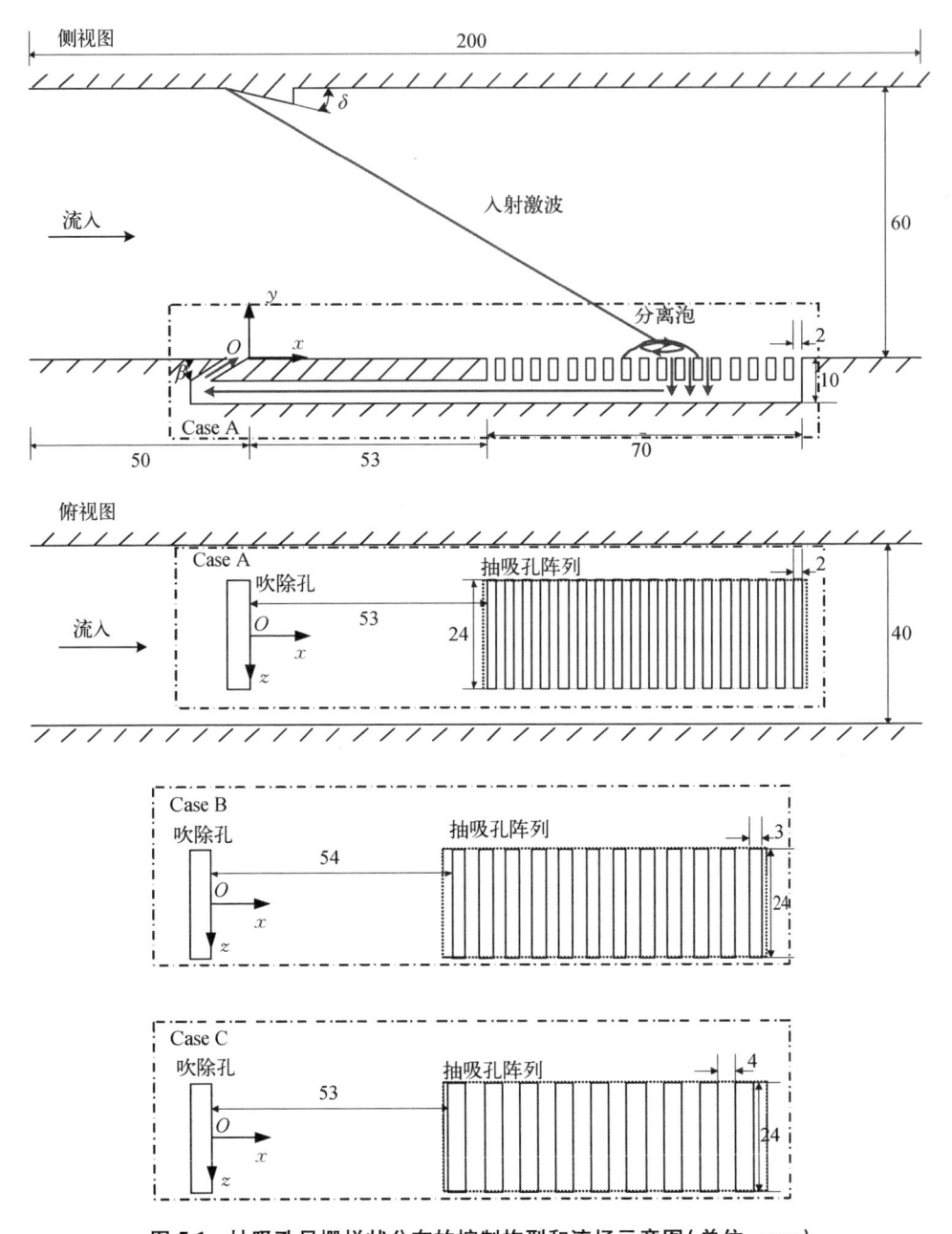

图 5.1 抽吸孔呈栅栏状分布的控制构型和流场示意图(单位: mm)

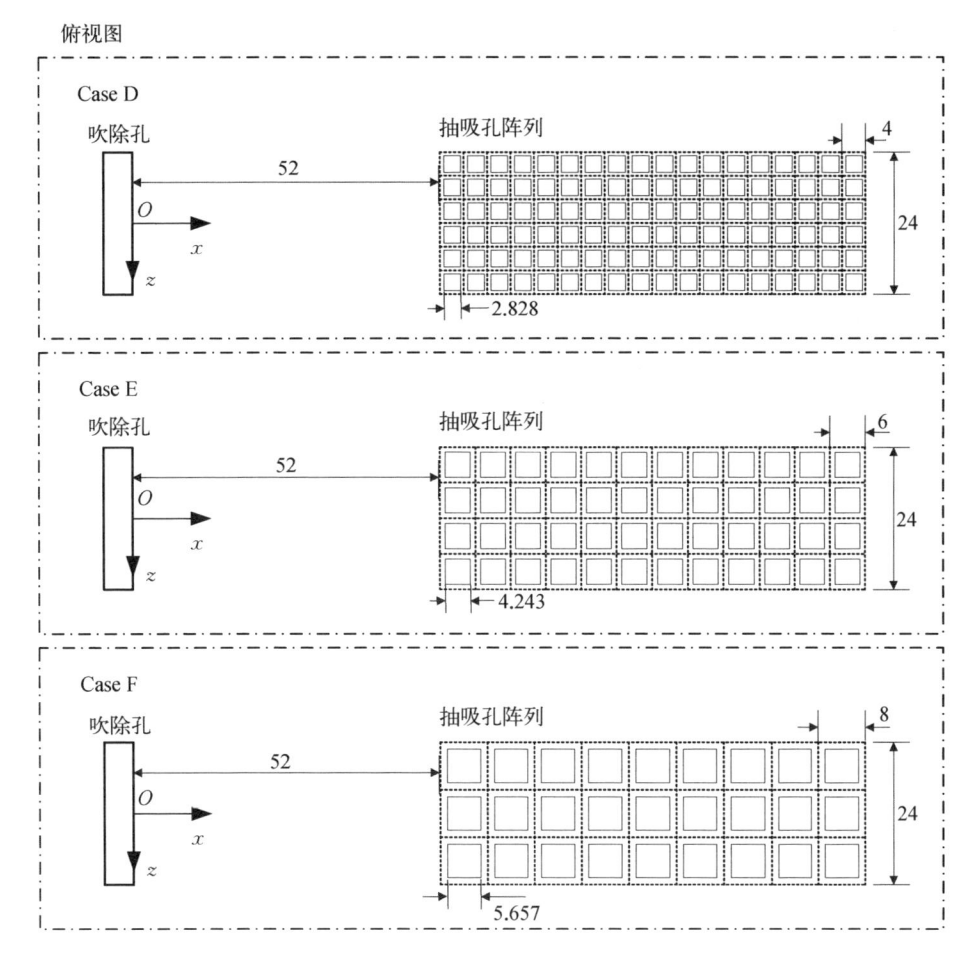

图 5.2 抽吸孔呈网格状分布的控制构型示意图(单位: mm)

Case F 的抽吸孔沿流向呈网格状分布,Case D 中抽吸孔区域被划分为 108 个 4 mm×4 mm 的方块区域,抽吸孔位于这些方块区域的中央位置,共 108 个,为保证面积不变,长宽均设置为 2.828 mm;Case E 中抽吸孔区域被划分为 48 个 6 mm×6 mm 的方块区域,抽吸孔位于方块区域的中央,长宽均设置为 4.243 mm,共 48 个;Case F 中抽吸孔区域被划分为 27 个 8 mm×8 mm 的方块区域,抽吸孔位于方块区域的中央,长宽均设置为 5.657 mm,共 27 个。各工况抽吸孔几何参数如表 5.1 所示,其中 N 是抽吸孔的数量。

本章采用 ANSYS ICEM 软件对流场进行网格划分,由于流场相对于 $z/D = 0$ 平面对称,为了节省计算资源,对流场的右半部分进行计算。图 5.3 展示了 Case A

表 5.1 控制构型优化中各构型抽吸孔几何参数

工况	w /mm	l /mm	N
Case A	2	24	18
Case B	3	24	12
Case C	4	24	9
Case D	2.828	2.828	108
Case E	4.243	4.243	48
Case F	5.657	5.657	27

和 Case F 网格划分的整体结构和抽吸孔区域的局部放大图。为了更精准地捕获边界层变化与流场的激波结构,在激波发生器位置、抽吸孔区域、底壁面以及侧壁面附近进行了加密处理,底壁面第一层网格高度为 0.002 mm,使得 $y^+ < 1.0$ 在来流马赫数在 2.5~3.5 范围变化时成立。其余控制构型的网格划分与该构型相似,在此不做赘述。

(a) Case A　　　　　　　　　　　(b) Case F

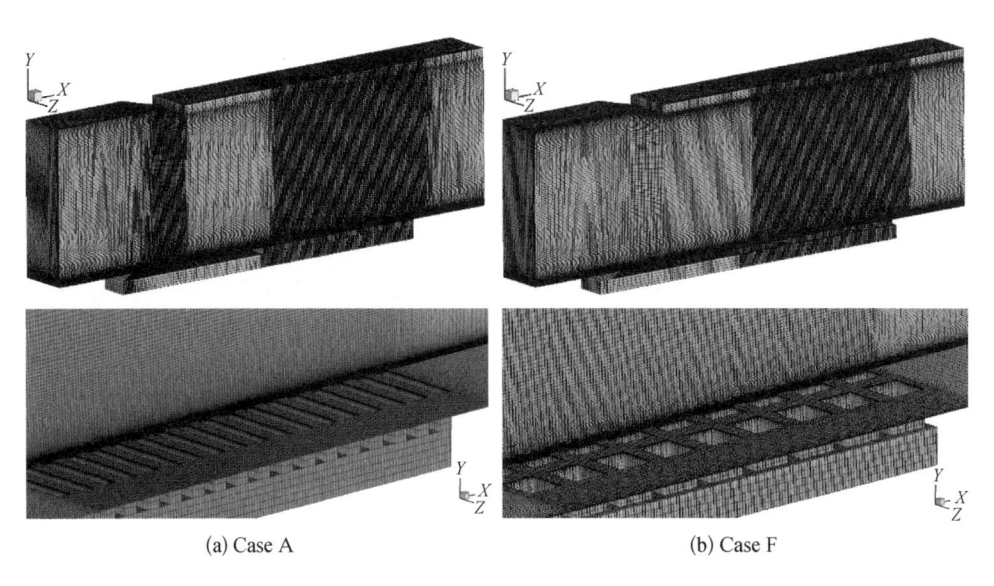

图 5.3　控制构型 Case A 和 Case F 的网格划分示意图

5.1.2　各构型自适应控制方案与来流参数

由第 4 章的结论可知,在马赫数一定的情况下,打开底壁面内压力大于最小

壁面压力 $P_{\min}$ 区域内的抽吸孔就能实现自适应控制，对激波/边界层干扰现象实现良好的控制效果。

由图 4.20 与式(4.4)和式(4.5)可知，来流马赫数 Ma = 2.5 时，开孔区域最小壁面压力 $P_{\min}$ = 5 407.21 Pa；来流马赫数 Ma = 3.0 时，开孔区域最小壁面压力 $P_{\min}$ = 5 732.27 Pa；来流马赫数 Ma = 3.5 时，开孔区域最小壁面压力 $P_{\min}$ = 6 114.95 Pa。结合各控制构型的物理模型，得到各工况的自适应控制方案如图 5.4 所示，图中每个小图的上半部分显示的是无控状态下底壁面的静压分布云图，下半部分是控制构型，白色表示该抽吸孔打开，灰色表示该抽吸孔关闭。红线表示开孔区域最小壁面压力 $P_{\min}$ 的等值线，等值线所围起来的区域即自适应控制方案中抽吸孔需要打开的区域。由图可得，来流马赫数 Ma = 2.5 时 z/D = 0 处理想开孔区域的范围为 77 < x/D < 97.5，来流马赫数 Ma = 3.0 时理想开孔区域的范围为 96 < x/D < 119，来流马赫数 Ma = 3.5 时理想开孔区域的范围为 x/D > 113.5。

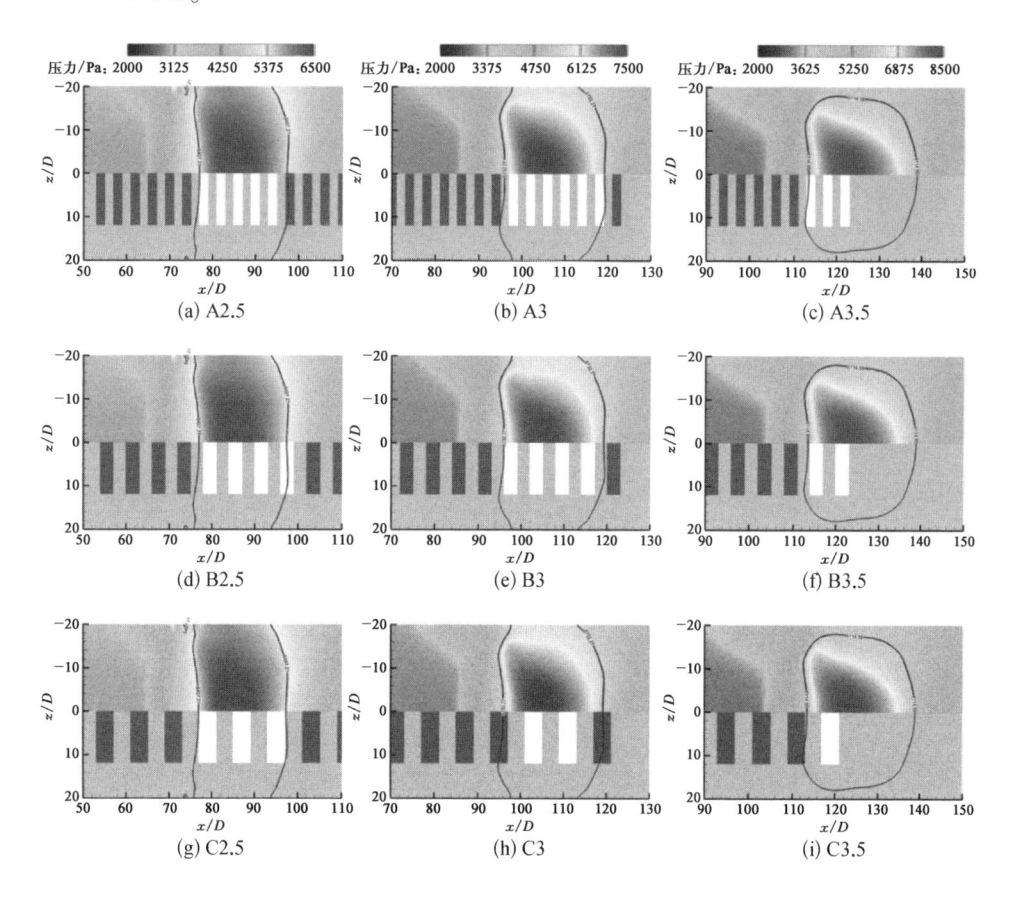

(a) A2.5　　　　　　(b) A3　　　　　　(c) A3.5

(d) B2.5　　　　　　(e) B3　　　　　　(f) B3.5

(g) C2.5　　　　　　(h) C3　　　　　　(i) C3.5

(j) D2.5　　　　　　　　　(k) D3　　　　　　　　　(l) D3.5

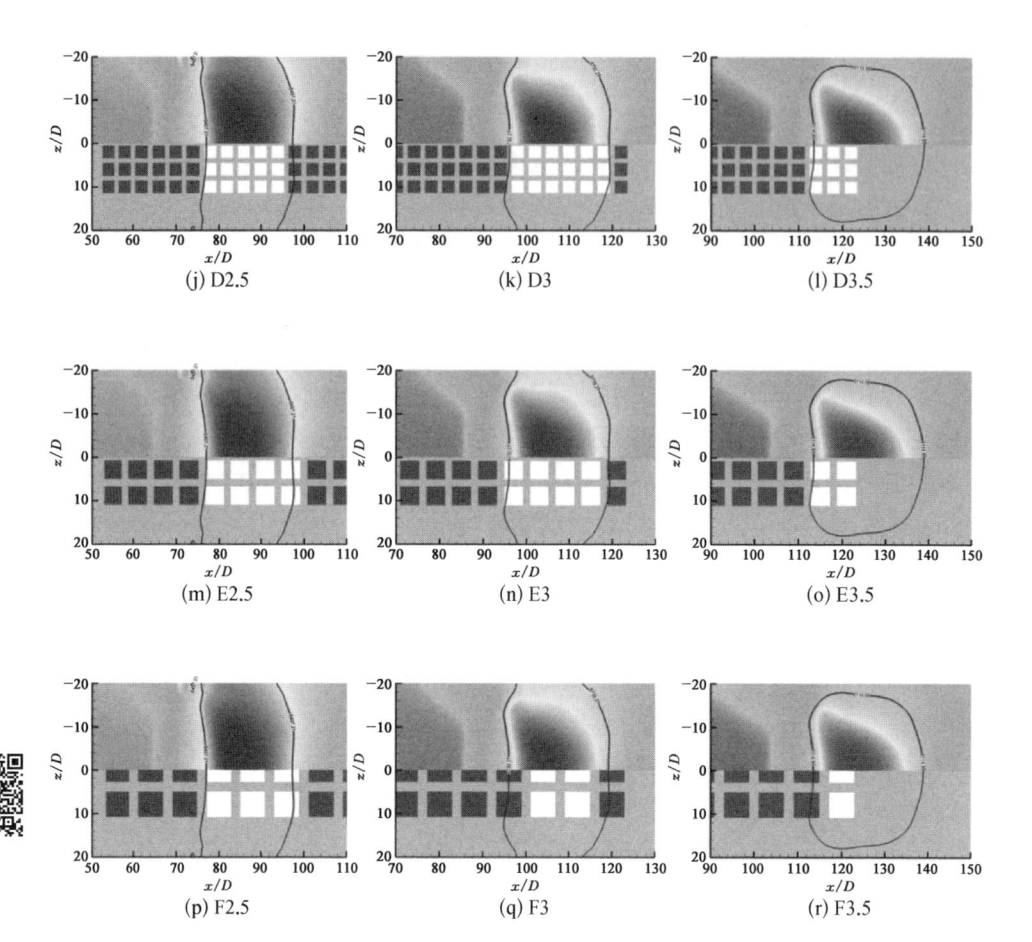

(m) E2.5　　　　　　　　　(n) E3　　　　　　　　　(o) E3.5

(p) F2.5　　　　　　　　　(q) F3　　　　　　　　　(r) F3.5

图 5.4　各工况自适应控制方案示意图

结合各控制构型制定控制方案,Case A2.5 抽吸孔开孔的前沿是 $x/D = 77$,后沿是 $x/D = 95$,总开孔面积达到了 240 mm²;Case B2.5 抽吸孔开孔的前沿是 $x/D = 78$,后沿是 $x/D = 99$,总开孔面积达到了 288 mm²;Case C2.5 抽吸孔开孔的前沿是 $x/D = 77$,后沿是 $x/D = 97$,总开孔面积达到了 288 mm²;Case D2.5 抽吸孔开孔的前沿是 $x/D = 76.6$,后沿是 $x/D = 95.4$,总开孔面积达到了 240 mm²;Case E2.5 抽吸孔开孔的前沿是 $x/D = 76.9$,后沿是 $x/D = 99.1$,总开孔面积达到了 288 mm²;Case F2.5 抽吸孔开孔的前沿是 $x/D = 77.2$,后沿是 $x/D = 98.9$,总开孔面积达到了 288 mm²。

Case A3 抽吸孔开孔的前沿是 $x/D = 97$,后沿是 $x/D = 119$,总开孔面积达到了 288 mm²;Case B3 抽吸孔开孔的前沿是 $x/D = 96$,后沿是 $x/D = 117$,

总开孔面积达到了 288 mm²；Case C3 抽吸孔开孔的前沿是 $x/D = 101$，后沿是 $x/D = 113$，总开孔面积达到了 192 mm²；Case D3 抽吸孔开孔的前沿是 $x/D = 96.6$，后沿是 $x/D = 119.4$，总开孔面积达到了 288 mm²；Case E3 抽吸孔开孔的前沿是 $x/D = 94.9$，后沿是 $x/D = 117.1$，总开孔面积达到了 288 mm²；Case F3 抽吸孔开孔的前沿是 $x/D = 101.2$，后沿是 $x/D = 114.8$，总开孔面积达到了 192 mm²。

Case A3.5 抽吸孔开孔的前沿是 $x/D = 113$，总开孔面积达到了 144 mm²；Case B3.5 抽吸孔开孔的前沿是 $x/D = 114$，总开孔面积达到了 144 mm²；Case C3.5 抽吸孔开孔的前沿是 $x/D = 117$，总开孔面积达到了 144 mm²；Case C3.5 抽吸孔开孔的前沿是 $x/D = 117$，总开孔面积达到了 96 mm²；Case D3.5 抽吸孔开孔的前沿是 $x/D = 112.6$，总开孔面积达到了 144 mm²；Case E3.5 抽吸孔开孔的前沿是 $x/D = 112.9$，总开孔面积达到了 144 mm²；Case F3.5 抽吸孔开孔的前沿是 $x/D = 117.2$，总开孔面积达到了 96 mm²。

可以看出，抽吸孔宽度越小的控制构型，其打开的抽吸孔的边缘与理想开孔区域的边缘就越近；抽吸孔宽度较大的控制构型，在马赫数产生变化时，打开抽吸孔边缘与理想开孔区域边缘的距离就较远。例如，构型 Case C 和 Case F 在工况 Case C3、Case C3.5、Case F3 和 Case F3.5 时，打开抽吸孔的前沿与理想开孔区域的前沿距离都在 4 mm 以上，导致底壁面上开孔的总面积低于同马赫数的其他工况，同时根据第 4 章的分析，打开抽吸孔前沿的分布对分离区体积的控制效果具有显著的影响。因此，这四种工况对分离区体积的控制效果可能会比较差，后续将在数值计算结果中进行分析。

各控制方案的来流参数与表 4.2 中的各工况相同，其中 Case A2.5、Case B2.5、Case C2.5、Case D2.5、Case E2.5、Case F2.5 与 Case NC2.5 相同；Case A3、Case B3、Case C3、Case D3、Case E3、Case F3 与 Case NC3 相同；Case A3.5、Case B3.5、Case C3.5、Case D3.5、Case E3.5、Case F3.5 与 Case NC3.5 相同。

5.2 不同控制结构的控制性能评估

本节依然采用基于隐式的 RANS 方程对各工况进行仿真计算，数值方法已在第 2 章进行了验证。本节将对计算结果进行定量分析，通过加权评分的方式对控制性能进行评估，找到控制效果最佳的构型。

5.2.1 评估方法

本节主要通过三个方面来描述次流循环对流场的控制性能。

(1) 将流向速度为零的等值面与壁面所围区域定义为分离区,分离区内的流体在逆压梯度的作用下向上游流动,形成流动分离,而分离区的体积大小将用以描述该控制结构对 SWBLI 诱导产生流动分离的控制效果。对加入控制前后的变化情况进行定量计算,可以得到体积变化率 I,定义如式(5.1)所示:

$$I = (V_b + V_s - V_0)/V_0 \quad (5.1)$$

式中,V_0 为加入控制前分离区的体积;V_s 为加入控制后抽吸孔处分离区的体积;V_b 为加入控制后吹除孔处分离区的体积。

(2) SWBLI 诱导的流动分离会导致流场产生复杂的波系结构,使得总压损失增加,影响发动机的启动性能和整体性能。而通过对加入控制后流场的总压恢复系数变化进行定量分析,可以得到控制构型对总压损失的控制效果。总压恢复系数变化率 J 表达式如(5.2)所示:

$$J = (\sigma - \sigma_0)/\sigma_0 \quad (5.2)$$

式中,σ 为加入控制后的总压恢复系数;σ_0 为加入控制前的总压恢复系数。总压恢复系数由流场出口截面总压 $P_{0\text{out}}$ 除以入口截面总压 $P_{0\text{in}}$ 得到。

(3) 流场壁面结构的热效应。SWBLI 会给流场带来更高的局部热流,给飞行器材料的热防护性能带来更大的挑战。通过斯坦顿数 St 对壁面热流密度进行描述,St 是一个无量纲数,在流场与壁面参数不变时,St 越大,发生于流体与固体壁面之间的对流换热过程越强烈,热流密度越高。其定义如式(4.2)所示。

本节用 K 表示壁面热流峰值变化率,如式(5.3)所示:

$$K = (St_{\text{peak}} - St_{\text{peak0}})/St_{\text{peak0}} \quad (5.3)$$

式中,St_{peak} 为加入控制后的峰值斯坦顿数;St_{peak0} 为加入控制前的峰值斯坦顿数。

由第 4 章的研究结果可以看出,次流循环自适应控制在控制分离区体积方面有着良好的控制效果,在提高总压恢复系数方面也有不错的表现,但是会大幅度提高峰值热流密度。

将控制工况中来流参数相同的分为一组,对每组各工况在这三个方面的控制效果进行评分。将该马赫数下减小分离区体积最多的控制构型评为 100 分,该构型的分离区体积变化率为 I_m，各构型在该马赫数下控制流动分离的得分 N_V 如式(5.4)所示：

$$N_V = 100 \times I/I_m \tag{5.4}$$

将总压恢复系数提高最多的构型评为 100 分，此时变化率为 J_m。各构型在该马赫数下降低总压损失方面的得分 N_σ 如式(5.5)所示：

$$N_\sigma = 100 \times J/J_m \tag{5.5}$$

在壁面热流密度控制方面次流循环自适应控制起到了反效果，因此将峰值 St 提高最多的构型评为 -100 分，此时变化率为 K_m。各构型在该马赫数下壁面热流密度控制方面的得分 N_{St} 如式(5.6)所示：

$$N_{St} = -100 \times K/K_m \tag{5.6}$$

将各构型在三种来流马赫数下的评分进行平均，然后进行加权求和，最终得到该构型在马赫数 2.5~3.5 范围自适应控制的控制效果总评分 N，如式(5.7)所示：

$$N = a\bar{N}_V + b\bar{N}_\sigma + c\bar{N}_{St} \tag{5.7}$$

式中，a、b、c 分别为分离区体积控制的权重、总压恢复系数控制的权重、壁面热流峰值密度控制的权重。流动分离是造成流场各种负面现象的直接原因，且次流循环控制在分离区体积方面、抑制流动分离方面表现较好，是本节研究中主要的控制方向；增大总压恢复系数是改善不启动问题、提高发动机性能的重要指标；而加入控制后壁面热流峰值为负增益，该项评分为负。因此，在后续的计算中 a、b、c 的取值分别为 0.8、0.3、0.1。

5.2.2 控制效果评估

本节对各工况的数值仿真结果进行分析，将上面提到的影响控制效果的关键参数进行定量计算，再进行对比评估，得到如下结果。

1. 分离区体积

各工况分离区体积定量计算的结果如表 5.2 和图 5.5 所示，其中 V_s 是抽吸孔处分离区体积，V_b 是吹除孔处分离区体积，V_0 是无控工况分离区体积。利用 5.2.1 节中的评估方法得到的各工况分离区体积控制效果评分如表 5.3 所示。

表 5.2　各工况分离区体积定量计算结果

工况	V_s/mm^3	$[(V_s-V_0)/V_0]/\%$	V_b/mm^3	$[(V_b+V_s-V_0)/V_0]/\%$
Case NC2.5	45.930 8	—	0	—
Case A2.5	31.432 7	−31.57	3.245 0	−24.50
Case B2.5	32.677 2	−28.86	1.646 6	−25.27
Case C2.5	15.022 1	−67.29	1.494 6	−64.04
Case D2.5	21.501 3	−53.19	1.623 6	−49.65
Case E2.5	17.660 3	−61.55	1.573 4	−58.12
Case F2.5	19.288 9	−58.00	1.552 0	−54.63
Case NC3	35.696 3	—	0	—
Case A3	13.828 9	−61.26	4.222 3	−49.44
Case B3	17.468	−51.06	2.292 0	−44.65
Case C3	27.441 3	−23.13	2.157 9	−17.09
Case D3	13.228 9	−62.94	2.357 1	−56.34
Case E3	21.741 5	−39.09	1.871 1	−33.86
Case F3	28.439 8	−20.33	1.823 7	−15.23
Case NC3.5	28.749 8	—	0	—
Case A3.5	5.076 4	−82.34	3.639 4	−64.95
Case B3.5	8.961 9	−68.83	2.565 8	−54.55
Case C3.5	13.783 9	−52.06	1.773 4	−40.95
Case D3.5	10.469 4	−63.58	2.203 4	−51.13
Case E3.5	10.232 1	−64.41	2.024 4	−52.37
Case F3.5	16.853 5	−41.38	1.902 3	−29.32

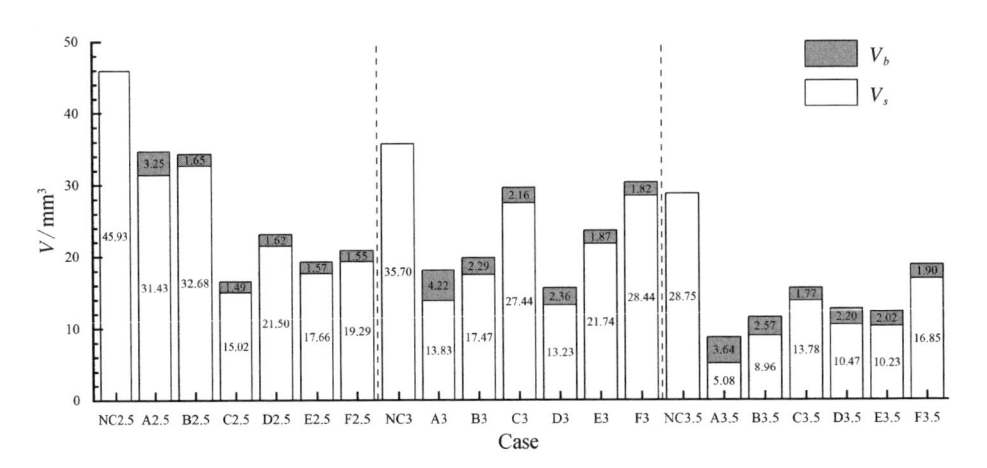

图 5.5　各工况分离区体积控制效果

第 5 章　不同次流循环控制构型的自适应控制性能研究

表 5.3　各工况分离区体积控制性能评估

参　数	Case A	Case B	Case C	Case D	Case E	Case F
$Ma = 2.5$	38.26	39.46	100.00	77.53	90.30	85.31
$Ma = 3.0$	87.74	79.25	30.32	100.00	62.16	27.01
$Ma = 3.5$	100.00	83.99	63.05	78.72	86.16	45.14
$\bar{N}_V$	75.33	67.57	64.45	85.42	79.54	52.49

由表 5.2 可以看出，在 $Ma=2.5$ 时构型 C 表现最好，抽吸孔处分离区体积减小了 67.29%，总体积减小了 64.04%，评分 100，构型 B 控制效果最差，抽吸孔处分离区体积减小了 28.86%，总体积只减小了 25.27%，得分仅为 39.46。

在 $Ma = 3$ 时，分离区位置发生变化，各工况开孔位置发生变化，由于构型 C 和构型 F 每个孔的间距太大，打开抽吸孔的前沿与理想开孔区域的前沿距离较远，故此时构型 C 的分离区体积仅减小了 17.09%，得分 30.32，构型 F 效果最差，分离区体积减小了 15.23%，而构型 D 控制效果最佳，分离区总体积减小了 56.34%，抽吸孔区域的分离区体积减小了 62.94%。其余构型得分差距不大，均在 60 分以上。

在 $Ma = 3.5$ 时，控制效果最差的依然是构型 F，分离区总体积减小了 29.32%，得分为 41.14，构型 A 控制效果最佳，分离区总体积减小了 64.95%，其中抽吸孔处分离区体积减小了 82.34%。其余构型都有不错的控制效果，得分均在 60 分以上。

将各构型在不同马赫数中的分离区体积控制效果评分进行平均，可得出以下结论：

（1）构型 D，即抽吸孔长宽为 2.828 mm 的网格状控制构型，在三种来流马赫数条件下分离区体积控制的综合性能最佳，平均得分为 85.42。

（2）构型 F，抽吸孔长宽为 5.657 mm 的网格状控制构型，分离区体积控制效果的综合性能最差，平均得分 52.49，抽吸孔宽度为 4 mm 的构型 C 控制性能也较差，得分仅为 64.45。

可以看出，大尺寸抽吸孔构型的控制性能评分要低于同类型的小尺寸抽吸孔构型，这是因为尺寸过大导致开孔前沿与理想开孔范围距离的期望较远，影响了分离区体积控制效果。

2. 总压恢复系数

各构型在不同来流条件下的总压恢复系数控制效果如表 5.4 和图 5.6 所示。

其中，σ 为控制工况总压恢复系数，σ_0 为无控工况。总压恢复系数的控制效果评分结果如表 5.5 所示。

表 5.4　各工况总压恢复系数定量计算结果

工况	σ/%	$[(\sigma-\sigma_0)/\sigma_0]$/%	工况	σ/%	$[(\sigma-\sigma_0)/\sigma_0]$/%	工况	σ/%	$[(\sigma-\sigma_0)/\sigma_0]$/%
Case NC2.5	77.13	—	Case NC3	73.42	—	Case NC3.5	70.99	—
Case A2.5	77.12	−0.01	Case A3	74.13	0.96	Case A3.5	72.68	2.39
Case B2.5	77.87	0.96	Case B3	75.02	2.18	Case B3.5	73.71	3.84
Case C2.5	78.73	2.08	Case C3	75.53	2.87	Case C3.5	74.13	4.43
Case D2.5	77.93	1.04	Case D3	74.82	1.91	Case D3.5	73.40	3.39
Case E2.5	77.91	1.01	Case E3	74.78	1.86	Case E3.5	73.39	3.38
Case F2.5	77.86	0.95	Case F3	74.77	1.84	Case F3.5	73.33	3.30

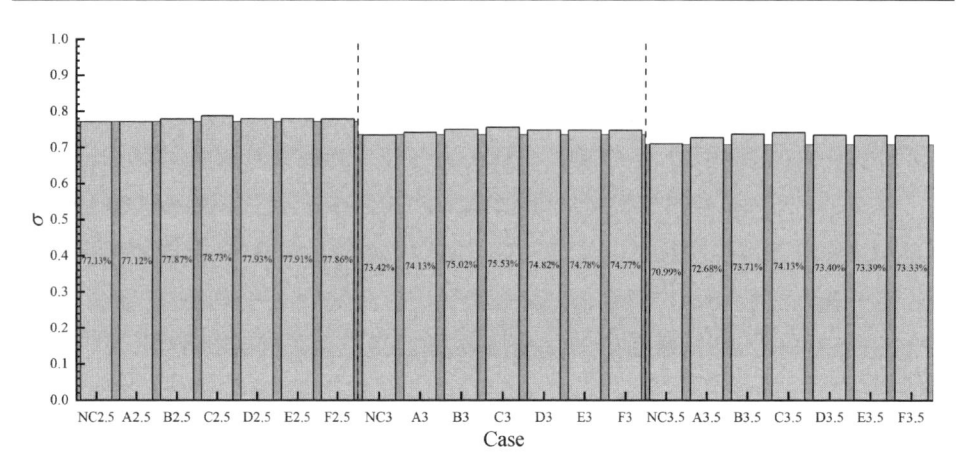

图 5.6　各工况总压恢复系数控制效果

表 5.5　各工况总压恢复系数控制性能评估

参数	Case A	Case B	Case C	Case D	Case E	Case F
$Ma = 2.5$	−0.48	46.15	100.00	50.00	48.56	45.67
$Ma = 3.0$	33.45	75.96	100.00	66.55	64.81	64.11
$Ma = 3.5$	53.95	86.68	100.00	76.52	76.30	74.49
$\bar{N}_\sigma$	28.97	69.60	100.00	64.36	63.22	61.43

由表 5.4 可以看出，在三种来流马赫数下构型 C 对总压恢复系数的控制效果都是表现最好的，在 Ma = 2.5、3.0、3.5 时分别提高了 2.08%、2.87%、4.43%，故构型 C 在三种来流中该项控制评分均为 100，是总压恢复系数控制效果最佳的构型。

对其余构型来说，Ma = 2.5 时，构型 A 控制效果最差，总压恢复系数反而降低了 0.01%，评分为 -0.48，其余构型表现不佳，评分均在 50 以下；Ma = 3 时，依然是构型 A 效果最差，总压恢复系数仅提高了 0.96%，评分为 33.45，其余构型控制效果良好，评分均在 60 以上；Ma = 3.5 时，依然是构型 A 控制效果最差，总压恢复系数只提高了 2.39%，评分为 53.95，其余构型控制效果较好，评分均在 70 以上。

综上可得，抽吸孔宽度为 4 mm 的栅栏状控制构型 C 在总压恢复系数方面控制效果最佳，平均得分 100；构型 A，即抽吸孔宽度为 2 mm 的栅栏状控制构型效果最差，得分为 28.97；其余构型也有着良好的控制效果，相较于构型 C 也都取得了 60 以上的评分。对栅栏状控制构型 A、B、C 而言，抽吸孔宽度越大，总压恢复系数控制性能越高；而网格状控制构型 D、E、F 刚好相反，抽吸孔宽度越大，总压恢复系数控制性能越差。

3. 壁面热流峰值

利用壁面斯坦顿数 St 描述壁面热流，定量计算结果如表 5.6 和图 5.7 所示。其中，St_{peak} 为各工况底壁面峰值斯坦顿数，St_0 为对应来流马赫数无控工况的底壁面峰值斯坦顿数。将结果按照 5.2.1 节中的方法对各构型控制效果进行评分，所得结果如表 5.7 所示。

表 5.6 各工况 St 定量计算结果

工况	$St_{peak}/10^{-4}$	$[(St_{peak} - St_0)/St_0]/\%$
Case NC2.5	7.649 4	—
Case A2.5	20.852 2	172.60
Case B2.5	21.022 1	174.82
Case C2.5	21.404 2	179.81
Case D2.5	27.332 1	257.31
Case E2.5	23.814 0	211.32
Case F2.5	27.306 1	256.97
Case NC3	5.455 2	—
Case A3	19.549 1	258.35
Case B3	19.893 9	264.67

续 表

工 况	$St_{\text{peak}}/10^{-4}$	$[(St_{\text{peak}} - St_0)/St_0]/\%$
Case C3	17.787 7	226.06
Case D3	22.443 5	311.41
Case E3	21.345 3	291.28
Case F3	20.191 7	270.13
Case NC3.5	3.836 6	—
Case A3.5	17.062 0	344.72
Case B3.5	16.983 5	342.68
Case C3.5	8.900 3	131.99
Case D3.5	17.051 3	344.44
Case E3.5	17.410 5	353.81
Case F3.5	17.321 7	351.49

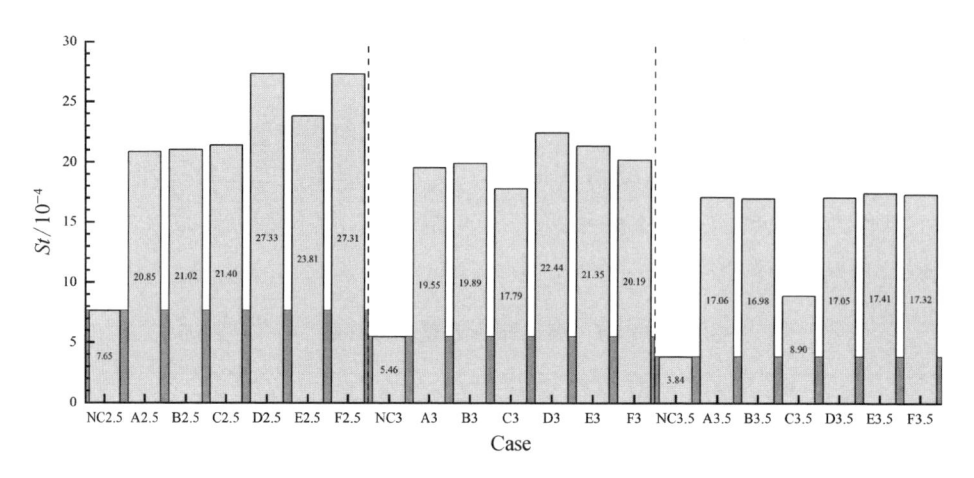

图 5.7 各工况壁面峰值热流控制效果

表 5.7 各工况壁面热流峰值控制性能评估

参 数	Case A	Case B	Case C	Case D	Case E	Case F
$Ma = 2.5$	−67.08	−67.94	−69.88	−100.00	−82.13	−99.87
$Ma = 3.0$	−82.96	−84.99	−72.59	−100.00	−93.54	−86.74
$Ma = 3.5$	−97.43	−96.85	−37.31	−97.35	−100.00	−99.34
$\bar{N}_{St}$	−82.49	−83.26	−59.93	−99.12	−91.89	−95.32

分析结果可知,在加入控制后,底壁面热流峰值均大幅提升,在 $Ma=2.5$ 时,构型 D 的峰值热流提高了 257.31%,其余网格状构型 E、F 均提高了 200%以上,而栅栏状构型提升幅度相对较低,其中构型 A 最小,为 172.60%,评分为-67.08;$Ma=3$ 时,依然是网格状构型 D 负面效果最大,峰值热流提升了 311.41%,评分为-100,栅栏状构型 C 相对较好,峰值热流提升了 226.06%,评分为-72.59;$Ma=3.5$ 时,网格状构型 E 控制效果最差,峰值热流提升幅度为 353.81%,评分为-100 分,构型 C 相对较好,仅提高了 131.99%,评分为 59.93。

综上可得,在来流马赫数相同的情况下,网格状构型 D、E、F 的峰值热流均高于栅栏状构型 A、B、C。其中,构型 D 在峰值热流控制方面表现最差,三种来流马赫数下平均得分为-99.12,构型 C 表现相对最好,三种来流马赫数下平均得分为-59.93。

4. 综合性能

为判断各构型在减小分离区体积、提高总压恢复系数和减小壁面热流峰值方面的综合控制性能,利用式(5.7)对各构型在三个方面的控制效果评分进行加权平均,所得结果如表 5.8 所示,其中 h 为加权系数。

表 5.8 各工况控制性能总评估

参数	Case A	Case B	Case C	Case D	Case E	Case F	h
$\bar{N}_V$	75.33	67.57	64.45	85.42	79.54	52.49	0.8
$\bar{N}_\sigma$	28.97	69.60	100.00	64.36	63.22	61.43	0.3
$\bar{N}_{St}$	-82.49	-83.26	-59.93	-99.12	-91.89	-95.32	0.1
N	60.71	66.61	75.57	77.73	73.41	50.89	—

由结果可以看出,在减小分离区体积方面控制效果较好的构型往往有着更高的壁面热流峰值,这与次流循环的物理结构有关,其中构型 D 表现最为突出,在控制分离区体积方面得分最高,但在壁面热流峰值方面得分最低。

结果显示,综合性能最佳的构型为构型 D,即抽吸孔长宽为 2.828 mm 的网格状控制构型,综合评分得到了 77.73,是本章中最优的次流循环自适应控制构型。抽吸孔长宽为 5.657 mm 的网格状控制构型 F 的综合性能最差,综合评分仅为 50.89。其余构型评分由高到低排名为构型 C>构型 E>构型 B>构型 A,其中构型 C 在总压恢复系数和壁面热流峰值方面表现最好,在侧重点不同的研究中可以采用该构型。

5.2.3 流场结构分析

为分析不同控制构型对流场结构的影响,选取 $Ma = 3$ 时各构型的控制流场进行研究。

底壁面压力分布与分离区投影如图 5.8 所示。其中,黑色线条所围区域是分离区在底壁面的投影,上半部分是无控工况,下半部分是控制工况。在加入控制后,每种构型的吹除孔前沿均产生了新的分离区,此处壁面压力升高;在抽吸孔后沿处壁面压力也会升高,且随着抽吸孔尺寸的增大,压力升高的范围和峰值

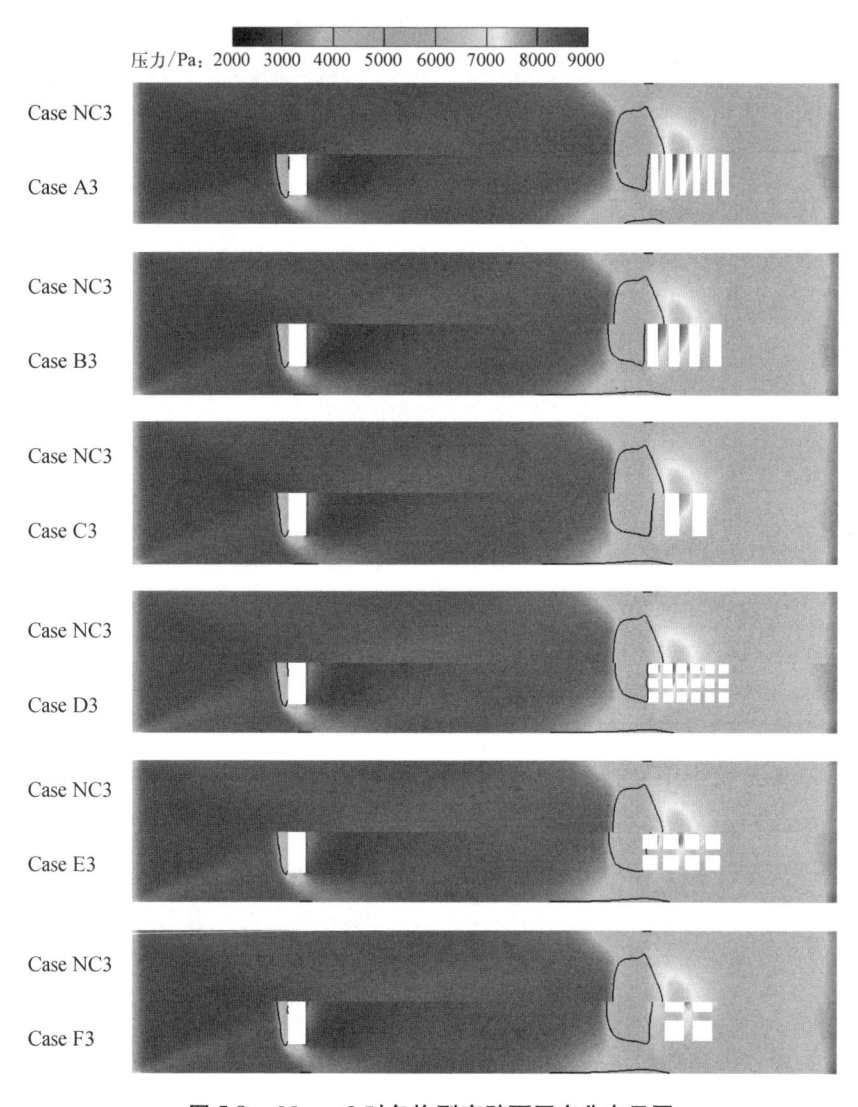

图 5.8　$Ma = 3$ 时各构型底壁面压力分布云图

都会降低,网格状构型 D、E、F 抽吸孔处壁面压力升高的范围也明显小于栅栏状构型 A、B、C。在分离区控制方面,Case A3 和 Case B3、Case D3 和 Case E3 的打开抽吸孔前沿位置相近,开孔面积相等,可以明显看出分离区投影面积是 Case A3 小于 Case B3、Case D3 小于 Case E3,即抽吸孔尺寸越小,控制效果越好;而 Case C3 和 Case E3 抽吸孔前沿离分离区和理想开孔范围较远,且孔的尺寸较大,故在减小分离区体积方面控制效果最差。

图 5.9 给出了 Ma = 3 时各构型控制工况 z/D = 0 截面的密度梯度云图,图中

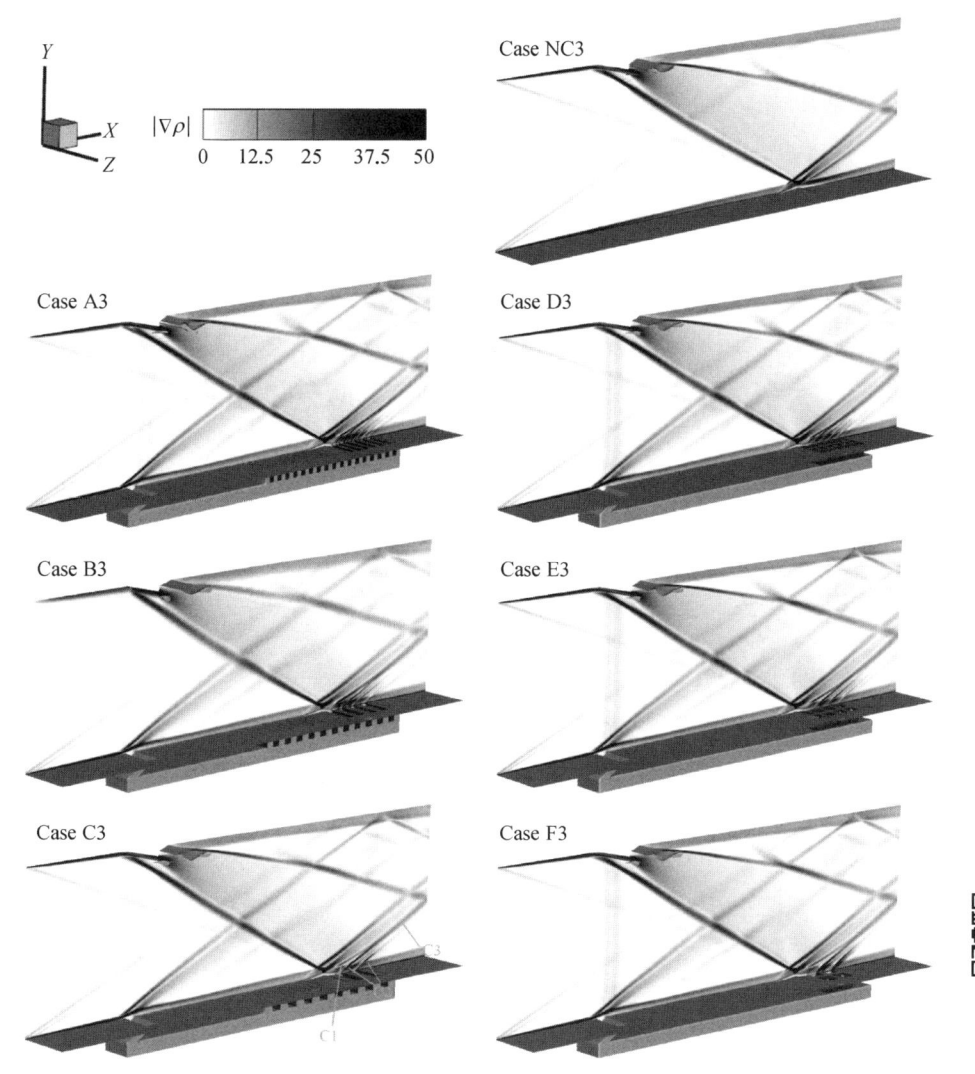

图 5.9 Ma = 3 时各构型控制工况 z/D = 0 截面密度梯度云图

绿色面为 $u/U_\infty = 0$ 的等值面,表示分离区。从该截面的激波结构来看,各控制工况仅在抽吸孔处出现了差异,分离区的再附激波 C1 与若干抽吸孔产生的激波串 C2 相互作用形成 VI 类激波干扰,多个较弱同族斜激波合成一个强斜波 C3。

栅栏状控制构型沿展向截面的流场结构是类似的,故可通过 $z/D = 0$ 截面的流场结构分析整个控制工况流场。由图中 Case A3、Case B3、Case C3 可知,随着抽吸孔尺寸的增大,开孔数量减少,故抽吸孔产生的激波 C2 数量减少,这有利于流场总压恢复系数的提升。

对于网格状控制构型,其中构型 D、E 的抽吸孔在 $z/D = 0$ 截面上并未开孔,而构型 F 在 $z/D = 0$ 截面上有开孔,故 $z/D = 0$ 截面并不能准确描述流场激波结构,需要对沿流向的截面进行分析。图 5.10 中选出了网格状构型 D 与栅栏状构型 A 进行对比分析,给出了两种构型在 $x/D = 96$ 至 $x/D = 120$ 之间沿流向部分截面的密度梯度云图,截面中左侧为 Case A3 流场,右侧为 Case D3 流场,$z/D = 0$ 截面中的虚线表示流向截面的位置。其中,激波发生器后向台阶产生的分离激波 C5 与侧壁面作用形成 λ 波,两种构型无区别;Case A3 中吹除孔处分离区产生的分离激波 C4 和抽吸孔处分离区产生的分离激波 C6 相对于 Case D3 流场中的激波向上偏移,这是因为 Case A3 中吹除孔和抽吸孔处的分离区体积更大,激波强度更高,激波方向与流场方向夹角更大;$x/D = 102$ 截面位于打开抽吸孔处,

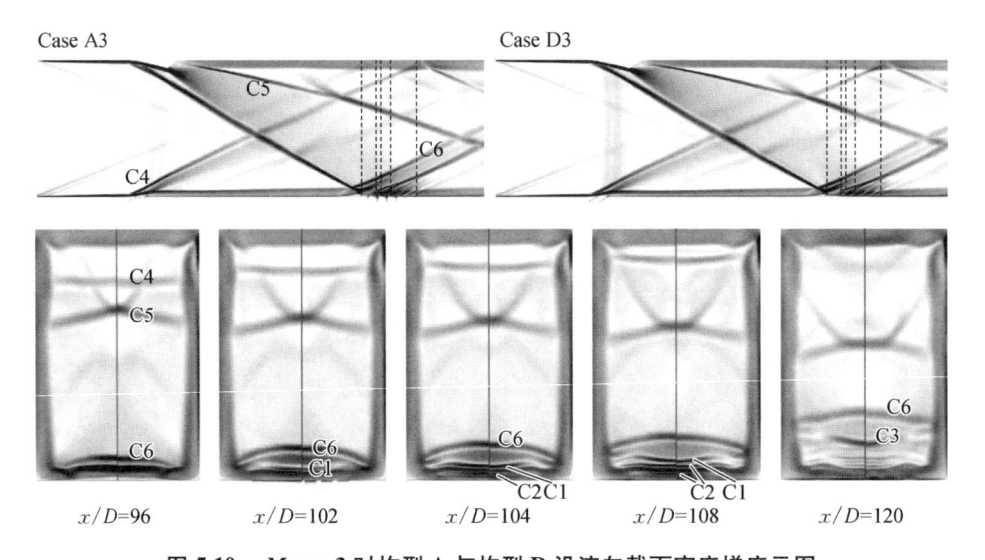

图 5.10 *Ma* = 3 时构型 A 与构型 D 沿流向截面密度梯度云图

此时抽吸孔诱导激波 C2 并未产生;$x/D = 104$ 截面位于打开抽吸孔的下游,此时网格状构型抽吸孔诱导产生的激波 C2 在展向上是不连续的,在抽吸孔间隔内断开,但沿着流场继续发展到 $x/D = 108$ 处时已经变得连续,并最终与再附激波 C1 发生相互作用合并成激波 C3。

用斯坦顿数表示壁面热流,底壁面斯坦顿数分布云图如图 5.11 所示。在加入控制后,吹除孔前沿分离区的壁面热流均有所提升,抽吸孔后沿区域壁面热流大幅提升,且越靠近中线 $z/D = 0$ 壁面热流越高,除此之外的区域的壁面热流均有所降低。在网格状控制构型中,沿展向分布的抽吸孔之间存在间隙,在间隙处壁面热流降低,但热流集中在打开抽吸孔的后沿处,故构型 D、E、F 中抽吸孔后沿的壁面热流峰值相比于栅栏状构型 A、B、C 更高。

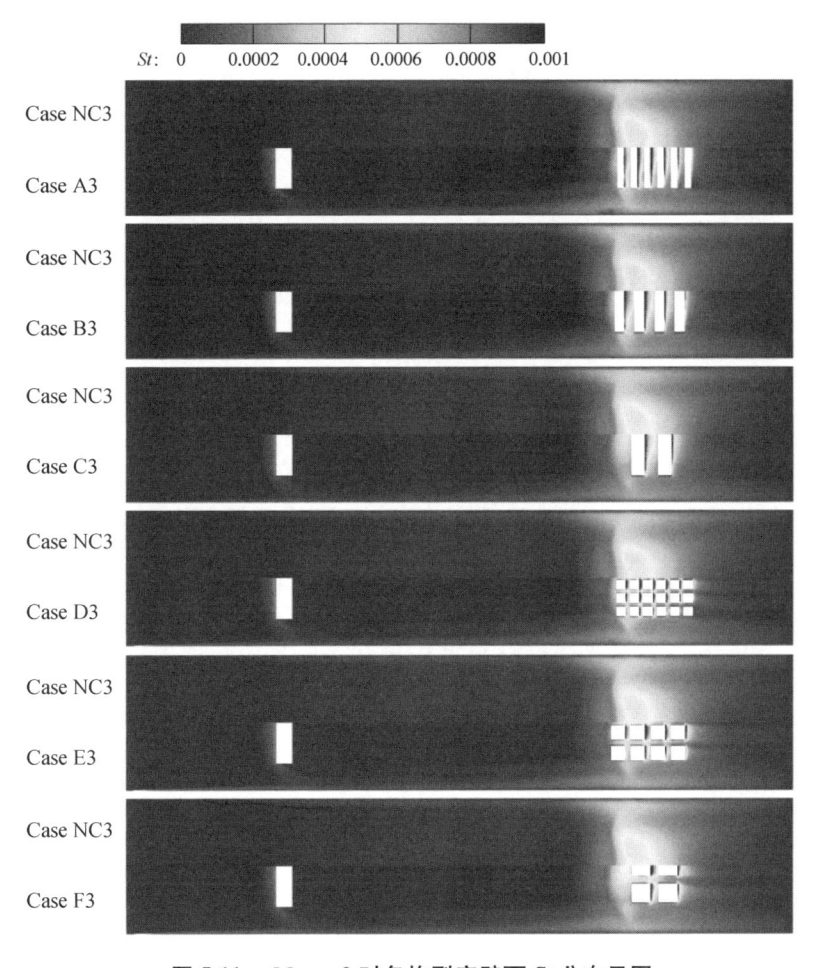

图 5.11　$Ma = 3$ 时各构型底壁面 St 分布云图

5.3 本章小结

本章以第 4 章中初步设计的次流循环控制构型为基础,设计了六种次流循环构型。利用第 4 章得出的自适应控制机理,针对六种构型制订来流马赫数为 2.5、3.0、3.5 条件下的自适应控制方案。采用数值模拟方法对各控制工况进行仿真计算,再制定控制性能的评估方法,对不同结构控制的流场中各项参数的控制效果进行定量计算分析,找出最佳控制构型,得出如下结论:

(1) 在制订自适应控制方案时,控制方案中打开抽吸孔的边缘与理想开孔区域的边缘越近,分离区体积的控制效果就越好,因此网格状控制构型在几何上的分布优于栅栏状控制构型,小尺寸抽吸孔也优于大尺寸抽吸孔。在减小分离区体积方面,小尺寸的网格状控制构型 D 的控制性能最佳,在 Ma = 2.5、3.0 和 3.5 时分别减小了 49.65%、56.34% 和 40.95%。

(2) 在提高总压恢复系数方面,在栅栏状控制构型中,随着抽吸孔尺寸的增大,控制性能也相应提升。这是主要是因为抽吸孔数量减少,诱导的激波数量减少,强度变低。而网格状控制构型中,影响激波强度的主要因素是分离区体积的大小,因此总压恢复系数控制效果随着抽吸孔尺寸的增大而减弱,其中栅栏状构型 C 控制效果最佳,总压恢复系数分别在 Ma = 2.5、3.0 和 3.5 时提高了 2.08%、2.87% 和 4.43%。

(3) 在减小壁面热流峰值方面,六个构型均表现不佳,壁面热流峰值大幅上升,峰值热流增高集中在抽吸孔后沿区域。而栅栏状控制构型整体相对于网格状控制构型的控制效果要好,升高幅度相对较低,这是由于网格状构型抽吸孔后沿长度较短,热流交换更为集中。

(4) 本章所设计的次流循环自适应控制主要目的是抑制流动分离,减小分离区体积,因此在加权平均后,最佳控制构型为 Case D,该构型抽吸孔呈网格状分布,每个抽吸孔长宽均为 2.828 mm,均匀分布在 $52 < x/D < 124$ 和 $-12 < z/D < 12$ 范围。

第6章

次流循环自适应控制在不同流场出口反压条件下的控制性能研究

在高超声速飞行器的冲压发动机中,进气道、隔离段、燃烧室相连,进气道在工作过程中会受到燃烧室反压的影响。燃烧室点火后,燃烧室压力变化传导到进气道,反压随即升高。若燃烧室内出现燃烧不稳定的现象,可能使反压在短时间内急剧变化,导致进气道出现不启动问题,激波串也会产生振荡,激波/边界层干扰区域位置不断变化。SWBLI 还会诱导边界层分离,形成大尺度的分离区,增加边界层动量厚度,导致反压扰动前传,使进气道出现不起动的风险加大。在超声速进气道进入不起动和激波振荡状态后,内流道无法形成正常的超声速流动,气流品质变差,无法满足燃烧室正常燃烧的需要,甚至造成发动机熄火等不良后果[92],同时振荡有可能引发发动机共振,造成结构损坏。因此,需要采取有效的流动控制以抑制流动分离和反压扰动的前传。本章将探索前文中提出次流循环自适应控制是否可以在反压不断变化的情况下抑制流动分离,减小分离区体积,提升抗反压能力。

6.1 物理模型及边界条件

为研究反压变化对流场的影响,验证次流循环自适应控制在不同反压条件下的控制性能,选取第 4 章中的最佳控制构型进行控制,即 5.1 节中的 Case D,其中抽吸孔沿流向呈网格状分布,抽吸孔区域被划分为 108 个 4 mm×4 mm 的方块区域,抽吸孔位于这些方块区域的中央位置,共 108 个,长宽均设置为 2.828 mm,如图 6.1 所示,其中侧视图显示的是 $z/D = 0$ 截面,俯视图显示的是 $y/D = 0$ 截面。

(a) 侧视图

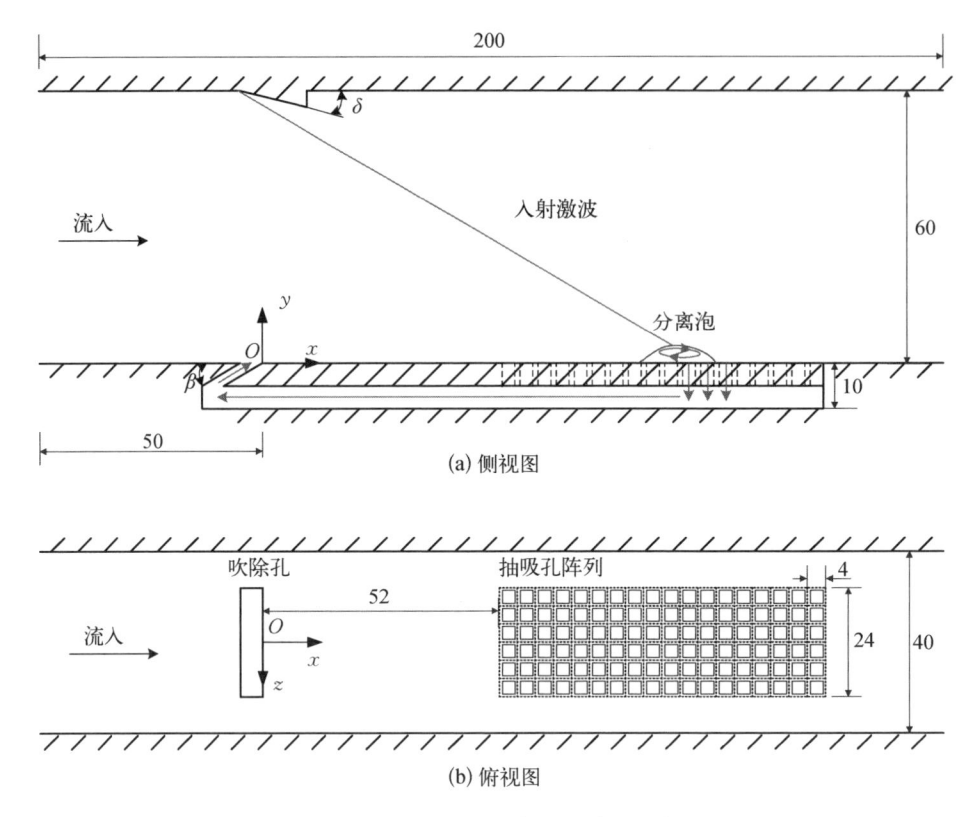

(b) 俯视图

图 6.1 流场及控制结构物理模型示意图(单位: mm)

流场参数如表 6.1 所示,各工况中仅出口压力发生变化,其余参数与表 4.2 中 $Ma=3$ 时保持一致,其中入口静压 P_{in} 为 2 758.4 Pa、静温为 107.1 K。PR 为反压比,通过入口静压 P_{in} 和出口静压 P_{out} 进行描述:

$$PR = P_{out}/P_{in} \tag{6.1}$$

表 6.1 无控工况流场参数

工 况	Ma	P_{in}/Pa	P_{out}/Pa	PR
PR = 0	3	2 758.4	0	0
PR = 0.5	3	2 758.4	1 379.2	0.5
PR = 1	3	2 758.4	2 758.4	1
PR = 2	3	2 758.4	5 516.8	2

续 表

工 况	Ma	P_{in}/Pa	P_{out}/Pa	PR
PR = 3	3	2 758.4	8 275.2	3
PR = 4	3	2 758.4	11 033.6	4
PR = 4.5	3	2 758.4	12 412.8	4.5

本章流场的网格划分与第 5 章相同,依然采用 ANSYS ICEM 软件,并只对流场 $z/D \geqslant 0$ 的部分进行计算。在激波发生器位置、抽吸孔区域、底壁面以及侧壁面附近进行加密处理,底壁面第一层网格高度为 0.002 mm,如图 6.2 所示。在 Fluent 19.2 中采用 RANS 方程和 SST $k-\omega$ 湍流模型对各工况进行计算。

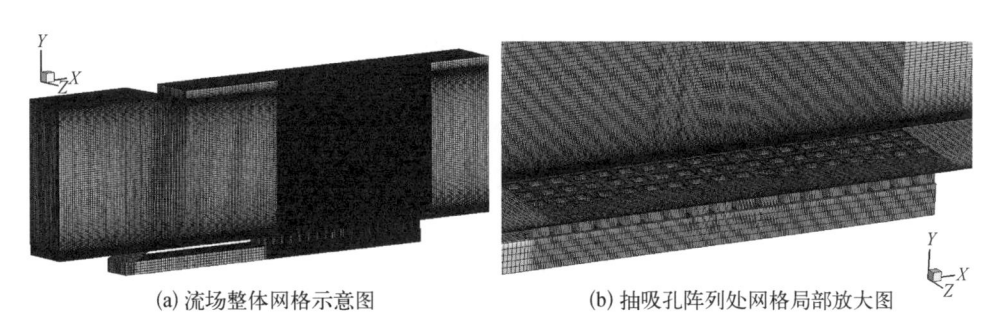

(a) 流场整体网格示意图　　(b) 抽吸孔阵列处网格局部放大图

图 6.2　反压条件下控制构型网格划分示意图

6.2　反压对流场的影响

6.2.1　反压对流场结构的影响

对无控工况施加不同的反压,各工况流场参数如表 6.1 所示,反压比从 0 开始逐渐增加。在计算过程中发现,当反压比 PR = 5 时,流场无法收敛,选取计算 10 万步后的结果进行分析,此时流场并未收敛,只能进行一个大概的描述,$z/D = 0$ 截面的密度梯度云图如图 6.3 所示。可以看出,此时反压的影响已经前移到激波发生器前方,壅塞出现在激波发生器前方,使得激波发生器处并未产生激波,流场出现振荡现象,此时流场计算难以收敛,无法进行精确计算。当反压比 PR = 4.5 时,流场可以计算收敛,此时流场的临界反压比在 4.5~5,因此选取反压比 PR 为 0.5、1、2、3、4、4.5 的流场进行分析。

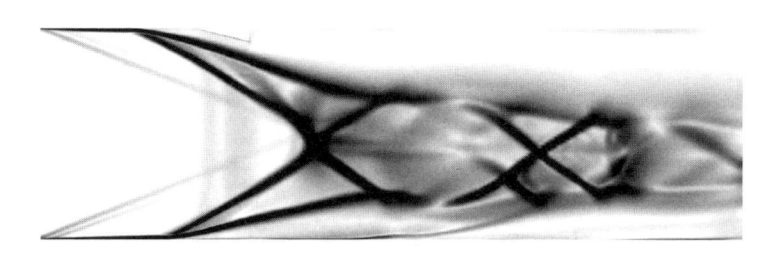

图 6.3   PR=5 时 $z/D = 0$ 截面密度梯度云图

图 6.4 给出了各工况 $z/D = 0$ 平面的密度梯度云图。可以看出，在施加反压后，流场的波系结构发生了变化。当反压比 PR ≤ 1 时，流场激波结构与无反压时没有区别，激波发生器诱导产生的入射激波 C1 与边界层相互作用形成分离

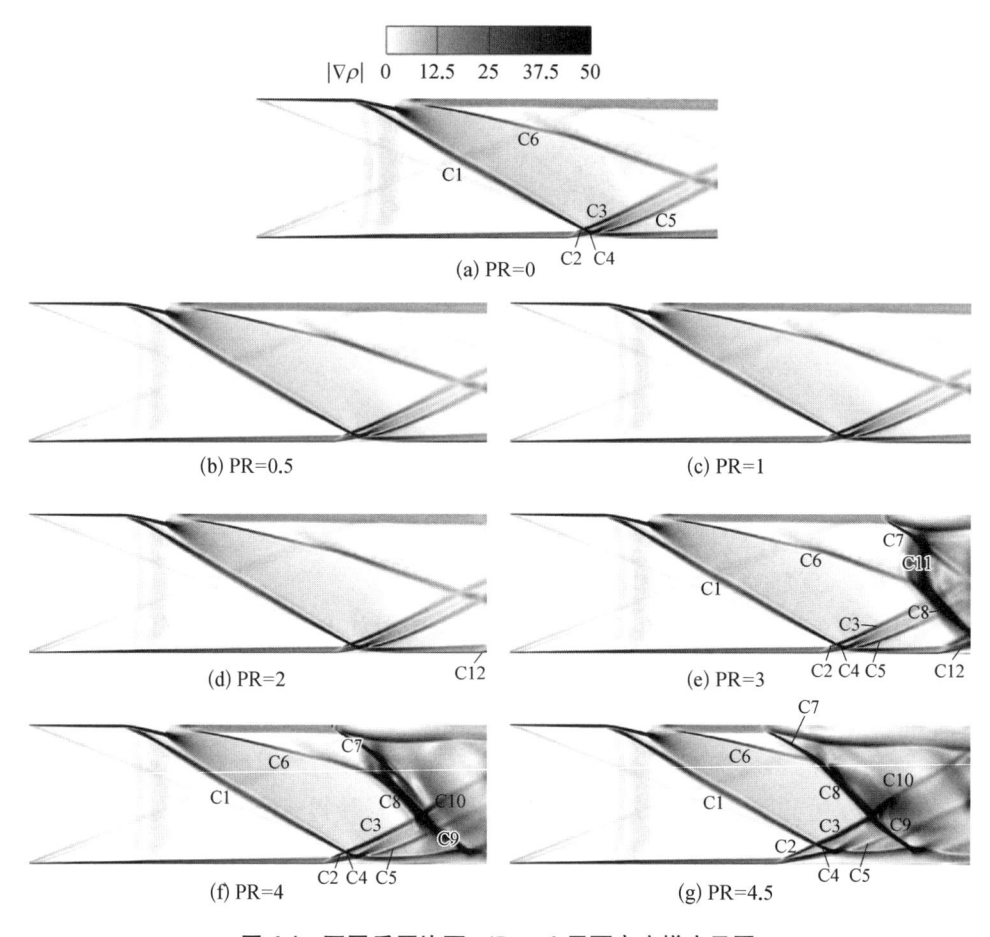

图 6.4   不同反压比下 $z/D = 0$ 平面密度梯度云图

区,产生分离激波 C2,C1 和 C2 相互作用产生 I 类干扰,穿透形成激波 C3 和 C4,分离区再附产生再附激波 C5,在激波发生器后端拐角处的分离区诱导产生了分离激波 C6。

PR = 2 时,底壁面出口附近在反压的作用下产生了分离区,诱导产生分离激波 C12。PR = 3 时,反压的影响深入流场,虽未对激波 C1~C6 的生成造成影响,但在出口附近形成了新的激波并相互作用,产生了复杂的波系结构。反压诱导在上壁面处产生了新的分离区,随之生成分离激波 C7,由于反压的影响激波 C7 后的区域压力较高,生成的 C7 是一个强斜激波,C7 与 C6 形成 V 类激波干扰产生了一个强正激波 C11 和强斜激波 C8,以匹配流场内部与反压影响区域的压力差,底壁面分离区形成的分离激波 C12 相比于 PR = 2 时向流场上游移动。

PR = 4 时,反压的影响继续深入,分离激波 C7 的位置相较于 PR = 3 时向上游移动,与 C6 形成 V 类激波干扰产生一个强斜激波 C8,强正激波 C11 变短变弱,C8 与 C3 形成 I 类干扰相互穿透形成激波 C9 和 C10。而分离激波 C2 的位置受反压的影响也向前移动了一段距离,再附激波 C5 位置不变。当反压比增加到 4.5 时,分离激波 C2 和 C7 的位置继续前移。C7 与 C6 的相互作用变成了 VI 类激波干扰,两个较弱同族斜激波形成一个强斜激波 C8。激波 C8 与 C3 干扰形成 C9 和 C10,干扰区域前移。

由以上结果可以看出,PR > 2 时激波结构发生了较大变化,而 PR = 0.5、PR = 1 时反压对流场的激波结构几乎没有影响。因此,选取 PR = 4 时的流场进一步分析。图 6.5 给出了 PR = 4 时流场 x/D = 50 至 x/D = 150 各截面的密度梯度云图,并与 PR = 0 的流场进行对比,其中流向截面图左侧为 PR = 0 工况,右侧为 PR = 4 工况,红色线条表示 u/U_∞ = 0 的等值线,与壁面所围区域即为分离区。在 x/D = 50 截面,反压并没有对流场的波系结构造成影响,入射激波 C1 与激波发生器处产生的分离激波 C6 无变化。在 x/D = 70 截面,反压对流场的影响开始显现,侧壁面靠上部分出现了分离区,该分离区诱导产生了分离激波 C13。到 x/D = 90 截面,侧壁面分离区继续扩大,分离激波 C13 向流场中间传播;上壁面产生的分离区诱导产生分离激波 C7,C7 与 C13 相互作用形成 λ 波结构;分离激波 C6 在激波 C13 的干扰下改变了方向,近壁面处向下弯曲形成激波 C14。在 x/D = 110 截面,分离区厚度增大,激波 C7、C13 和 C14 向流场中央发展,C7 与 C13 相互作用形成 λ 波结构,C14 与对向侧壁面形成的激波 C14′ 相互作用形成激波 C8;诱导分离区再附形成再附激波 C5,分离激波 C2 穿透入射激波 C1 形成激波 C3。在 x/D = 130 截面,复杂的波系结构逐渐消散,只剩下激波 C3 与 C14′

相互作用后形成的激波 C9 和 C10，分离区覆盖了整个侧壁面。在 $x/D = 150$ 的出口截面，分离区依然覆盖整个侧壁面，同时流场内多是压力分布不均形成的膨胀波，激波几乎完全消散。

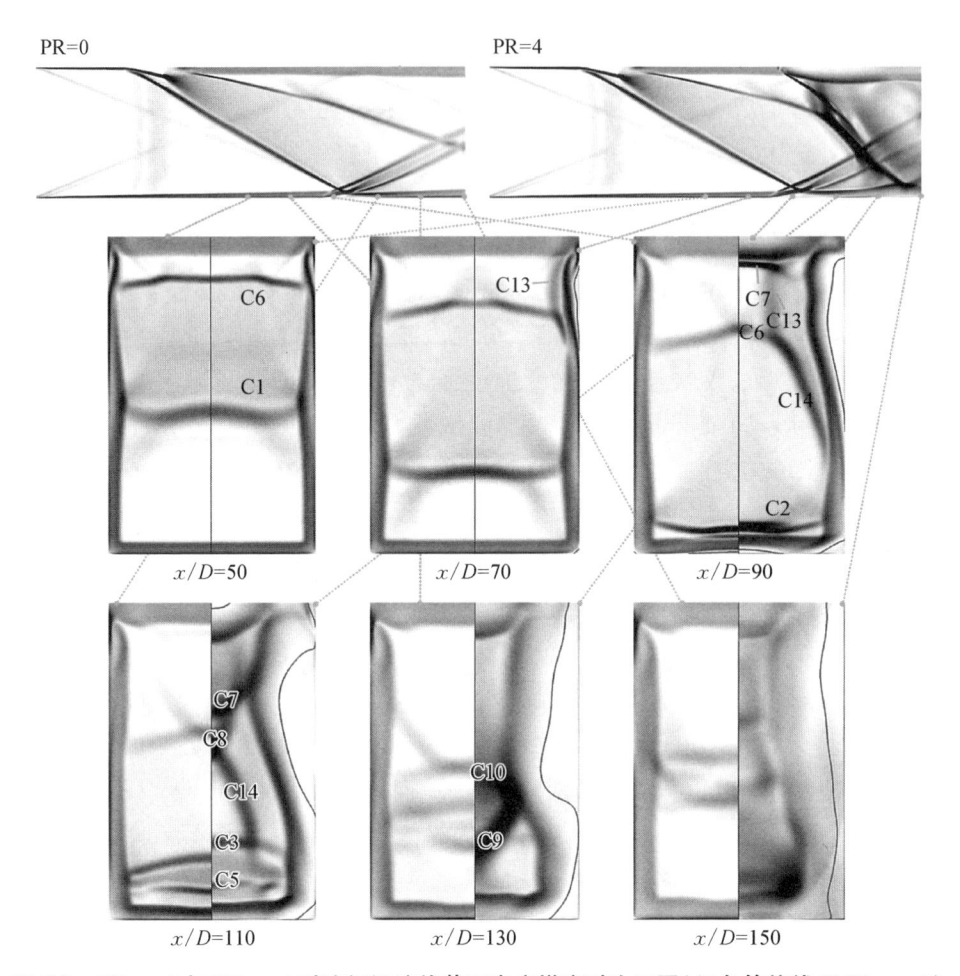

图 6.5　PR = 0 与 PR = 4 时流场沿流线截面密度梯度对比云图（红色等值线 $U/U_\infty = 0$）

由以上分析可以看出，随着反压比的增大，流场内部受影响的区域会越来越大，在壁面形成的新分离区使流场产生大量的激波，在三维空间上相互作用之后，激波的发展更加复杂，这使得流场更加不稳定，总压损失也会更大。

图 6.6 给出了不同反压比工况的分离区示意图。其中绿色部分是等值面 $U/U_\infty = 0$，其与壁面所围区域即为分离区。为方便描述，在本章后面叙述中将激波发生器诱导产生的斜激波与边界层相互作用形成的分离区称为"诱导分离

第 6 章　次流循环自适应控制在不同流场出口反压条件下的控制性能研究　151

区",体积为 V_s;将因反压对流场造成影响而形成的分离区称为"新分离区",为了计算方便,将无反压时侧壁面产生分离区也并入新分离区中,体积为 V_n。可以明显看出,PR ≤ 1 时,流场分离区并没有什么变化;PR = 2 时,底壁面和侧壁面都产生了新分离区;PR 增大到 3 时,底壁面新分离区拉长,侧壁面新分离区增大,上壁面产生了新分离区;PR 增大到 4 时,底壁面新分离区减小,侧壁面新分离区继续增大,上壁面分离区增大,同时诱导分离区也受到了反压的影响体积有所增大;PR = 4.5 时,底壁面新分离区前移并减小,侧壁面新分离区体积和范围持续增大,且由于厚度的增加侧壁面新分离区与诱导分离区连在一起,使诱导分

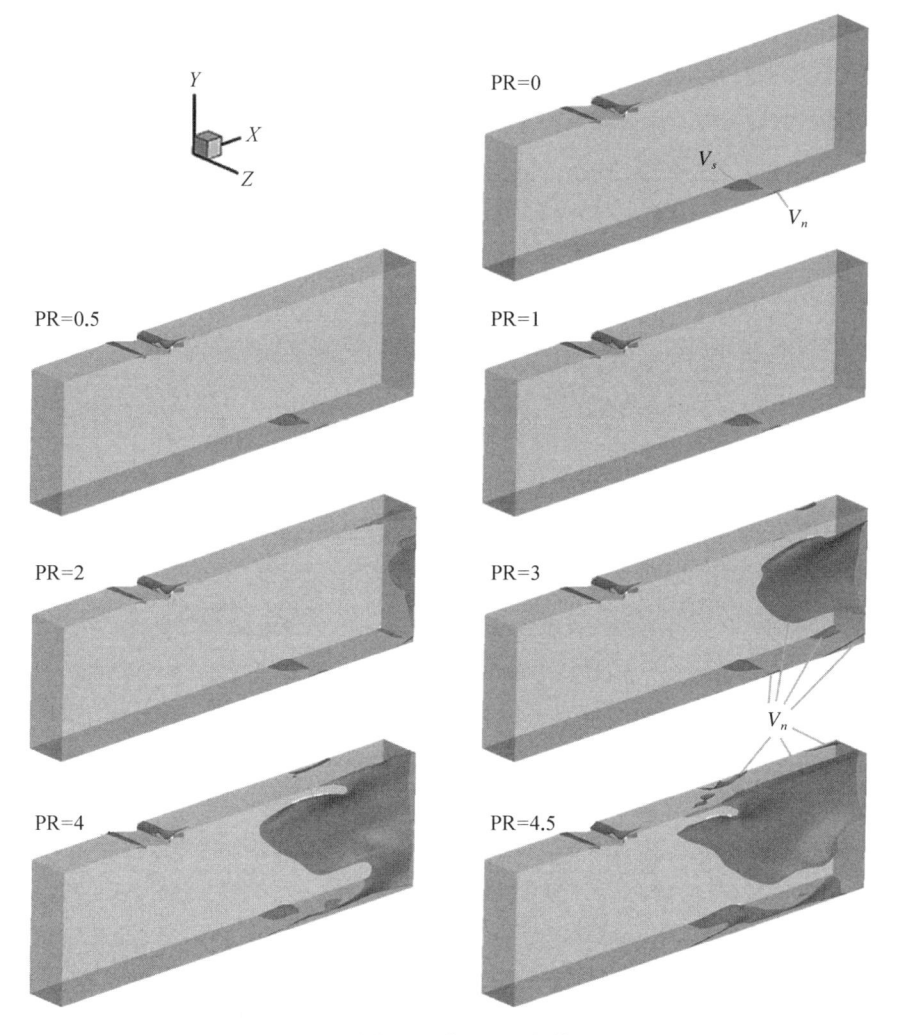

图 6.6　不同反压时分离区示意图(绿色等值面 $U/U_\infty = 0$)

离区增大,同时上壁面新分离区也增大并前移。分析认为,反压增大,流场受影响区域边界层附近压力也会增加,逆压梯度增强,使流动分离现象加剧,最终造成分离区体积和范围增大。底壁面有激波直接入射形成的激波/边界层干扰现象,使干扰区后边界层厚度和湍流度增加,抗逆压梯度能力比侧壁面和上壁面强,因此底壁面新分离区的体积和范围较小。

将各工况流场分离区体积进行定量计算,所得结果如表6.2所示。其中,V_s为诱导分离区体积,V_n为新分离区体积,V_0为分离区总体积。在反压比为4.5时,诱导分离区与新分离区连在一起,因此只能选取 $z/D \leqslant 12$ 的区域作为诱导分离区进行体积的估算。所得结果展现了分离区体积随反压比的变化趋势,符合前文的分析。

表6.2 不同反压比的分离区体积

PR	V_s/mm^3	V_n/mm^3	V_0/mm^3
0	28.253 5	2.831 8	31.085 3
0.5	28.254 8	2.831 7	31.086 5
1	28.254 8	2.831 7	31.086 5
2	28.254 8	182.373 5	210.628 3
3	28.300 6	6 151.225 4	6 179.526 0
4	50.278 1	10 433.921 9	10 484.200 0
4.5	192.262 1	12 515.297 9	12 707.560 0

总体来说,PR $\leqslant$ 1 时,流场分离区几乎无变化。PR>1 之后,随着反压的增大,会产生新的分离区,而侧壁面与上壁面的新分离区会不断变大,底壁面的新分离区反而会减小,但底壁面新分离区相对于侧壁面新分离区是小量,并不会影响新分离区总体积增大的趋势。当 PR $\geqslant$ 4 时,反压会对诱导分离区产生影响,并随着反压的增大,诱导分离区的体积和范围也会增大。

从结果来看,反压影响下侧壁面产生的新分离区体积很大,在反压比较高时是诱导分离区体积的几十倍,这是由流场设置中展向宽度为40 mm、法向高度为60 mm,宽高比较低造成的。而本书的控制构型在流场底壁面,主要研究的是对斜激波在底壁面诱导产生的诱导分离区,因此在后续研究中,将诱导分离区的控制效果作为主要的性能评估手段,侧壁面新分离区作为次要因素进行参考。

6.2.2 反压对流场压力分布的影响

反压对流场的压力分布也会产生较大的影响。流场底壁面与侧壁面的压力分布如图 6.7 和图 6.8 所示,其中黑色曲线表示壁面 x 向切应力 $\tau_x = 0$ 的等值

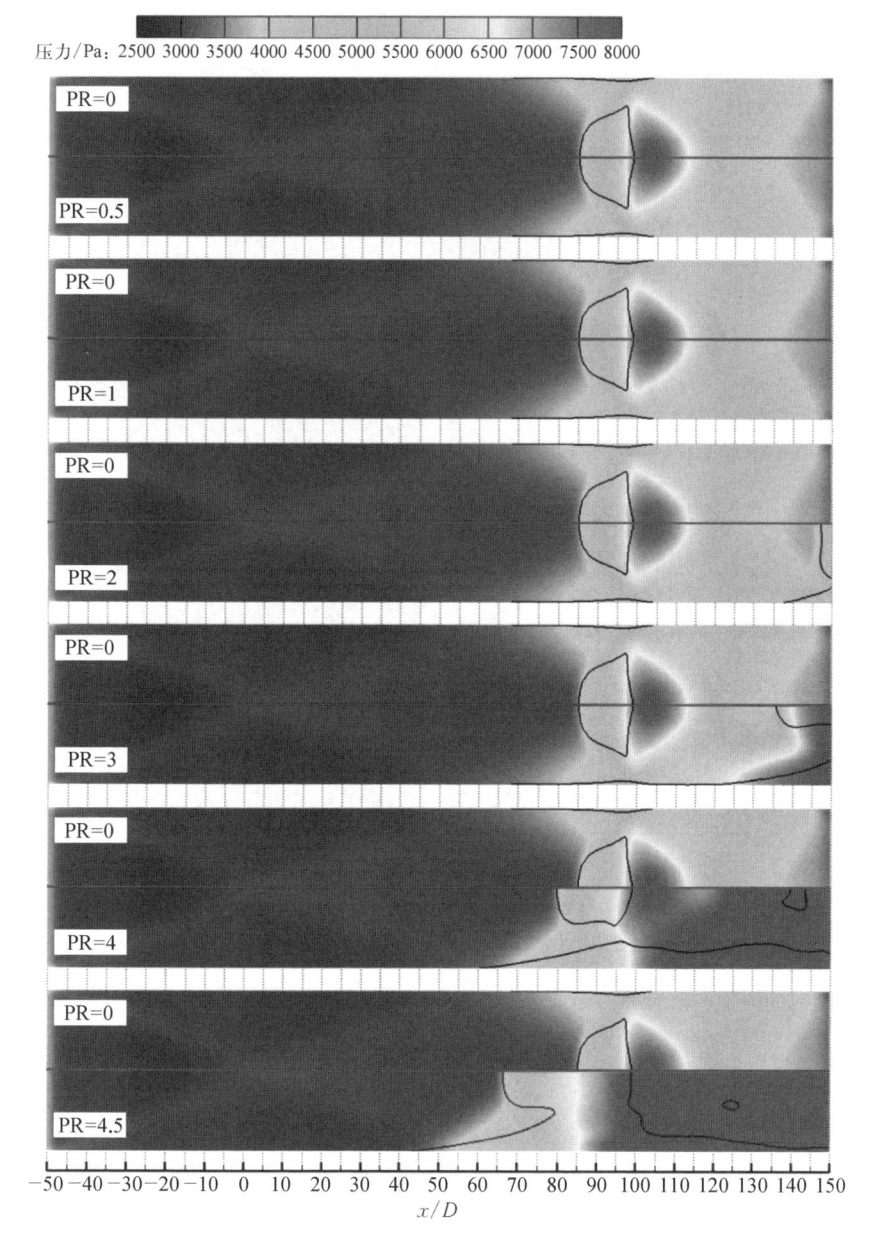

图 6.7　$Ma = 3$ 时不同反压底壁面 ($y/D = 0$) 压力云图

线,由切应力与速度的关系式(6.2)可知,此处 x 向速度变化为 0,$\tau_x = 0$ 的等值线所围区域为分离区在壁面的投影。

$$\tau_x = \frac{\mathrm{d}u}{\mathrm{d}y} \tag{6.2}$$

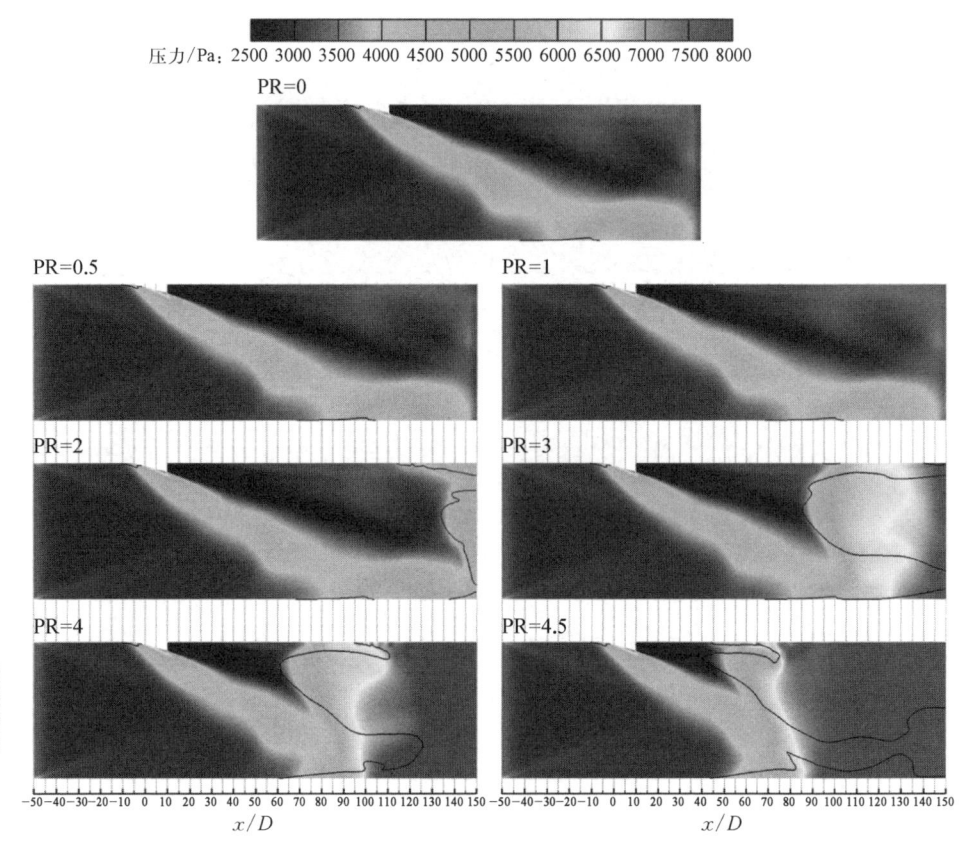

图 6.8 $Ma = 3$ 时不同反压侧壁面($z/D = 20$)压力云图

可以看出,当 PR ≤ 1 时,压力分布和分离区投影面大小无变化,反压对流场几乎没有影响。反压比逐渐增大到 PR = 2 时,流场出口附近壁面压力升高,从侧壁面来看,对流场压力的影响已经到达 $x/D = 135$ 处,并在上下壁面和侧壁面产生了新的分离区,但并未对激波诱导产生的分离区造成影响。PR 继续增大到 3 时,从底壁面来看,反压的影响向流场上游扩张到了 $x/D = 125$ 处,侧壁面向流场上游扩张到了 $x/D = 85$ 处,受影响区域的壁面压力急剧增强,因此产生了大量的分离区,侧壁面分离区投影面积大大增加,底壁面分离区投影面积变化不大,在向流场上游移动。当 PR = 4 时,出口附近壁面压力持续增强,底壁面反压的影响已经扩大到了 x/D = 80 处,诱导分离区也因此受到影响,分离区前沿向流场上游发生了偏移,而后沿位置并未发生改变,诱导分离区在底壁面的投影面积增大,而在底壁面产生的新分离区投影面积减小,靠近侧壁面区域的新分离区投影面积增大,说明侧壁面新分离区的厚度增加;从侧壁面来看,反压的影响已经到达 x/D = 60 处,新分离区的范围也逐渐扩大,投影面积增加。当流场反压比 PR = 4.5 时,底壁面反压影响到达流场的 x/D = 65 处,诱导分离区前沿也因此不断前移,同时靠近侧壁面的新分离区厚度持续增加,已经与诱导分离区相互联通,流场情况更为复杂;侧壁面反压的影响已经到达 x/D = 40 处,新分离区投影面积不断增加,此处分离区投影面积的变化也验证了 6.2.1 节中对分离区变化趋势的描述。

同时结合图 6.9 和图 6.10 分析。其中,图 6.9 描述了底壁面中线沿流向的压力分布,PR=0.5、PR=1、PR=2 的分布曲线与 PR=0 几乎重合,PR=3 的分布曲线在 x/D = 125 附近压力开始有所升高,PR=4 的分布曲线在 x/D = 80 附近压力升高,PR=4.5 在 x/D = 65 附近压力升高,而诱导分离区分布在底壁面上 x/D = 85 至 x/D = 100 范围内,因此反压比 PR≤3 时反压不会对诱导分离区附近的压力分布产生影响,从而不会造成诱导分离区的变化。而随着反压比的增大,诱导分离区附近壁面压力不断增加,使逆压梯度的强度和范围也不断增大,故诱导分离区也会增大。

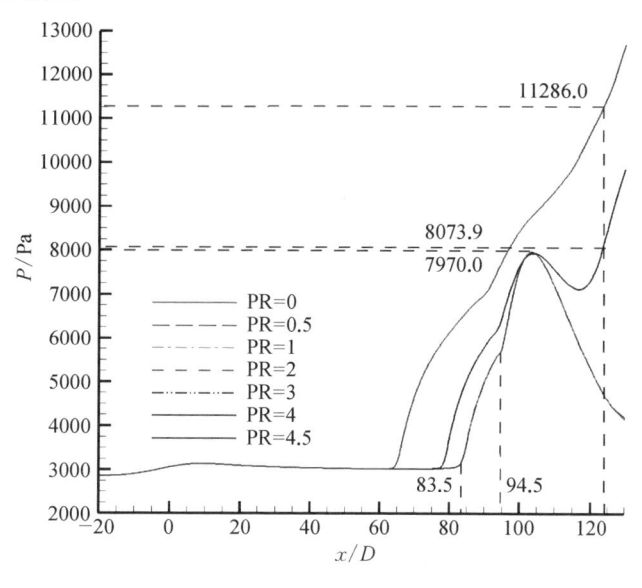

图 6.9 底壁面 (y/D = 0) 与 z/D = 0 平面交线沿流向静压力分布

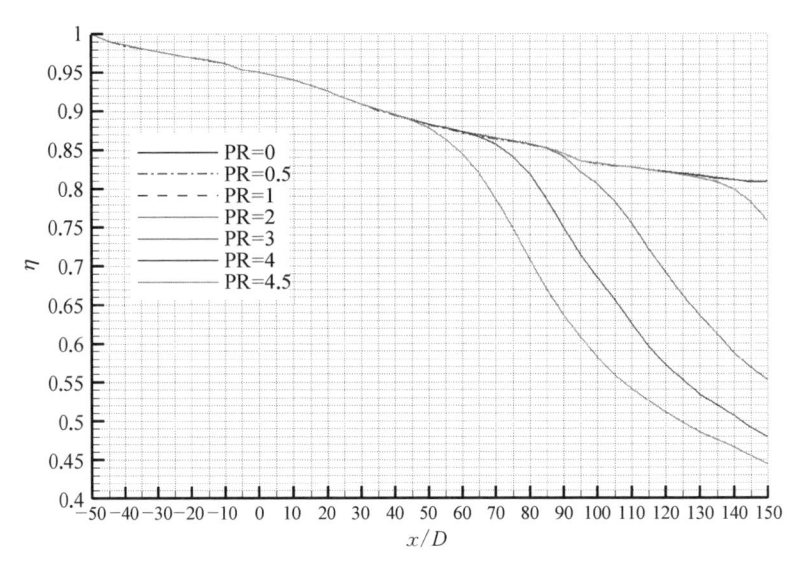

图 6.10　流场沿流向总压恢复系数分布图

图 6.10 展示了各工况流场沿流向截面的总压恢复系数分布图,其中总压恢复系数 η 为当地截面与入口截面的总压之比。可以看出,当 PR ≤ 1 时,对流场的总压恢复系数没有任何影响,而随着反压比的增大,出口截面的总压恢复系数不断减小,同时还会降低流场内部的总压,影响范围随着反压比的增大不断深入。其中,PR = 2 时,在 x/D = 120 附近总压恢复系数降低的速率开始增加;PR = 3 时,在 x/D = 85 附近总压恢复系数降低的速率开始增加,PR = 4 时,降低速率开始增加的位置在 x/D = 60 附近;PR = 4.5 时,位置已经前移到 x/D = 45 附近。以上位置都是对应工况中侧壁面开始产生分离区的位置,说明该位置处新分离区诱导产生了激波,造成了额外的总压损失。

综上所述,当反压比 PR ≤ 1 时,对流场压力分布不会产生任何影响;当 PR > 1 时,随着反压比的增加,流场出口附近的总压恢复系数会不断降低,影响的范围也会不断深入。而出口附近的壁面压力会随着反压的增加而增加,影响范围也会不断扩大,使得新分离区不断扩大,流动分离现象不断增加。只有当 PR > 3 时,壁面压力的影响范围才会扩大到诱导分离区附近,此时诱导分离区才会产生范围增加、体积增大的变化。

6.2.3　反压对流场壁面热流的影响

反压同样会对流场的壁面热流造成影响,在计算结果中用斯坦顿数 St 表征壁面热流的大小。不同反压工况的底壁面 St 分布云图如图 6.11 所示。可以看出,当 PR $\leqslant$ 1 时,底壁面诱导分离区再附后的壁面热流明显高于其他位置,但反压对流场的热流依然是没有任何影响;PR = 2 时,底壁面出口附近壁面热流升高,结合前文,壁面热流升高位置位于反压诱导产生的新分离区内,且峰值热流高于诱导分离区附近热流;PR = 3 时,壁面热流升高的范围增大,且峰值热流也同样升高,壁面热流升高的位置基本位于新分离区内;PR = 4 时,壁面热流受影响区域持续增大,但诱导分离区附近的峰值热流有所减少,出口附近的峰值热流

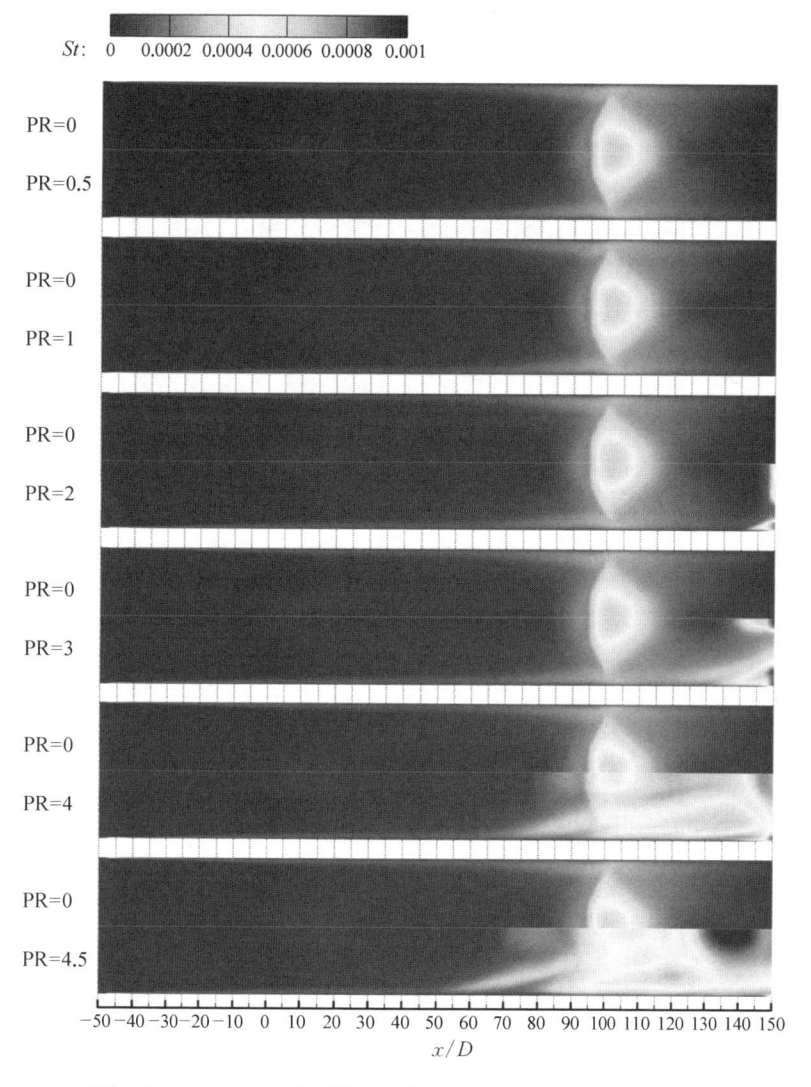

图 6.11　Ma = 3 时不同反压底壁面 (y/D = 0) St 分布云图

相较于 PR = 3 时也有所下降,热流较高区域分布在侧壁面新分离区附近与底壁面新分离区再附点后。PR = 4.5 时,壁面热流受影响区域继续深入流场,诱导分离区附近峰值热流减小,此时出口附近流场波系结构复杂,在流场下游中线上产生了较高的峰值热流。

各反压工况底壁面和侧壁面的峰值热流如图 6.12 所示,其中方块曲线表示侧壁面峰值 St,三角曲线表示底壁面峰值 St。同一工况下侧壁面的峰值热流高于底壁面,在反压比大于 1 之后,各工况的峰值热流整体上是随着反压的增大而增大的,只有 PR = 4 时有所下降。综合来看,反压造成的分离区增加和复杂波系结构使壁面热流上升区域的范围增加,同时局部的峰值热流也有所提高。

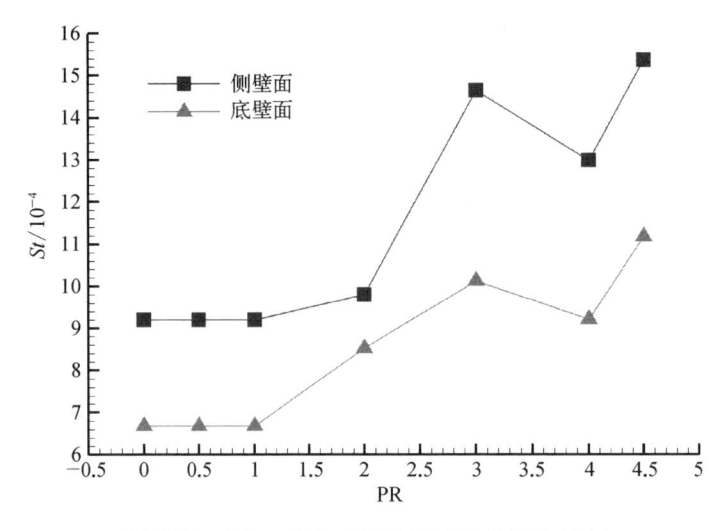

图 6.12　Ma = 3 时不同反压壁面峰值 St 分布

6.3　反压条件下的自适应控制性能验证

6.3.1　反压变化条件下的自适应控制方案

由前述可以得知,当反压比 PR ≤ 1 时,反压并不会对流场造成影响,因此在研究反压条件下次流循环构型的自适应控制效果时,只对 PR ≥ 2 的各工况加入控制进行计算分析。各控制工况的流场参数与对应相同反压比的无控工况保持一致,如表 6.3 所示。

表 6.3 控制工况流场参数

工 况	Ma	PR	P_{min}/Pa
CPR2_1	3	2	5 732.3
CPR3_1	3	3	5 732.3
CPR4_1	3	4	6 182.3
CPR4.5_1	3	4.5	7 062.1

首先利用压力差初步制订自适应控制方案，根据第 4 章结论，抽吸孔打开区域的壁面压力与吹除孔区域壁面压力的压力差要大于一个特定值 ΔP_{min}，而 ΔP_{min} 为底壁面中线压力第二次压力升高处的压力与吹除孔处壁面压力的差值，且可以通过公式计算得出。但是当反压比 PR ≥ 3 时，抽吸孔附近底壁面压力的分布会受到反压的影响，如图 6.9 所示，因此第 4 章中的自适应控制方案不一定适用于不同反压条件下的流场。特别是 PR = 4 和 PR = 4.5 时第二次压力升高点的位置和压力都产生了变化，由式(4.4)和式(4.5)算出的 ΔP_{min} 完全不适用于这两种工况。由图 6.9 可以看出，各工况吹除孔附近壁面压力并没有发生变化，因此初步将第二次压力升高点处压力作为压力最小值 P_{min}，暂时将无控工况壁面压力大于 P_{min} 区域的抽吸孔全部打开作为控制方案进行研究。

初步的控制开孔方案如图 6.13 所示。其中红色线条是最小壁面压力的等值线，白色区域处抽吸孔打开，灰色区域处抽吸孔关闭。其中，反压比为 2 和 3 的工况，需打开无控状态下底壁面压力大于 5 732.3 Pa 区域的抽吸孔，即打开控制构型中 94 < x/D < 106 区域的抽吸孔；PR = 4 时，需打开壁面压力大于 6 182.3 Pa 区域的抽吸孔，即打开控制构型中 x/D > 92 区域的抽吸孔；PR = 4.5 时，需打开壁面压力大于 7 062.1 Pa 区域的抽吸孔，也是打开控制构型中 x/D > 92 区域的抽吸孔。

对控制流场进行计算分析，得到底壁面压力分布如图 6.14 所示，黑色线条为壁面 x 向切应力 τ_x = 0 的等值线，用以表征分离区边界线。由图可以看出，目前制定的方案对 PR = 2 和 PR = 3 两种工况控制效果较好，CPR2_1 和 CPR3_1 的诱导分离区的投影面积及底壁面新分离区的投影面积都有所减小。但是随着反压比的增加，在 CPR4_1 和 CPR4.5_1 工况中，诱导分离区的投影并没有减小，侧壁面新分离区的厚度明显增加，底壁面压力升高的区域前移。

对各工况分离区体积进行定量计算，并与无控工况进行对比，结果如表 6.4

(a) CPR2_1　　(b) CPR3_1
(c) CPR4_1　　(d) CPR4.5_1

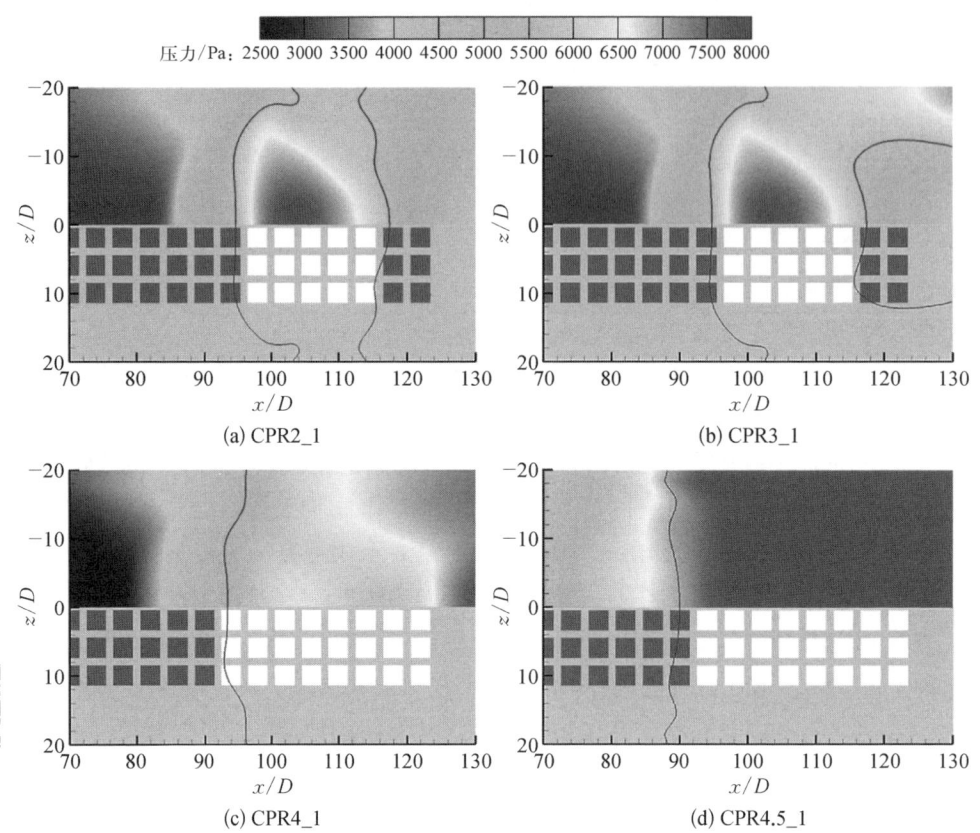

图 6.13　不同反压流场的初步控制方案

所示。其中，V_{s0} 为无控工况诱导分离区的体积，V_s 为控制状态诱导分离区体积与吹除孔分离区体积之和，V_{n0} 为无控工况反压引起的新分离区体积，V_n 为控制状态新分离区的体积。可以看出，工况 CPR2_1 和 CPR3_1 的控制效果较好，诱导分离区体积分别减小了 41.40% 和 39.96%，反压影响下形成的新分离区体积分别减小了 39.79% 和 1.54%。而在工况 CPR4_1 和 CPR4.5_1 中，虽然新分离区的体积有所减小，但主要控制对象诱导分离区体积反而分别增大了 92.35% 和 59.95%。

可以看出，初步制订的控制方案在反压比 PR = 4 和 PR = 4.5 下控制效果不佳，并没有给流场带来有益的影响，反压对流场的影响也更加深入。分析认为，第 3 章中制订的自适应控制方案是根据底壁面压力的变化形成的，当反压比 PR ≥ 3 时，抽吸孔区域的底壁面压力分布受到了影响，因此该控制方案不适用于反压变化情况下的流场，需要重新制订控制方案，并探索反压条件下的自适应控制机理。

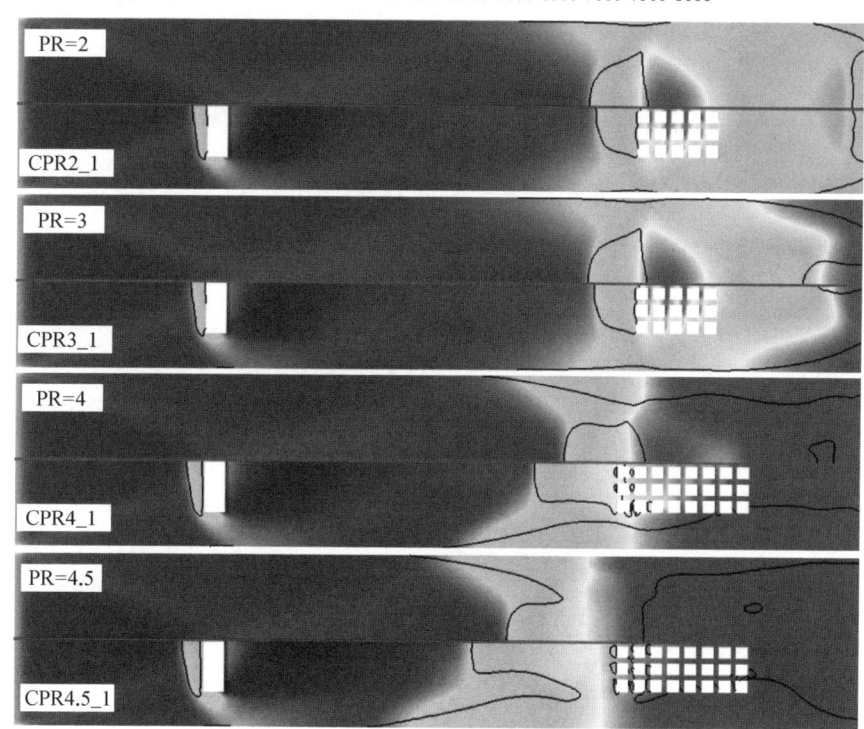

第 6 章　次流循环自适应控制在不同流场出口反压条件下的控制性能研究　161

图 6.14　不同反压比下的控制工况底壁面压力分布云图

表 6.4　不同反压比的分离区体积

工　况	V_s/mm^3	$[(V_s - V_{s0})/V_{s0}]$/%	V_n/mm^3	$[(V_n - V_{n0})/V_{n0}]$/%
PR = 2	28.254 8	—	182.373 5	—
CPR2_1	16.557 8	−41.40	109.812 5	−39.79
PR = 3	28.300 6	—	6 151.225 4	—
CPR3_1	16.991 5	−39.96	6 071.295 0	−1.54
PR = 4	50.278 1	—	10 433.921 9	—
CPR4_1	96.711 6	92.35	9 936.351 7	−4.77
PR = 4.5	192.262 1	—	12 515.297 9	—
CPR4.5_1	307.520 7	59.95	11 614.026 1	−7.20

"在流场启动后,关闭抽吸孔阵列区域内形成回流的抽吸孔,即可达到该特征流场的最佳控制效果"这一结论并不会因流场压力分布的改变而改变,推测其可以用于反压影响下的流场。

对各工况近底壁面附近的流线进行分析,如图 6.15 所示。其中流线红色部分表示该处 Y 向速度分量为正,绿色部分表示该处 Y 向速度分量为负。可以看出,CPR2_1 和 CPR3_1 两种工况中前沿部分抽吸孔处并无回流产生,只是在后沿 x/D = 116 ~ 124 处有三个抽吸孔产生了回流,此处回流距离诱导分离区较远,对诱导分离区体积大小的控制影响很小,因此 CPR2_1 和 CPR3_1 是有效的

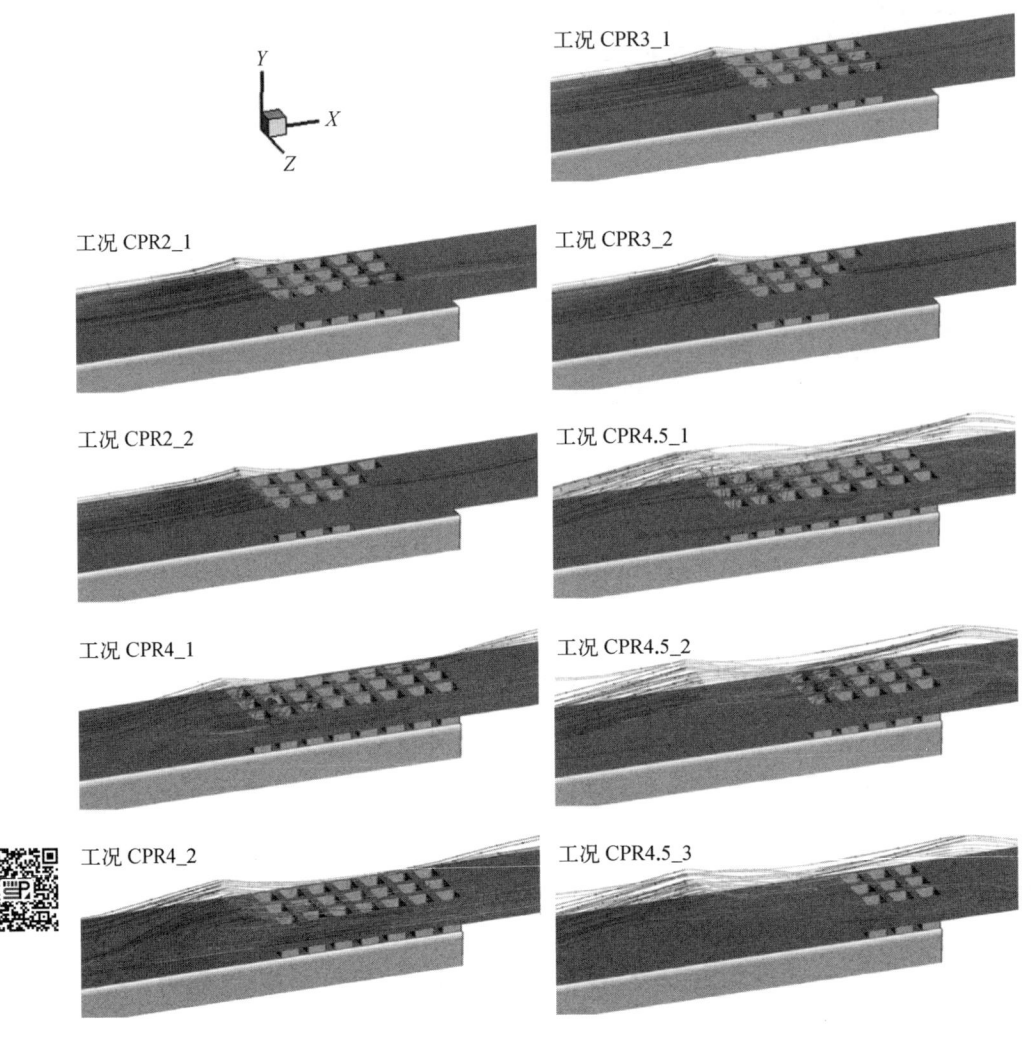

图 6.15 改进控制方案各工况近壁面流线图

控制方案，但仍需要继续优化；而 CPR4_1 和 CPR4.5_1 中多个前沿部分的抽吸孔中有回流产生，流体从近诱导分离区的抽吸孔中流入流场，使诱导分离区体积不降反增。因此，需要对控制工况进行改进，将产生回流的抽吸孔全部关闭。其中，CPR2_2 和 CPR3_2 关闭了 $116 < x/D < 124$ 区域的部分抽吸孔，此时抽吸孔无回流产生；CPR4_2 关闭了 $x/D < 96$ 区域的抽吸孔，此时流场抽吸孔处无回流产生；CPR4.5_2 关闭了 $x/D < 104$ 区域的抽吸孔，但此时在 $96 < x/D < 112$ 区域的抽吸孔中仍有回流产生，因此继续改变控制方案，关闭 $x/D < 112$ 区域的抽吸孔形成 CPR4.5_3，此时流场抽吸孔处无回流产生。

综上所述，将 CPR2_2、CPR3_2、CPR4_2 和 CPR4.5_3 分别作为 PR = 2、PR = 3、PR = 4 和 PR = 4.5 流场的控制工况，对其控制性能和控制机理进行进一步计算分析。

6.3.2 反压变化条件下的自适应控制对流场的影响

为分析加入次流循环控制后对流场流动结构的影响，图 6.16 给出了各反压无控工况和控制工况的 $z/D = 0$ 截面的密度梯度云图，从图中可以分析激波波系的变化。次流循环的吹除孔处会产生分离区，诱导出分离激波 C15，并使吹除孔后的底壁面边界层增厚，在 PR > 2 的工况中，C15 穿透了诱导激波 C1、分离激波 C6 和 C7 后形成激波 C18 入射到上壁面的边界层上；在抽吸孔阵列处，打开的抽吸孔会产生一系列弱斜激波 C16，它们与再附激波 C5 之间形成 VI 类激波干扰，合成一个较强激波 C17，但在 PR = 4.5 的工况中，并未形成 C16。相比于无控工况，各反压条件下的控制工况中分离激波 C2 和再附激波 C5 的强度均有所降低，这有助于总压恢复系数的提升，但在 PR = 4 和 PR = 4.5 工况中，控制的加入使分离激波 C2 的产生位置向流场上游移动。

选取反压比为 4 的无控工况和控制工况进行流向截面的激波结构分析，图 6.17 给出了 $x/D = 50$ 至 $x/D = 150$ 流场沿流向截面的密度梯度云图，其中左侧为无控工况 PR = 4，右侧为控制工况 CPR4_2。在 $x/D = 50$ 处，控制工况中明显可见底壁面边界层增厚，C1 与 C15 相交，侧壁面边界层增厚，底壁面与侧壁面交界处开始产生分离区；在 $x/D = 70$ 处，底壁面与侧壁面交界处分离区继续扩大，产生了分离激波 C16，强度较低；在 $x/D = 90$ 处，激波 C3 与 C16 干扰形成 λ 波，分离激波 C13 与 C15 呈十字相交，C6 与 C13 作用形成 C14，上壁面分离激波 C7 位置向上移动，说明控制后上壁面分离激波产生位置向下游移动，分离激波 C2 穿透 C1 产生的激波 C3 位置上移，说明 C2 产生位置前移，控制后的侧壁面分离区

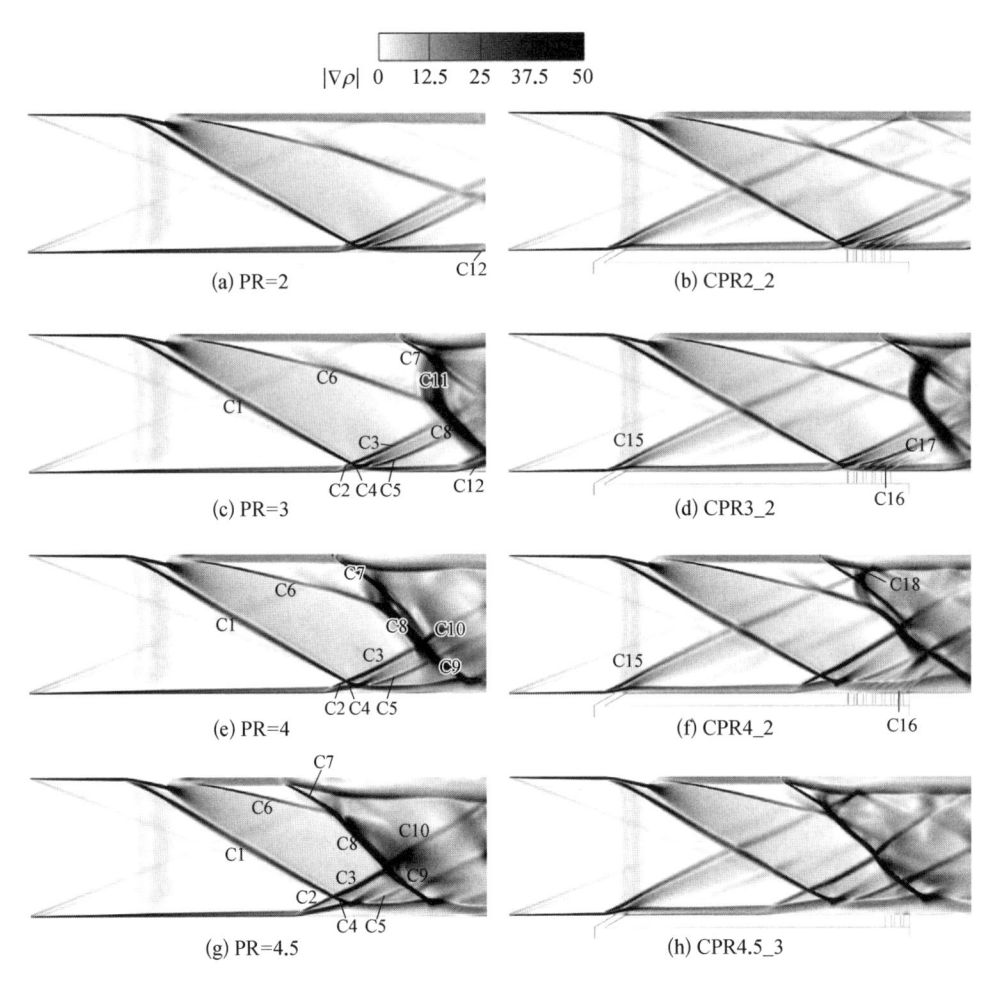

图 6.16 不同反压流场底壁面（$y/D = 0$）压力分布控制前后对比云图

与诱导分离区轮廓所围面积也有所减小；在 $x/D = 110$ 处，另一侧壁面产生的分离激波 C13′ 与 C7 相交形成 λ 波，可以推测控制后激波 C13 强度增大，底壁面和侧壁面交界处边界层范围明显扩大；在 $x/D = 130$ 处，C3 继续发展形成 C10，另一侧壁的激波 C14′ 进入这一半流场；在 $x/D = 150$ 处，流场基本被边界层覆盖，再附激波 C5 依稀可见。综合来看，加入控制后侧壁面分离区和诱导分离区均有所减小，但侧壁面和底壁面交界处分离区增大。

各反压加入控制后底壁面压力的变化如图 6.18 所示，侧壁面压力变化如图 6.19 所示，黑色等值线所围区域为分离区底壁面投影。加入控制后，在吹除孔上游区域产生了分离区，分离区附近和吹除孔侧边压力有所升高；PR = 2 情况下，

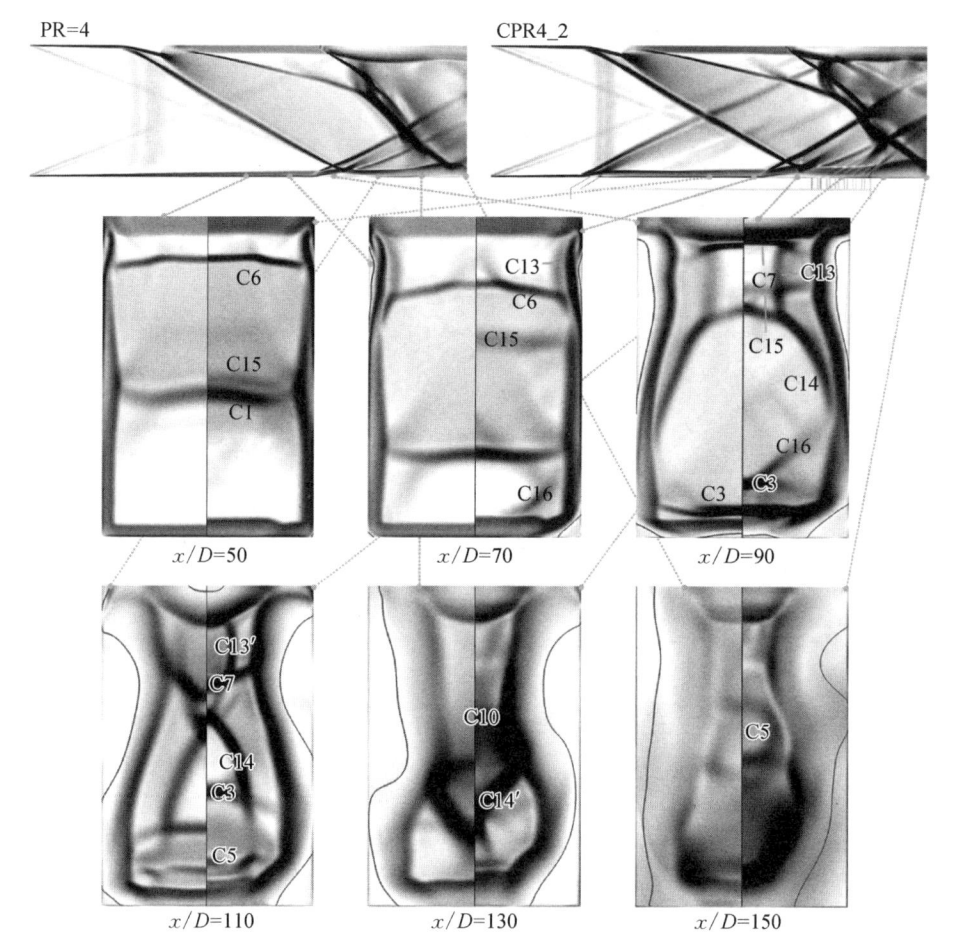

第 6 章　次流循环自适应控制在不同流场出口反压条件下的控制性能研究 165

图 6.17　PR = 4 时流场沿流线截面密度梯度控制
前后对比云图(红色等值线 U/U_∞ = 0)

诱导分离区投影面积减小,出口新分离区无明显变化,底壁面压力升高的影响范围减小,侧壁面无明显变化;PR = 3 时,诱导分离区范围缩小,出口中间的底壁面新分离区范围减小,侧壁面分离区范围也有所减小,但底壁面与侧壁面交界处分离区投影面积增大,壁面压力升高的影响范围明显减小;PR = 4 和 PR = 4.5 时,诱导分离区流向范围增大、展向范围减小,总投影面积减小,出口中间的底壁面新分离区消失,但侧壁面与底壁面交界处分离区投影面积增大,因此在底壁面附近,壁面压力升高的范围增大,上壁面附近分离区产生位置后移,压力升高影响范围也后移。

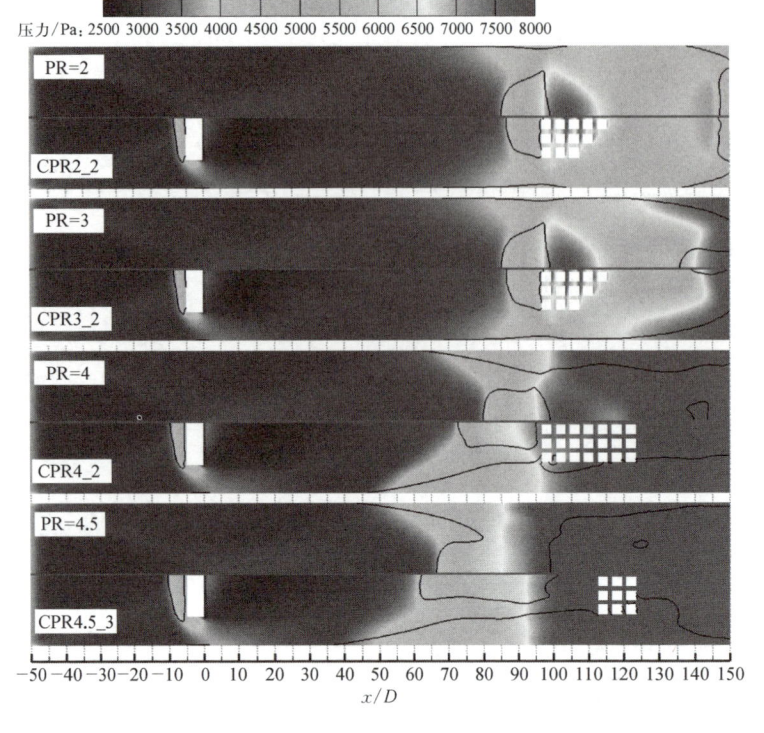

图 6.18　不同反压流场底壁面（$y/D = 0$）压力分布控制前后对比云图

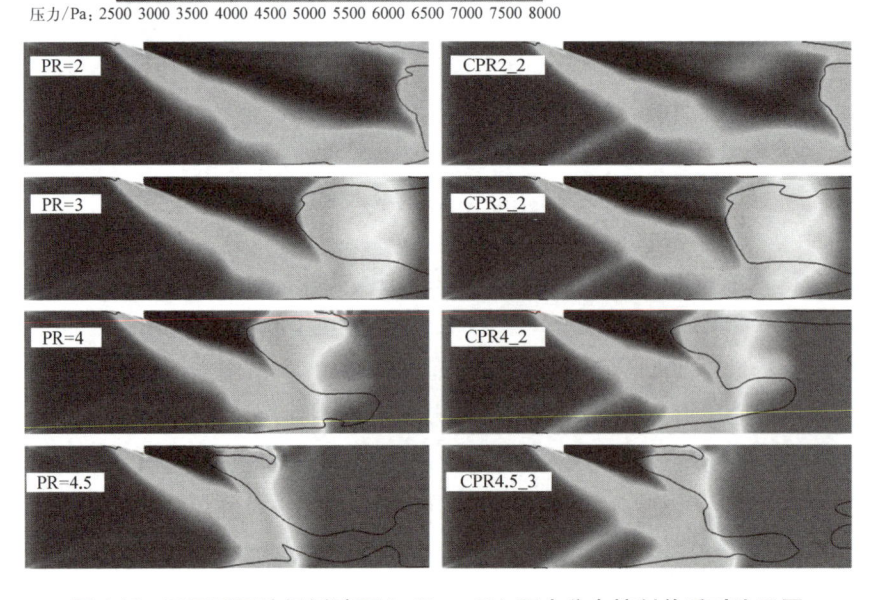

图 6.19　不同反压流场侧壁面（$z/D = 20$）压力分布控制前后对比云图

综上所述，有效次流循环控制的加入会使诱导分离区体积减小，侧壁面新分离区体积减小，但底壁面与侧壁面交界处新分离区会增大。定量计算的结果如表 6.5 所示。其中，V_s 为诱导分离区的体积和吹除孔分离区体积之和，V_n 为受反压影响产生的新分离区体积之和。可以看出，控制方案 CPR2_2、CPR3_2、CPR4_2、CPR4.5_3 都有效减小了诱导分离区的体积，PR = 2 和 PR = 3 时分别减小了 39.87% 和 39.93%；PR ≥ 4 时，反压开始对诱导分离区产生影响，此时诱导分离区的控制效果随着反压的增大而减小，PR = 4 和 PR = 4.5 时分别减小了 28.56% 和 19.89%；而受反压影响产生的新分离区体积控制效果较为一般，这是因为控制构型在底壁面，主要针对的是诱导分离区的控制，而新分离区体积是诱导分离区的几十倍，且主要位于侧壁面。

表 6.5 不同反压流场控制前后分离区体积

工 况	V_s/mm^3	$[(V_s - V_{s0})/V_{s0}]/\%$	V_n/mm^3	$[(V_n - V_{n0})/V_{n0}]/\%$
PR = 2	28.254 8	—	182.373 5	—
CPR2_2	16.989 3	−39.87	115.430 2	−36.71
PR = 3	28.300 6	—	6 151.225 4	—
CPR3_2	16.999 9	−39.93	6 033.078 8	−1.92
PR = 4	50.278 1	—	10 433.921 9	—
CPR4_2	35.916 4	−28.56	10 293.936 5	−1.34
PR = 4.5	192.262 1	—	12 515.297 9	—
CPR4.5_3	154.013 8	−19.89	11 562.649 4	−7.61

不同反压流场控制后总压恢复系数沿流向分布的变化如图 6.20 所示。其中，实线是无控工况，虚线是控制工况的总压恢复系数。相对于无控工况，各反压控制工况的总压恢复系数有一个先降低后升高再降低的过程，结合激波结构分析，第一次降低是吹除孔的引入产生了分离激波造成的，在 $x/D = -10$ 附近；升高的过程是因为控制工况中新分离区和诱导分离区减小，这些分离区的分离激波和再附激波的强度降低；再次降低是因为抽吸孔处产生激波，但是强度不大。各工况流场出口处的总压恢复系数如表 6.6 所示。由表可以看出，只有 PR = 3 时，总压恢复系数在加入控制后降低了 1.00%，其余反压比流场加入控制后均有所提升，PR = 2 时提高了 0.25%，PR = 4 时提高了 0.02%，PR = 4.5 时提高了 0.92%。

说明次流循环自适应控制在提高总压恢复系数方面起到了有益效果。

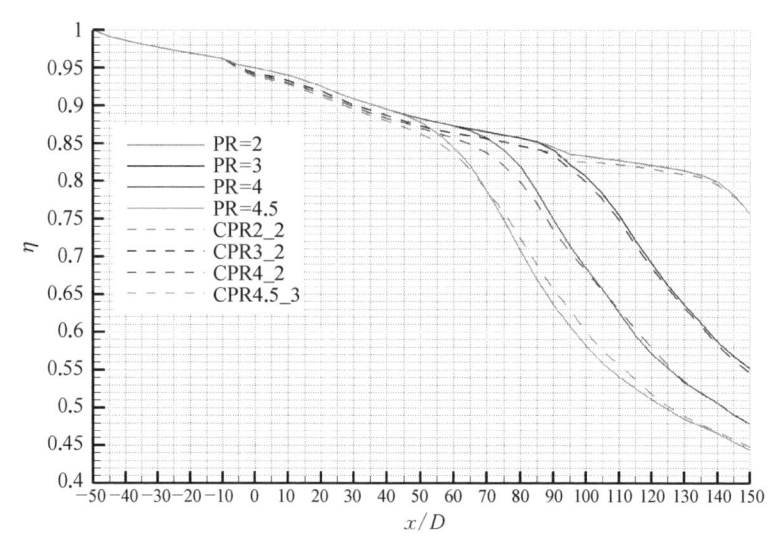

图 6.20　不同反压流场沿流向总压恢复系数分布控制前后对比图

表 6.6　不同反压流场控制前后总压恢复系数与峰值热流

工况	$\sigma/\%$	$(\sigma - \sigma_0)/\sigma_0/\%$	$St_s/10^{-4}$	$[(St_s - St_{s0})/St_{s0}]/\%$	$St_d/10^{-4}$	$[(St_d - St_{d0})/St_{d0}]/\%$
PR = 2	75.66	—	9.80	—	8.52	—
CPR2_2	75.85	0.25	11.12	13.48	22.38	162.57
PR = 3	55.21	—	14.64	—	10.13	—
CPR3_2	54.66	−1.00	12.57	−14.11	22.36	120.74
PR = 4	47.88	—	12.99	—	9.21	—
CPR4_2	47.89	0.02	13.91	7.03	26.44	186.98
PR = 4.5	44.35	—	15.37	—	11.18	—
CPR4.5_3	44.76	0.92	13.11	−14.71	17.25	54.28

为分析加入控制后底壁面的壁面热流分布变化,给出了图 6.21,图中展示了底壁面斯坦顿数控制前后对比云图。可以看出,抽吸孔后沿均产生了较高的热流,并提高了整个底壁面的峰值热流。PR = 2 时,诱导分离区后的高热流区域减小;PR = 3 时,诱导分离区后的高热流区域减小,出口处中线高热流区域消失;PR = 4 时,高壁面热流范围增大,并深入了流场上游;PR = 4.5 时,出口处中线位

置高热流区域热流降低,范围减小。说明控制的加入大多情况下会降低高热流的范围。

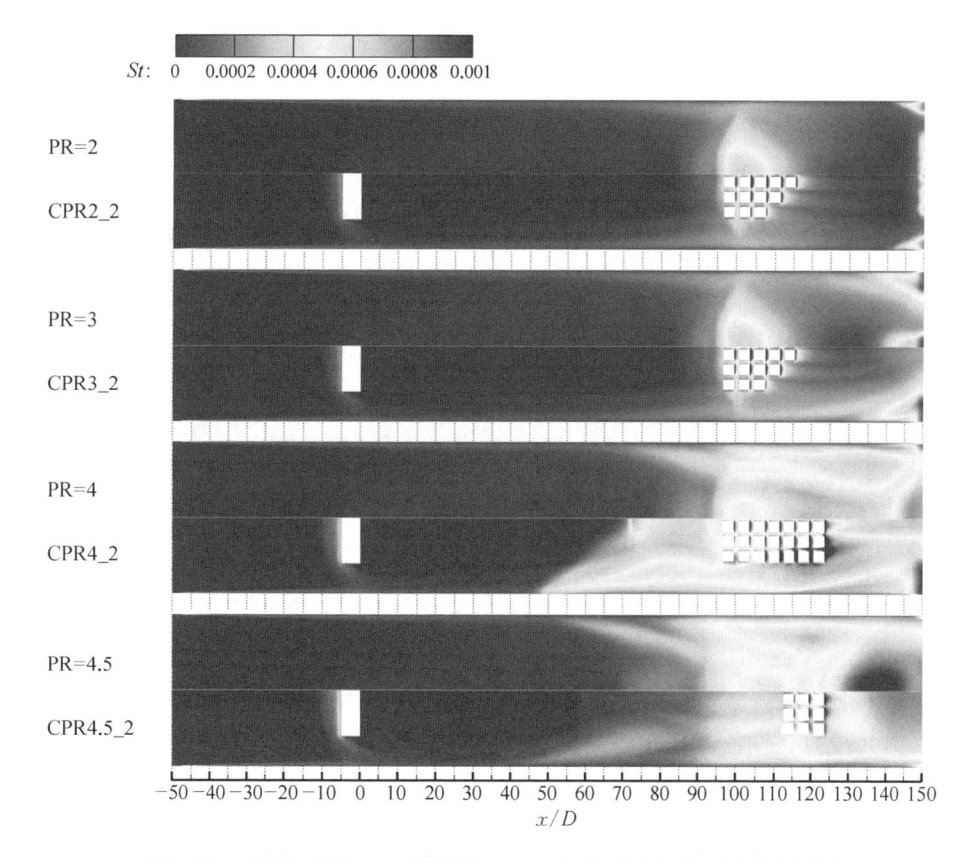

图 6.21 不同反压流场底壁面 ($y/D = 0$) 处 St 控制前后对比云图

定量计算各工况底壁面与侧壁面的峰值热流,结果如表 6.6 所示。其中,St_d 为底壁面的峰值斯坦顿数,St_s 为侧壁面的峰值斯坦顿数。其中,侧壁面热流峰值在 PR = 4.5 时控制效果最佳,降低了 14.71%,但底壁面热流峰值在 PR = 4.5 时最低都增加了 54.28%,因此在峰值热流控制方面是负增益。

6.3.3 反压变化条件下的自适应控制机理

由前述可知,随着反压比的升高,反压对流场底壁面压力分布会造成越来越大的影响,第 4 章中的自适应控制机理不再适用,需探索出在反压变化条件下的自适应控制机理。通过对 6.3.2 节中不同反压条件下的最佳控制工况进行分析,发现开孔范围的最小压力 $P_{\min}$ 与抽吸孔阵列范围内的最大压力 $P_{\max}$ 之间存在一定的关系。

由图 6.1 可以看出,次流循环控制构型的抽吸孔呈阵列均匀分布在底壁面的 $52.6 \leqslant x/D \leqslant 123.4$ 且 $-11.4 \leqslant z/D \leqslant 11.4$ 的范围。由底壁面压力分布图 6.7 和底壁面中线沿流向静压力分布图 6.9 可知,工况 PR=0、PR=2 和 PR=3 在抽吸孔阵列范围内底壁面的最大压力 P_{max} 位于 $x/D = 103.3$、$z/D = 0$ 处,值为 7 970.0 Pa;工况 PR=4 在抽吸孔阵列范围内的底壁面最大压力位于 $x/D = 123.4$、$z/D = 11.4$ 处,值为 8 672.7 Pa;工况 PR=4.5 在抽吸孔阵列范围内的底壁面最大压力位于 $x/D = 123.4$、$z/D = 0$ 处,值为 11 286.0 Pa。

图 6.9 中,工况 PR=0 第一次压力升高点位置为 $x/D = 83.5$,第二次压力升高点位置为 $x/D = 94.5$,两点中点位置为 $x/D = 89.0$,且 $x/D = 89.0$ 处压力低于 $x/D = 123.4$ 处。结合抽吸孔范围,将 $89.0 \leqslant x/D \leqslant 123.4$ 且 $-11.4 \leqslant z/D \leqslant 11.4$ 范围的壁面压力进行面平均计算,求得结果 $\bar{P} = 6\ 236.1$ Pa,其与范围内壁面最大压力 P_{max} 之间的差值 $\Delta P = 1\ 733.9$ Pa。

研究发现,有效控制方案中抽吸孔打开范围内的最小壁面压力 P_{min} 与抽吸孔阵列范围内的最大压力 P_{max} 之间满足如下关系:

$$P_{min} = P_{max} - \Delta P \tag{6.3}$$

在 $Ma = 3$ 情况下,ΔP 取定值 1 733.9 Pa,不随反压的变化而变化。

由式(6.3)可知,工况 PR=2 和 PR=3 开孔范围的最小压力为 6 236.1 Pa,工况 PR=4 开孔范围的最小压力为 6 938.8 Pa,工况 PR=4.5 开孔范围的最小压力为 9 552.1 Pa。将其代入开孔方案中,所得结果如图 6.22 所示。其中,上半部分为无控状态下底壁面压力分布云图,线条为各反压工况开孔范围最小压力的等值线。所得开孔方案与 6.3.2 节中的有效控制方案相同,因此认为式(6.3)描述的自适应控制机理适用于 $Ma = 3$ 时不同反压流场,利用该机理制订的自适应控制方案可以对各反压流场进行有效控制。

6.3.4 反压变化条件下的自适应控制机理验证

将所得机理应用于 $Ma = 2.5$ 和 $Ma = 3.5$ 的流场中进行验证。计算中发现,在 $Ma = 2.5$ 时对流场施加反压,当反压比 PR 达到 3 时,流场无法产生诱导激波,$Ma = 3.5$ 时反压比达到 5 也无法产生诱导激波。因此,$Ma = 2.5$ 时选取 PR = 2.5 的流场、$Ma = 3.5$ 时选取 PR = 4.5 的流场进行验证,部分流场参数如表 6.7 所示,其余参数与前文保持一致。

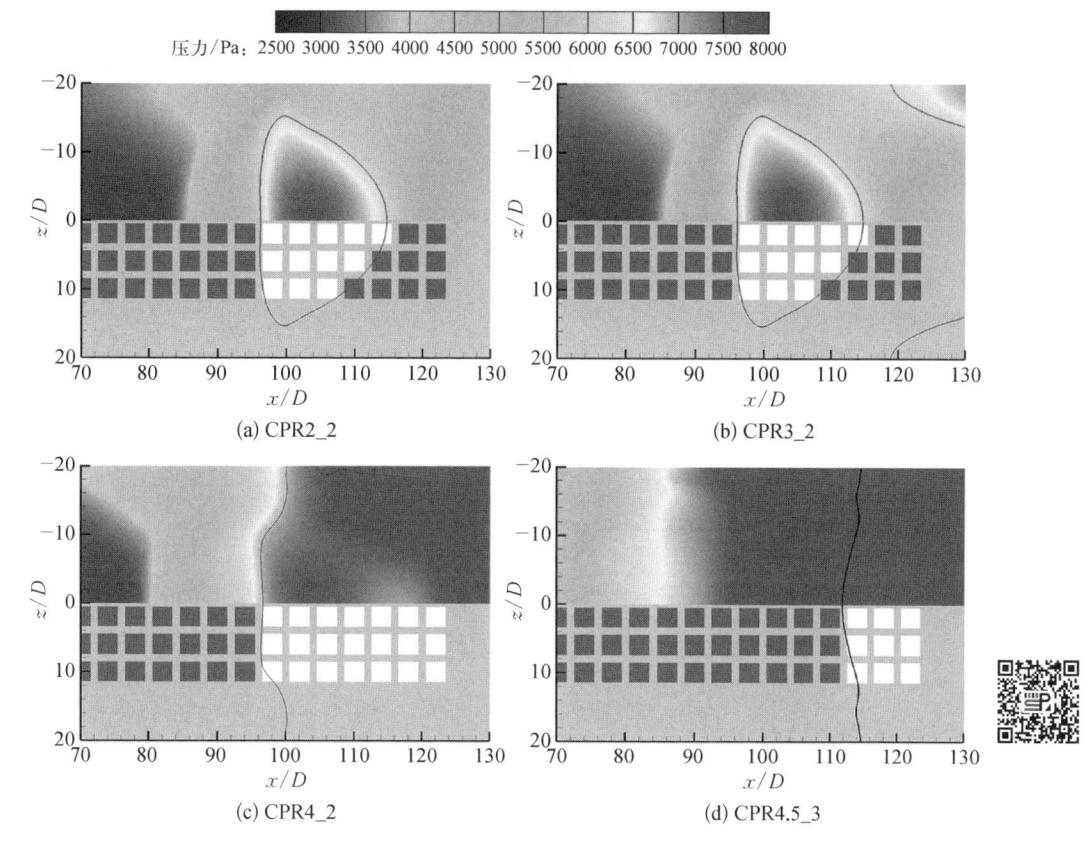

第 6 章　次流循环自适应控制在不同流场出口反压条件下的控制性能研究 **171**

(a) CPR2_2　　(b) CPR3_2

(c) CPR4_2　　(d) CPR4.5_3

图 6.22　不同反压流场的改进控制方案

表 6.7　对 $Ma = 2.5$ 与 $Ma = 3.5$ 流场施加反压后的流场参数

工况	Ma	P_{in}/Pa	P_{out}/Pa	PR
PR = 2.5	2.5	2 758.4	6 896.0	2.5
CPR2.5	2.5	2 758.4	6 896.0	2.5
PR = 4.5	3.5	2 758.4	12 412.8	4.5
CPR4.5	3.5	2 758.4	12 412.8	4.5

该两种马赫数来流底壁面中线沿流向压力分布如图 6.23 所示。结合底壁面压力分布，PR = 0 时，$Ma = 2.5$ 流场抽吸孔阵列范围内壁面最大压力位于 $x/D = 82.8$、$z/D = 0$ 处，为 6 993.1 Pa，$Ma = 3.5$ 流场抽吸孔阵列范围内壁面最大压力位于 $x/D = 82.8$、$z/D = 0$ 处，为 8 725.8 Pa。在 $Ma = 2.5$ 且 PR = 2.5 时，抽吸

孔阵列范围内底壁面最大压力点位于 x/D = 83.0、z/D = 0 处,为 6 982.8 Pa;在 Ma = 3.5 且 PR = 4.5 时,抽吸孔阵列范围内底壁面最大压力点位于 x/D = 123.4、z/D = 0 处,为 9 872.7 Pa。

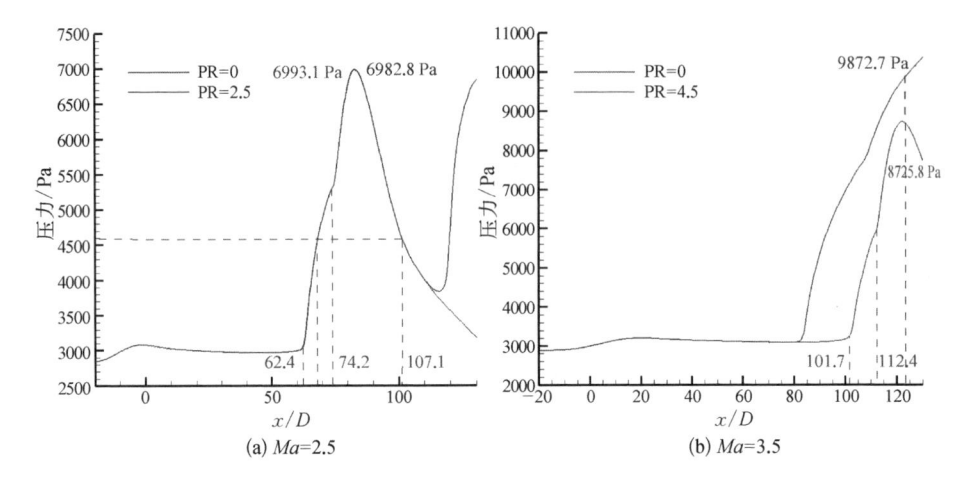

图 6.23 Ma = 2.5 和 Ma = 3.5 时施加反压流场底壁面中线沿流向压力分布图

Ma = 2.5 时第一次压力升高点位置为 x/D = 62.4,第二次压力升高点位置为 x/D = 74.2,两点中点位置为 x/D = 68.3,x/D = 123.4 处压力低于 x/D = 68.3 处,与 x/D = 68.3 处压力相同的点位于 x/D = 101.3,结合抽吸孔范围,将 68.3 ≤ x/D ≤ 101.3 且 −11.4 ≤ z/D ≤ 11.4 范围的壁面压力进行面平均计算,求得结果 $\bar{P}$ = 5 711.4 Pa,其与范围内壁面最大压力 P_{max} 之间的差值 ΔP = 1 281.7 Pa。Ma = 3.5 时第一次压力升高点位置为 x/D = 101.7,第二次压力升高点位置为 x/D = 112.4,两点中点位置为 x/D = 107.1,x/D = 123.4 处压力高于 x/D = 107.1 处,结合抽吸孔范围,将 107.1 ≤ x/D ≤ 123.4 且 −11.4 ≤ z/D ≤ 11.4 范围的壁面压力进行面平均计算,求得结果 $\bar{P}$ = 6 848.5 Pa,其与范围内壁面最大压力 P_{max} 之间的差值 ΔP = 1 879.3 Pa,结果如表 6.8 所示。

表 6.8 反压下的自适应控制机理参数

Ma	P_{max}/Pa	$\bar{P}$/Pa	ΔP/Pa
2.5	6 993.1	5 711.4	1 281.7
3.0	7 970.0	6 236.1	1 733.9
3.5	8 725.8	6 848.5	1 879.3

第 6 章　次流循环自适应控制在不同流场出口反压条件下的控制性能研究

将 Ma = 2.5 与 Ma = 3.5 施加反压流场中底壁面最大壁面压力减去相应的 ΔP,得到 2.5CPR2.5(表示 Ma = 2.5,PR = 2.5,下同)和 3.5CPR4.5 控制流场中抽吸孔打开范围的最小壁面压力分别为 5 701.1 Pa 和 7 993.4 Pa,自适应控制方案如图 6.24 所示。其中红色线条为无控流场中壁面压力 5 701.1 Pa 和 7 993.4 Pa 的等值线。

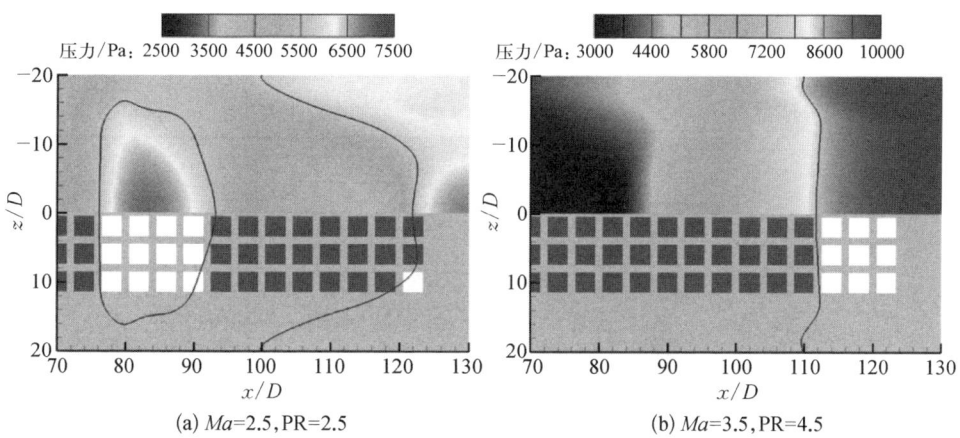

(a) Ma=2.5,PR=2.5　　(b) Ma=3.5,PR=4.5

图 6.24　Ma = 2.5 和 Ma = 3.5 时施加反压流场的自适应控制方案

控制结果如表 6.9 和表 6.10 所示。对于 Ma = 2.5 且 PR = 2.5 的流场,自适应控制有效降低了诱导分离区 35.38% 的体积,但反压诱导产生的新分离区增加了 6.42%;总压恢复系数也降低了 0.82%;底壁面热流峰值减小了 13.33%,这是由于反压影响区的峰值壁面热流高于抽吸孔后沿的壁面热流,如图 6.25 所示,故控制的加入降低了底壁面热流峰值,同时侧壁面热流峰值降低了 13.12%。从控制结果来看,形成了有效控制,符合自适应控制的预期。

表 6.9　不同反压流场控制前后分离区体积

工况	V_s/mm³	$[(V_s - V_{s0})/V_{s0}]$/%	V_n/mm³	$[(V_n - V_{n0})/V_{n0}]$/%
2.5PR2.5	38.014 4	—	3 919.248 6	—
2.5CPR2.5	24.565 9	−35.38	4 170.830 1	6.42
3.5PR4.5	145.145 5	—	11 709.864 5	—
3.5CPR4.5	100.152 4	−31.00	11 101.156 4	−5.20

表 6.10　不同反压流场控制前后总压恢复系数与峰值热流

工况	$\sigma/\%$	$(\sigma - \sigma_0)/\sigma_0/\%$	$St_s/10^{-4}$	$[(St_s - St_{s0})/St_{s0}]/\%$	$St_d/10^{-4}$	$[(St_d - St_{d0})/St_{d0}]/\%$
2.5PR2.5	78.25	—	43.66	—	39.33	—
2.5CPR2.5	77.61	−0.82	37.93	−13.12	34.09	−13.33
3.5PR4.5	58.93	—	8.03	—	4.13	—
3.5CPR4.5	58.87	−0.11	7.37	−8.19	11.32	173.87

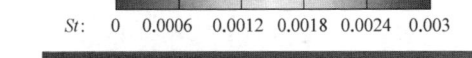

图 6.25　$Ma = 2.5$ 有反压时控制工况底壁面 St 分布云图对比

$Ma = 3.5$ 且 PR = 4.5 的流场中，自适应控制有效降低了 31.00% 的诱导分离区体积，反压影响产生的新分离区体积降低了 5.20%；总压恢复系数降低了 0.11%；侧壁面热流峰值降低了 8.19%，底壁面热流峰值升高了 173.87%，同样达成了有效控制，符合预期。

图 6.26 也给出了两种控制工况的近壁面流线图。其中，红色流线 Y 向速度为正，绿色流线 Y 向速度为负。可以看出，两种控制工况中每一个打开抽吸孔均无回流产生，符合前文中最佳自适应控制方案的要求。

因此，6.3.3 节中所述自适应控制机理适用于 $Ma = 2.5$ 和 $Ma = 3.5$ 流场，通过该机理制订的自适应控制方案可对该两种马赫数下有反压流场进行有效控制。对表 6.8 中的数据进行拟合，得到在流场有反压时，抽吸孔打开范围内的最小壁面压力 P_{min} 与抽吸孔阵列范围内的最大压力 P_{max} 之间的差值 ΔP 与 Ma 的关系式为

$$\Delta P = -613.6Ma^2 + 4279Ma - 5581 \tag{6.4}$$

其中，ΔP 不受 PR 变化的影响，式(6.4)在 $2.5 \leqslant Ma \leqslant 3.5$ 时成立。

(a) 2.5CPR2.5

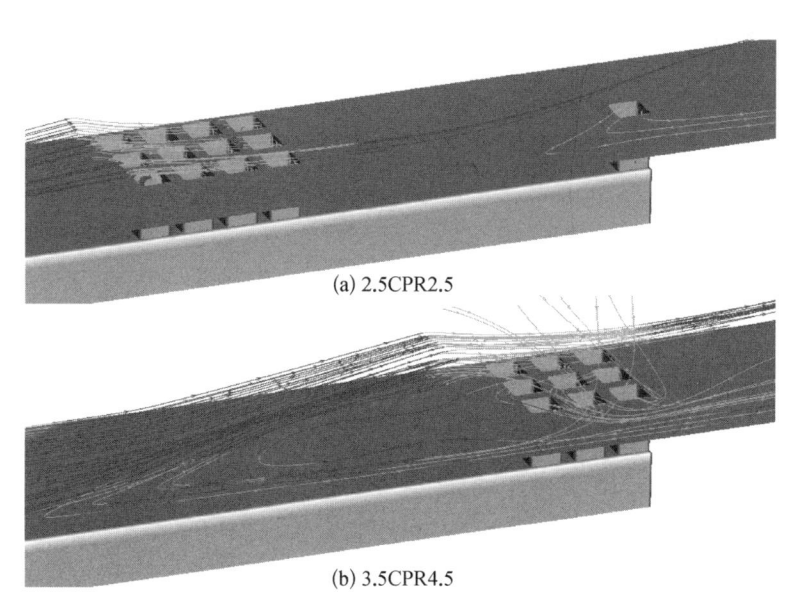

(b) 3.5CPR4.5

图 6.26　Ma = 2.5 和 Ma = 3.5 有反压时控制工况底壁面附近流线图

6.4　本章小结

本章选取了第 5 章中的最优控制构型,研究其在流场施加不同大小反压时的控制性能和自适应控制机理。采用数值模拟方法,研究了 Ma = 3 时反压比对流场的影响,对各不同反压比工况施加自适应控制并对控制效果进行了计算分析。探索出了反压变化条件下的自适应控制方案和机理,验证其在施加了不同反压的 Ma = 2.5 和 3.5 流场的适用性,所得结论如下。

（1）反压会造成出口附近壁面压力增大,形成高逆压梯度,导致壁面处新分离区和高局部热流的产生,其中侧壁面新分离区最大,新分离区的分离和再附又产生了新的激波,与原有激波之间在三维上形成了复杂的相互干扰,造成新的总压损失,使总压恢复系数降低。

（2）当流场出口静压与入口静压的比值,即反压比 PR ≤ 1 时,反压对流场内部不会造成影响;随着反压比的增大,反压对流场的影响逐渐深入,同时新分离区的大小和影响范围增加,总压恢复系数降低,壁面热流升高区域的范围增大、峰值热流增加;特别地,在 PR ≥ 4 时,反压会对斜激波诱导产生的诱导分离区造成影响,区域附近壁面热流峰值减小,诱导分离区的体积在此之后随着反压比的增大而增大。

(3) 在施加了反压的情况下,第 4 章中的自适应控制方程不再适用,故利用抽吸孔处不产生回流即为有效控制这一结论制订自适应控制方案,对不同反压的流场进行控制。

结果表明,次流循环自适应控制可以对不同反压条件下的流场进行有效控制,但控制效果不如无反压流场。其中,自适应控制能有效减小斜激波诱导产生的分离区体积,PR = 3 时控制效果最佳,能减小 39.87%,PR ≥ 3 后,控制效果随着反压的增大而降低;自适应控制也能减小反压影响产生的新分离区的体积,其中 PR = 2 时效果最佳,可以减小 36.71%,但在反压增大后,新分离区体积增大,虽然能减小体积,但控制效果不明显。

加入控制后,流场波系结构发生变化,吹除孔处产生了新的分离激波,诱导分离区和部分新分离区的分离激波和再附激波强度减弱,这使得流场的总压恢复系数有所变化,除 PR = 3 的工况降低了 1.00% 外,均有所提高。PR = 4.5 时最高,总压恢复系数提高了 0.92%。

控制构型的加入会增大壁面的峰值热流,PR = 4 时最高,提高了 186.98%,但控制能有效减小高壁面热流的分布范围。

(4) 不同反压条件下的自适应控制机理为:在 Ma = 3 时,抽吸孔打开范围内的最小壁面压力 P_{min} 与抽吸孔阵列范围内的最大压力 P_{max} 之间的差值 ΔP 取定值 1 733.9 Pa,不随反压大小的变化而变化。其中,ΔP 是通过工况 PR = 0 时抽吸孔范围内最高壁面压力与特定范围内的壁面平均压力之差计算得到的;特定范围流向的前沿由工况 PR = 0 时底壁面中线压力分布中的第一次压升点和第二次压升点确定,展向范围与抽吸孔范围一致。

(5) 上述机理同样适用于不同来流马赫数的流场,只是差值 ΔP 有所变化,在 Ma = 2.5 和 Ma = 3.5 的流场中得到了验证。通过分析得到了有反压条件下,$2.5 \leqslant Ma \leqslant 3.5$ 时 ΔP 与 Ma 的关系式。

第 7 章

微型涡流发生器与次流循环组合体控制机理研究

在超声速激波/边界层干扰流场控制机理研究过程中,为了改善传统微型涡流发生器的不足,基于第 3 章的研究结果及第 4 章提出的次流循环控制方式,提出了微型涡流发生器与次流循环的组合控制思路。本章以第 3 章中工况 $X^* = 5$ 为组合体中微型涡流发生器的基础模型,将不同构型的次流循环与其组合,评估不同组合的控制效果,得到控制性能更优的新型控制体基本组合方式。新型控制体对分离区的控制效果更加显著,在微型涡流发生器的基础上进一步减小了分离泡的体积,并减小了由于微型涡流发生器的引入导致的流场总压损失。

7.1 物理模型与网格划分

7.1.1 物理模型

本章所用流场与第 3 章相同,其中微型涡流发生器(MVG)在流场中的流向位置改变对 SWBLI 控制作用的影响已经在第 3 章进行了充分的讨论,能够发现随着 MVG 向下游靠近,对分离区的减小是非常显著的。因此,组合体以工况 $X^* = 5$ 的 MVG 位置为基准,将其与不同通道数量的次流循环相组合,如图 7.1 所示。

图 7.1(a) 为 Model 1/Model 2 几何模型示意图,其中次流循环的分布参考 Du 等[68]的研究结果。区别在于次流循环的通道角度不同,以此来分析次流通道角度对控制效果的影响。图 7.1(b) 为 Model 3 几何模型示意图,其次流通道角度与 Model 1 相同,在此主要对比分析微型涡流发生器与次流循环抽吸孔和吹除孔的相对流向位置对控制效果的影响。Model 1、Model 2、Model 3 均为一个

(a) Model 1/Model 2 几何模型

(b) Model 3 几何模型

(c) Model 4 几何模型

(d) Model 5 几何模型

(e) Model 6 几何模型

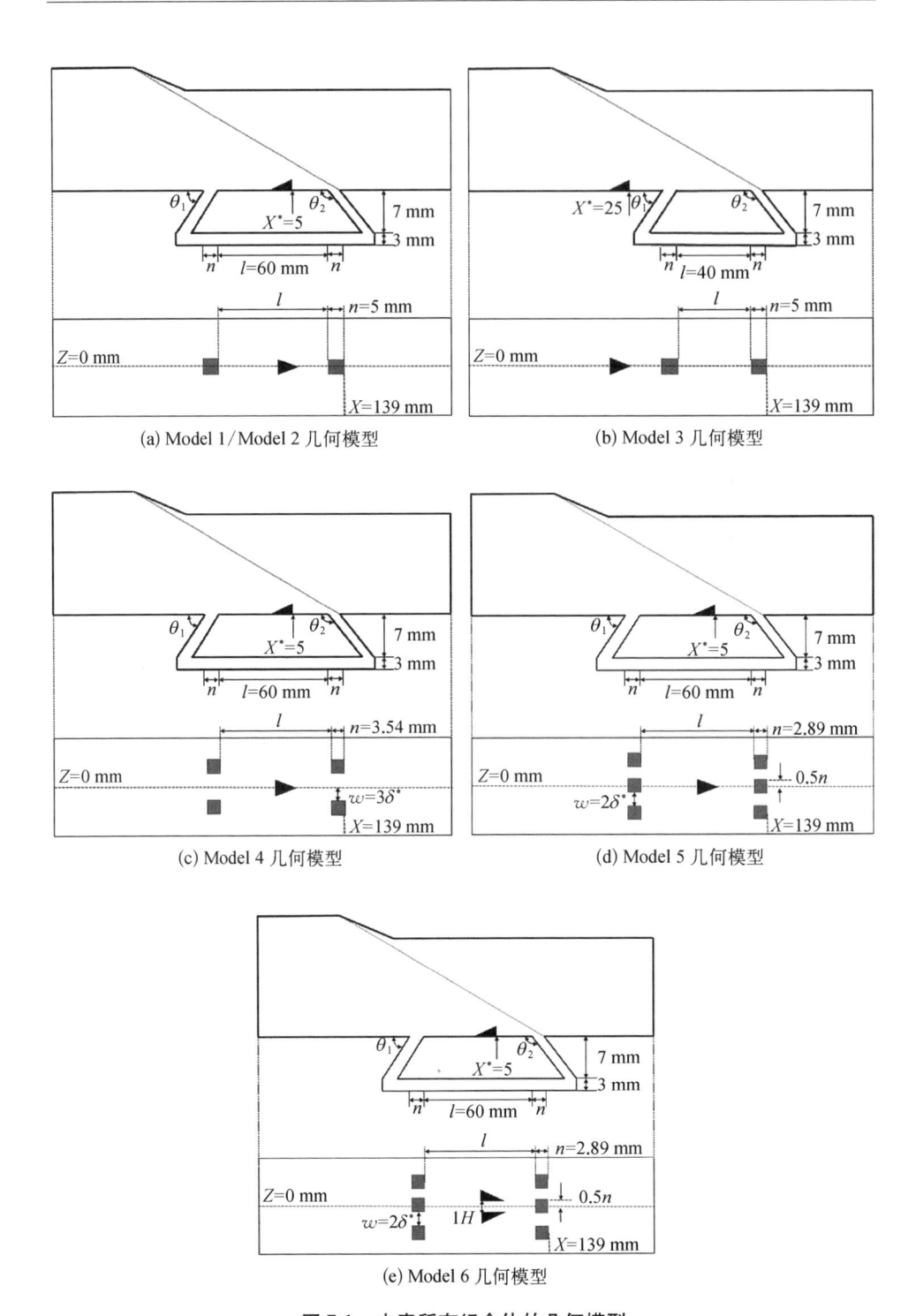

图 7.1　本章所有组合体的几何模型

微型涡流发生器与单通道次流循环的组合。Model 4、Model 5 分别是涡流发生器与双通道次流循环和三通道次流循环的组合。这里为保持次流循环流量一致,通道孔的总面积不变。具体几何参数如表 7.1 所示。

表 7.1 本章所用控制体几何参数

Model	MVG	SR	w/mm	l/mm	θ_1/(°)	θ_2/(°)
Model 1	$X^* = 5$	1+1	5	60	58.1	121.9
Model 2	$X^* = 5$	1+1	5	60	30	150
Model 3	$X^* = 25$	1+1	5	40	58.1	121.9
Model 4	$X^* = 5$	2+2	3.54	60	58.1	121.9
Model 5	$X^* = 5$	3+3	2.89	60	58.1	121.9
Model 6	$S\_X^* = 5$	3+3	2.89	60	58.1	121.9

表 7.1 中,MVG 一列表示组合体中使用的 MVG 流向位置,与第 3 章的工况相对应。其中,Model 6 中所用 MVG 为 Split-microramp 型 MVG,即将传统 MVG 从对称线分离,两个分离 MVG 的距离与 MVG 的尾缘高度相等,均为 $1H$。SR 一列表示次流循环的通道数量排布,w 为正方形次流通道的孔宽,l 为次流通道抽吸孔与吹除孔的间距,θ_1 为吹除通道与下壁面的夹角,θ_2 为抽吸通道与下壁面的夹角,$\theta_1 + \theta_2 = 180°$。

来流和边界条件与第 3 章相同,在此不再赘述。SR 的边界条件与下壁面、上壁面和 MVG 边界条件一致。

7.1.2 网格划分

采用 ANSYS ICEM 软件对组合体模型的计算域进行建模与划分。图 7.2 为 Model 1 的计算域。网格在靠近激波发生位置、底壁面处、涡流发生器及次流通道孔附近进行加密。涡流发生器使用 Y-block 划分,壁面第一层网格高度设置为 0.001 5 mm,使得壁面 $y^+ < 1.0$。次流循环前缘、后缘均做了钝化处理,钝化半径为 0.1 mm,如图 7.2(c) 所示。其余几个组合模型的网格划分类似。

图 7.3 为 Model 1 应用于超声速激波/边界层干扰流场中,使用不同规模网格(2 890 920 个单元、4 087 980 个单元、5 596 704 个单元)时计算所得对称面上 $y = 10$ mm 处的静压和马赫数分布曲线。由图可见,不同规模的网格计算所得结果差异很小。为保证计算效率并确保满足计算精度,本章研究中采用中等规模

(a) Model 1网格划分

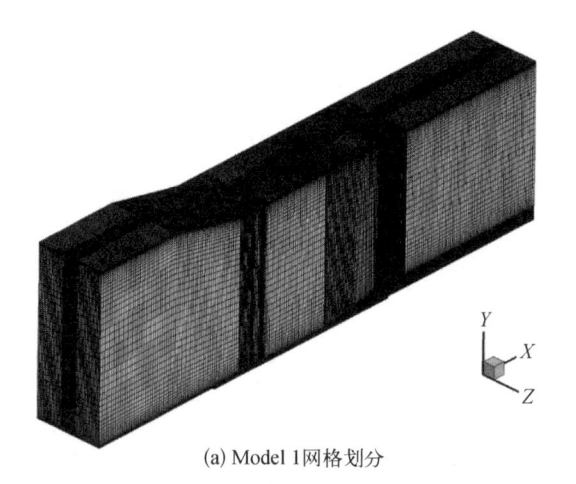

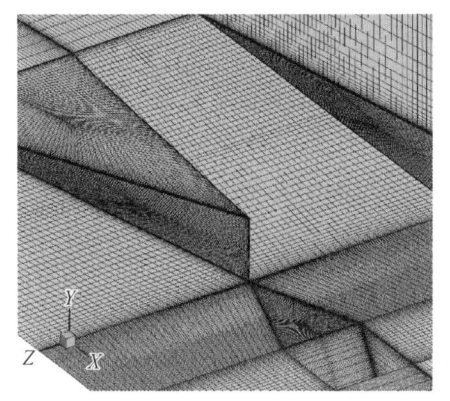

(b) 微型涡流发生器附近网格

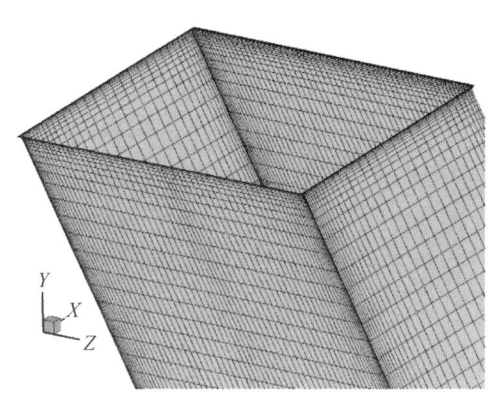

(c) 次流循环抽吸孔附近网格

图 7.2　Model 1 网格划分

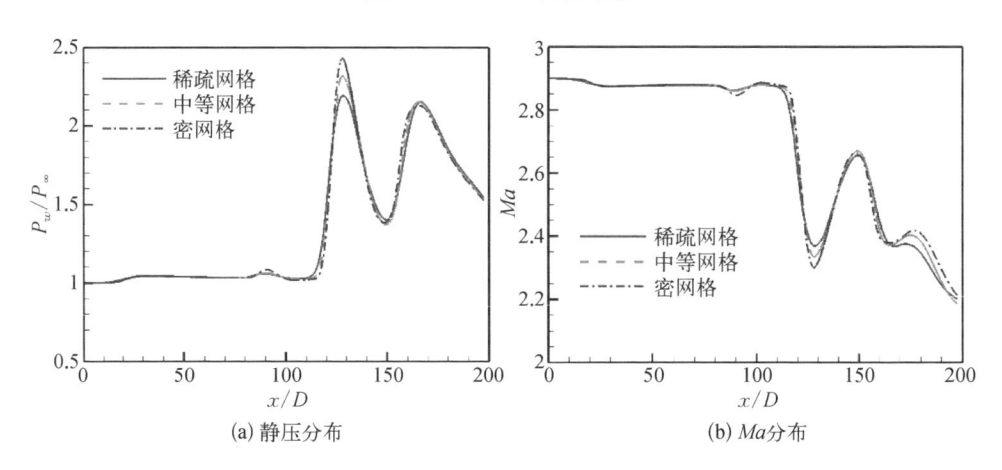

(a) 静压分布

(b) Ma 分布

图 7.3　Model 1 网格无关性验证

的网格进行数值仿真。

7.2 数值结果与讨论

7.2.1 流场结构对比

第 3 章中微型涡流发生器周边的绕流流场呈现出明显的三维结构特性,并且本章使用的不同组合体模型中微型涡流发生器与次流循环的分布具有明显的展向差异,因此研究微型涡流发生器与次流循环组合体对空间波系在展向的影响有非常重要的意义。

图 7.4 为本章研究中所使用的所有组合体周边流动结构,其中流向截面用密度梯度云图体现,并做 10% 透明处理。超声速来流从左向右沿 X 正向运动,图中深色区域为激波作用区域,可以观察到由于 MVG 的引入导致的流场波系结构改变及在尾缘产生的流向涡为主导的低密度尾流区,这与第 3 章的研究结果相同。在引入次流循环后,对流场波系也有一定程度的影响。在次流通道吹除孔后,质量流入导致吹除孔的前缘产生一道较弱的压缩波,并在波后产生膨胀波系,同时边界层也有一定程度的增厚。由图 7.4 可以发现,组合体中的次流循环部分对于分离区内的低速气体有明显的收集作用,通过流带分布展示了组合体不仅能收集在次流通道抽吸孔附近的气体,对于分离区两侧距离抽吸孔较远的低速气体也都可以收集进次流通道,利用压力差作用将收集的气体在次流通道中向前推动,并在上游吹除孔吹入主流场中进行再次加速。在图 7.4(a) 的 Model 1 中,分离区两侧的流线向抽吸孔聚拢并流入次流通道,这部分低速气体在次流通道中受到分离区内高压的影响,沿次流通道向上游方向流动,并从吹除孔吹出。吹出的气体与主流掺混后流动速度有明显的提升。吹除孔位于 MVG 上游,因此这部分气体在向下游运动中将再次受到 MVG 的收集-再分布作用,集中在 MVG 的涡旋尾流中。通过流带的马赫数染色能够发现,从次流通道吹除孔流出的气体在进入 MVG 的尾流后速度明显高于从分离区内进入次流通道抽吸孔时的速度,能够判断组合体对于边界层的速度水平有显著的提高。组合体为两种被动控制的结合,不需要引入其他主动控制模块增加系统的复杂程度,也并未产生如传统抽吸控制带来的质量流失,因此微型涡流发生器与次流循环组合体是很值得深入研究的激波/边界层干扰控制方案。同时在 Model 1 中发现,该组合体中次流循环对分离区展向的影响要强于微型涡流发生器。

(a) Model 1

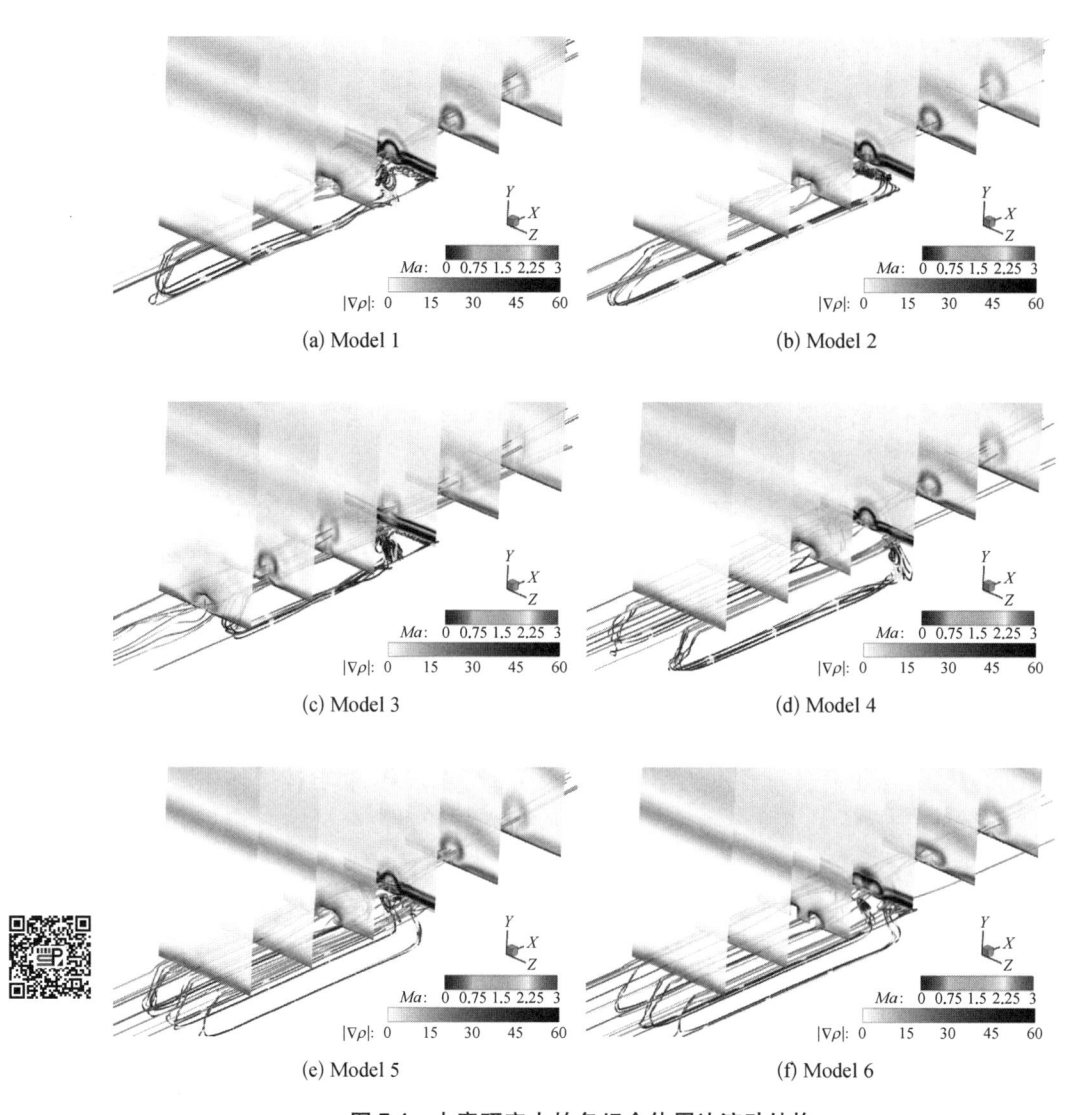

(b) Model 2

(c) Model 3

(d) Model 4

(e) Model 5

(f) Model 6

图 7.4　本章研究中的各组合体周边流动结构

对比六个组合体模型，Model 1 与 Model 2 在底壁面上的分布完全相同，因此这两个模型的绕流流场并无很大的差异。其差异主要体现在次流通道内，Model 2 中流入次流通道的流线更加集中，可以推测 Model 2 作用的流场分离区更紧凑，这可能与吹除孔的通道角度与入射激波角度相同有关。

Model 3 由于 MVG 的位置在次流通道吹除孔的上游，其流场结构与 Model 1 完全不同。在 MVG 尾流的上洗作用影响下，位于其下游的流动将会抬升，因此次流通道吹除孔中流出的气体将与 MVG 的尾流共同影响下游 SWBLI 流场。可以发现，MVG 尾流影响区域内流动的抬升，使得尾流影响区外的流体要补充流入涡旋尾流的下方。因此，Model 3 中抽吸孔收集的气体更多来自分离区两侧，并且进入通道后的流动更加复杂。

Model 4 是双通道次流循环与微型涡流发生器的组合，双通道次流的影响区在 MVG 影响区的两侧并且与 MVG 尾流互不影响。因此，该模型中 MVG 与次流循环均能各自实现对边界层速度水平的改善作用。同时发现，次流通道抽吸孔所在位置的边界层高度要明显低于其他区域，在 MVG 尾流与次流循环通道的共同作用下，分离区发生了明显的畸变。这种畸变会影响分离区的形状，本章后续内容将对该现象进行深入讨论。

Model 5 是三通道次流循环与微型涡流发生器的结合，该组合体绕流的流动特征相较于前几个模型呈更加复杂的分布。其既有微型涡流发生器与单次流循环组合的流动特征，又有微型涡流发生器与双次流循环组合的流动特征。三通道次流的抽吸口分布更均匀，使得分离区内气体并不需要大范围的展向流动就能进入次流通道中，更有利于分离区内低速气体的抽除。

Model 6 作为与 Model 5 对照的模型，能够发现组合体中 MVG 的形态变化，对组合体下游的流场变化有更加显著的影响。分离 MVG 诱导的尾流中，涡旋对之间的展向距离比较远，对于下游流场的影响范围更广，对展向区域边界层动量水平的提高更有帮助。

为了进一步分析不同组合体周边的流动细节，图 7.5 展示了各流场中的流向切面马赫数云图。对比发现，在 Model 1、Model 2、Model 4 和 Model 5 中，MVG 诱导的尾流速度低于另外两个模型（Model 3 和 Model 6），其表现与第 3 章中的工况 $X^* = 5$ 相同。由此可见，在本章研究所采用的组合体中，MVG 对气流速度在空间的分布起主导作用。

Model 2 相比于 Model 1 流场结构并无较大差距，分离泡的大小也基本相同，因此可以判断次流通道与壁面的夹角对主流场的流动情况并无大的影响。单通道次流循环组合体中 Model 3 对 SWBLI 位置分离区的影响更加显著，这是由于在 MVG 尾流与次流循环对下游流场的共同作用下，气流边界层在到达分离区时的速度水平有显著提高，同时由于有抽吸孔降低分离区逆压梯度的作用，在所有单通道次流循环组合中 Model 3 在平面 $z/D = 0$ 的控制效果更优。在第 3 章中已经验证了 MVG 距离分离区越近，对分离区的减小越明显，因此该组合体的控制表现除了与 MVG 距离分离区的流向位置有关，还可能与次流循环抽吸孔与吹除孔的流向距离有关。鉴于该模型的控制效果受多几何参数的共同影响，微型涡

(a) Model 1

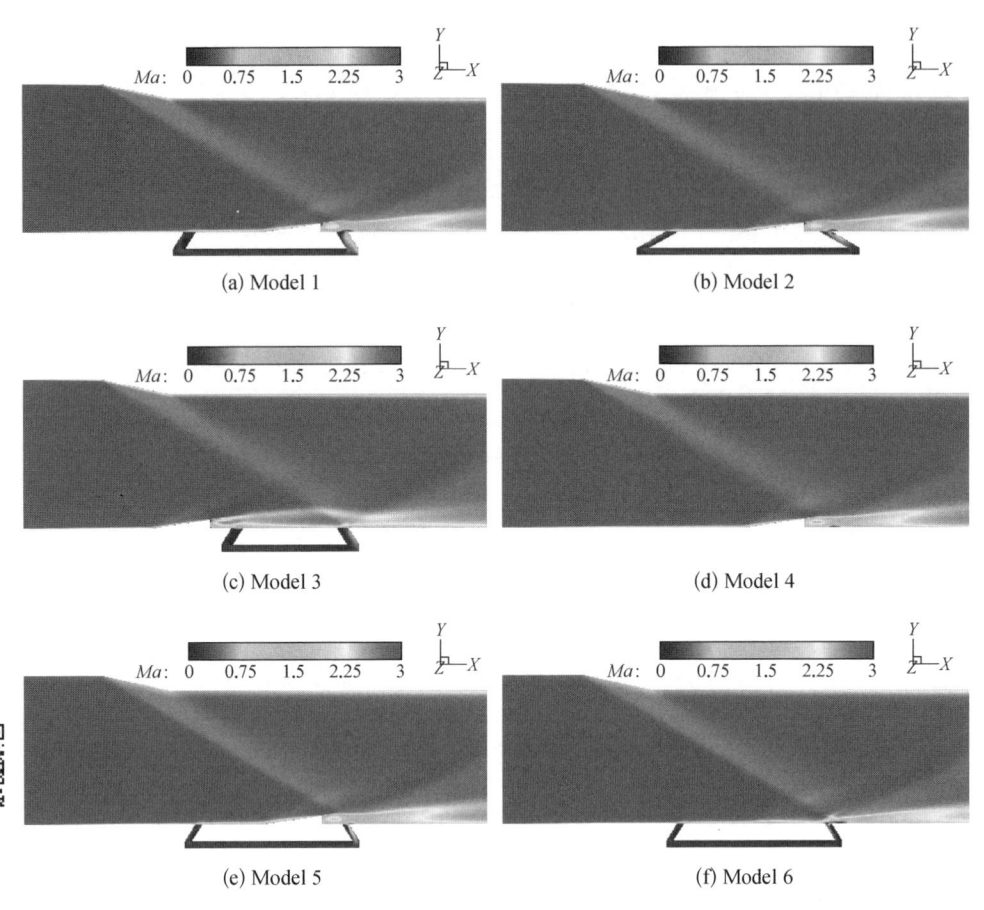

(b) Model 2

(c) Model 3

(d) Model 4

(e) Model 5

(f) Model 6

图 7.5　各流场中平面 $z/D = 0$ 处的马赫数云图

流发生器与单通道次流循环的最优组合有待开展进一步的优化工作来获得。

对比分析 Model 1、Model 4 和 Model 5 三组模型,该组对比的意义在于在次流循环流量不变的情况下,不同通道数量对分离区的控制效果有何差距。由于 Model 4 在该切面没有次流通道的分布,在此仅对比分析其与 Model 1 主流场的差别。可以发现,Model 4、Model 5 对分离区的控制效果优于 Model 1,这是由于这两个组合体抽吸孔的展向分布比 Model 1 更加均匀,对分离区内低速气体的抽吸作用更加明显。而 Model 4 与 Model 5 两组对分离区的控制效果哪组更优,有待进一步进行量化分析。

在 Model 5 与 Model 6 的对比中,Model 6 的分离区高度高于 Model 5,同时由于分离 MVG 的尾流是两侧的流向涡包裹着中间的主流,在其对称面上的边界层主要受主流的影响,进入次流抽吸孔的气体减少,次流循环在该位置不能发挥作用,导致其分离泡的体积更大。

由于 Model 4 在该切面没有次流通道的分布,在此对其他五个模型次流通道前后的流动进行对比分析。可以发现,抽吸孔位置的流向涡为主要影响因素的情况下,通道内速度型较高,次流循环的控制作用发挥较好,如 Model 1、Model 2、Model 3 和 Model 5 四组模型。而 Model 6 两组流场中,抽吸孔附近流动中主流起主要作用,导致进入次流通道的气体速度型更多受分离区回流的影响,次流循环控制作用发挥不佳。

在所有模型中,低速气体在次流通道中运动,使得在吹除孔的下游产生一个低速区,这一现象在 Model 3 中尤为明显,这是由于当 MVG 放置在吹除孔前时,MVG 尾流的上洗作用会加强下游流动的抬升,使得吹除孔流出的气体在流场中的穿透深度更深,对吹除孔下游的速度影响更大。

图 7.6 为各流场中平面 $z/D = 0$ 处的压力云图。通过与图 3.22(g)中 $X^* = 5$

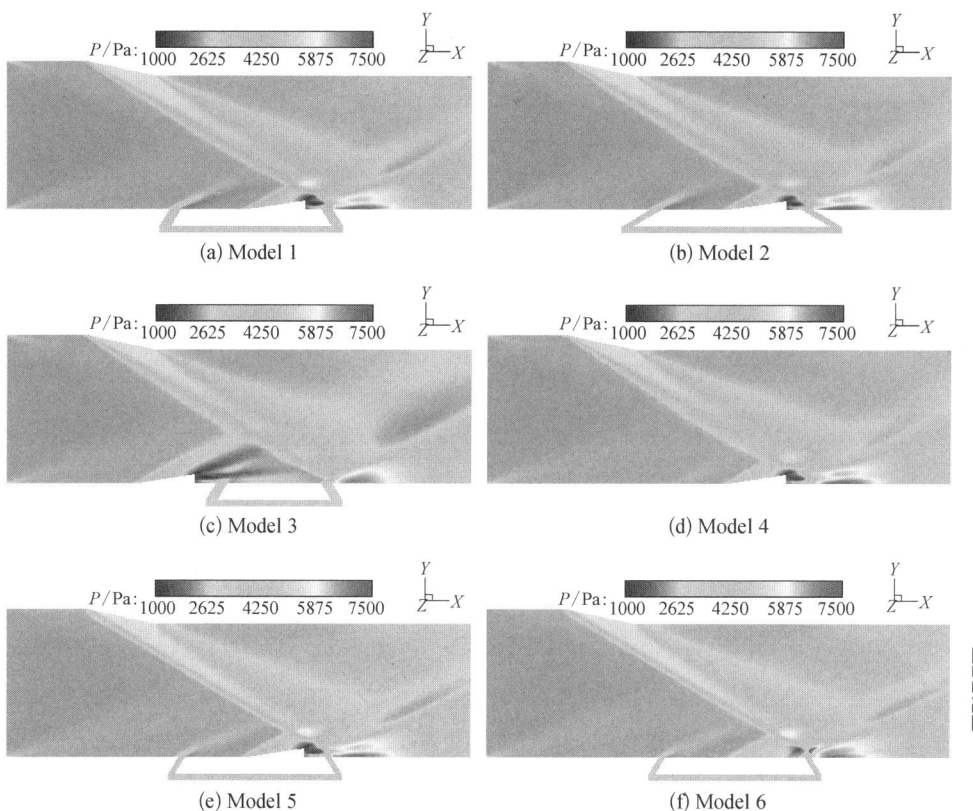

(a) Model 1

(b) Model 2

(c) Model 3

(d) Model 4

(e) Model 5

(f) Model 6

图 7.6　各流场中平面 $z/D = 0$ 处的压力云图

工况对比发现,引入次流循环后对分离区的压力有明显的控制作用。具体表现在抽吸孔附近的高压区通过次流通道从上游的吹除孔中释放,缓解了因强激波入射导致的局部高逆压梯度。

对比 Model 1 与 Model 2 发现,高压气体在主流场中的穿透深度受通道角度的影响不大。Model 3 中由于 MVG 尾流和次流循环的共同影响,SWBLI 区域的压力水平明显降低。Model 4 在该切面上的高压区域也有明显缩减,证明了次流循环对于与抽吸孔不同展向位置的高压也有释放作用。Model 5 与 Model 1 相比,对于分离区的压力的改变程度相差不大,但 Model 5 中次流通道内的压力略微高于 Model 1,这与通道尺寸的不同有关。Model 6 相比于 Model 5 的压力水平更高,这是由 Model 6 在分离区压缩产生的反射激波与入射激波相交后的波后高压区导致的。

图 7.7 展示了各流场在平面 $y = 0.05\delta$ 的流向速度分布,通过对比能够更加详细地了解不同组合体展向流动的差异。除了 MVG 的尾流对 SWBLI 区域的速度水平存在影响之外,次流循环中由吹除孔流出的气体也会提高下游分离区边

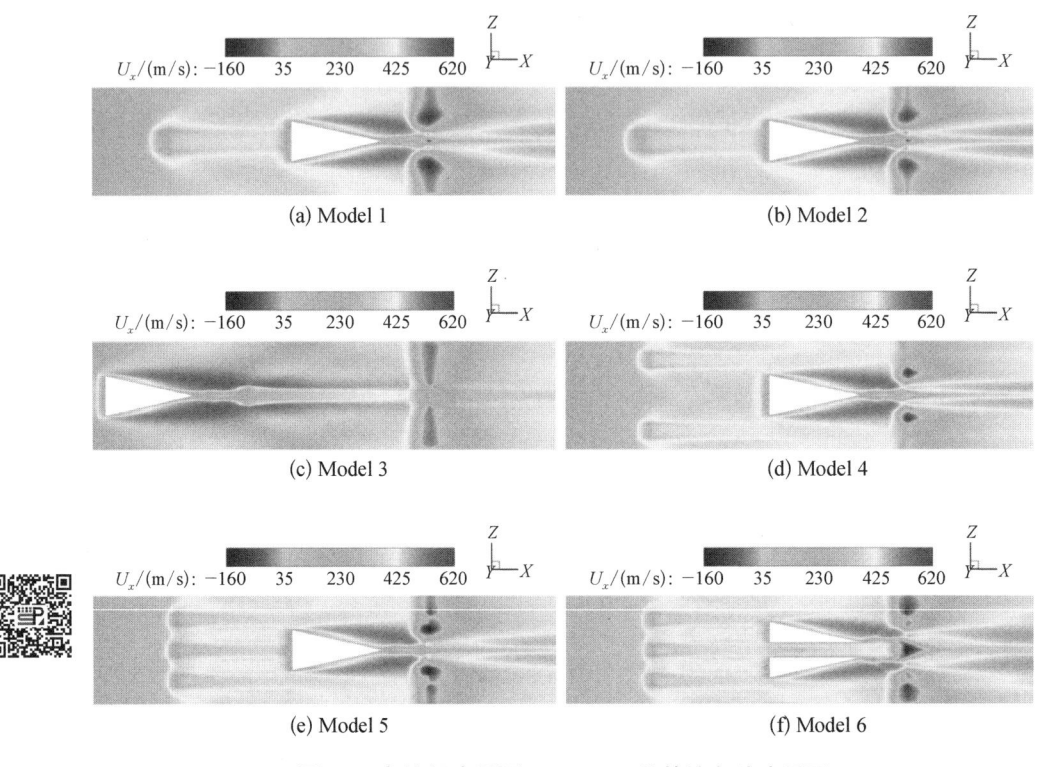

(a) Model 1

(b) Model 2

(c) Model 3

(d) Model 4

(e) Model 5

(f) Model 6

图 7.7　各流场中平面 $y = 0.05\delta$ 处的流向速度云图

界层的速度水平,使得边界层抵抗低压梯度的能力增强,分离激波脚靠后。因此,可以通过分离区的速度型来判断当地边界层速度的大小是否受到了组合体的控制和影响。

经次流循环流出的低速气体在吹除孔位置与主流相交产生一道弓形压缩波,随后会在主流的影响下逐渐加速向下游流动。对比 Model 1 和 Model 2 可以发现,次流气体的角度对弓形压缩波的形态及次流气体的流向速度分布影响不大。单通道的次流气体流出后在下游遭遇 MVG,低速流动会使 MVG 前缘的低速区域增加,使 MVG 尾流中内侧的低速流动增多,不利于对下游 SWBLI 区域的控制。Model 3 中进入主流场中的次流气体与 MVG 的尾流融合,其速度受 MVG 尾流的影响,表现出与前两种模型不同的状态,并对下游 SWBLI 区域内速度水平有整体提高。Model 4 的次流气体受到 MVG 马蹄涡的影响发生了展向的偏移,加速后的气体与分离区的接触位置实际更靠近流场的外侧。Model 4 对 SWBLI 位置的低速区域控制效果最明显,但显然存在继续优化的空间。Model 5 两侧通道流出的次流气体绕过 MVG 向下游运动,中间通道的次流气体则与单通道的次流气体有相同的表现。Model 6 中尽管中间通道的次流气体流过分离涡流发生器中间的流道,但其对 SWBLI 区域速度水平的影响不大。这主要是由于在该模型中,MVG 对下游速度分布的影响占主导作用,且该分离 MVG 两侧的流向涡汇聚形成涡对需要较长的流动距离。因此,在经过 SWBLI 区域时,尾流的动量输运作用并未能充分发挥。同时两侧次流通道流出的气体与 MVG 前缘相遇,有一部分被收集进入 MVG 的涡旋尾流,因此其直接对分离区的控制效果不佳。针对 Model 6 的流动情况,组合体中 MVG 与次流循环的空间分布应进一步合理化,通过改善分离型涡流发生器的流向位置并合理调整次流通道的分布,可以获得更好的控制效果。这一设想有待通过后续工作进一步验证。

图 7.8 展示了在次流抽吸孔后缘位置,即 $x/D = 139$ 的流向截面上的温度分布与流线图。SWBLI 区域的边界层底层温度明显高于主流气体,通过图 7.8 能更清晰地观察到边界层底层的高温气体流过控制体后的空间分布。由图可知,高温区域主要集中在靠近下壁面的位置、MVG 诱导的尾流涡核以及次流循环的抽吸通道中。发现流入通道的流线与通道内低温区域相吻合,这是由于部分边界层内气体与主流中的低温气体在 MVG 尾流的下洗作用下流入抽吸通道,提高了通道内气体速度水平的同时形成低温区域,降低了通道内的温度。其中,Model 2 由于抽吸通道的角度与其余模型不同,截面中通道的长度较其他模型更短。

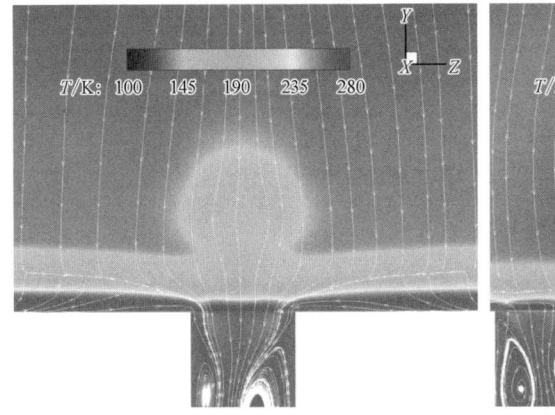

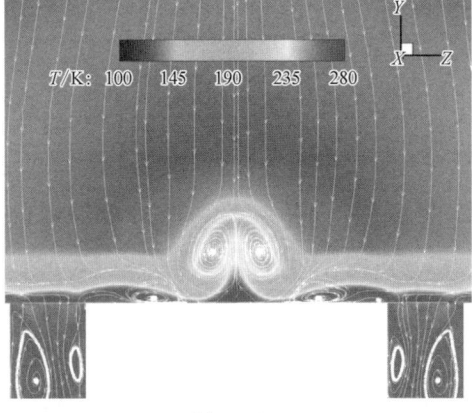

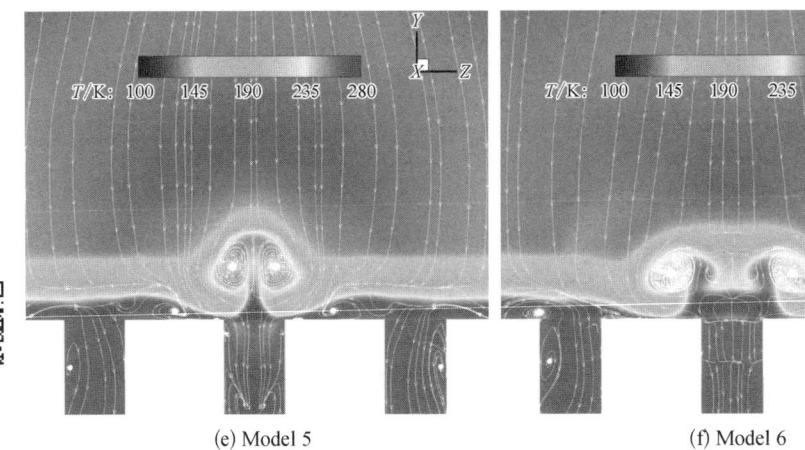

图 7.8　各流场中平面 $x/D = 139$ 处的温度分布与流线图

对比分析单通道次流循环与 MVG 的组合体 Model 1、Model 2、Model 3 发现，当抽吸孔位于 MVG 下游，且组合体靠近分离区时，MVG 尾流对边界层的空间分布影响更明显。抽吸孔在 MVG 下游，导致尾流下沉，其中靠近下壁面的次级涡旋对将流入抽吸通道，并在通道中呈现对称的涡结构继续流动。另外，在主涡的影响下，底壁面附近的气体在抽吸孔两侧各形成一个回流区，导致当地边界层增厚，如图 7.8(a) 和 (b) 所示。抽吸通道与壁面角度更大时，次级涡对的位置更深，在次级涡对与主涡对的共同作用下，边界层的形变程度更加剧烈。当 MVG 距离分离区较远时，MVG 诱导的尾流对边界层的影响非常小，次流循环的抽吸对边界层状态起主要作用，边界层内气体流入抽吸通道并形成不对称的涡结构继续运动，底层边界层的分布也更为均匀，如图 7.8(c) 所示。

对于多通道次流循环与 MVG 的组合体 Model 4、Model 5、Model 6，边界层的形变更加复杂。Model 4 中，MVG 与次流循环均能发挥较好的控制作用，因此边界层高度比其他模型更低。由于 MVG 尾流中主涡对的影响，两侧的气体向中间运动并在靠近壁面的位置形成一个回流区。这一区域的边界层厚度也高于流场中的其他位置。同时流入抽吸通道的气体形成不对称的涡结构继续在次流通道内流动，如图 7.8(d) 所示。

在 Model 5 中，边界层内的流动更加复杂，边界层底层气体同时流入三个通道，使次级涡进入中间的抽吸通道，同时在壁面两侧也有回流区的产生。Model 6 中在 MVG 复杂尾流的影响下，抽吸孔附近气体产生回流并堵塞中间的抽吸通道，两侧的抽吸通道也能收集边界层内的低速高温气体，但效果比 Model 4 差得多。

图 7.9 展示了各模型控制 SWBLI 流场对于底壁面流向剪切力分布及平面 $x/D = 136.5$ 处的马赫数云图，$x/D = 136.5$ 是单通道抽吸孔的中间位置。通过图 7.9 能够分析组合体控制 SWBLI 流场的更多细节及对壁面的影响。可以发现，底壁面剪切应力与近壁面的流向速度呈正相关，另外次流吹除孔迎风位置存在负向剪切力，这与次流通道内的高压气体流出吹除孔后的膨胀有关。

通过分离区位置的马赫数云图，能够发现控制体对分离区边界层整体速度水平的影响程度。除 Model 3 由于 MVG 的尾流抬升对边界层影响较小外，其余控制体均对边界层速度水平及边界层底层形态产生很大影响，其中形态变化与图 7.8 中描述一致。如图 7.9(f) 所示，Model 6 中由分离型 MVG 诱导的尾流形态与传统 MVG 有较大差别，主要是由于分离 MVG 的尾流由两侧低速流向涡和中间的高速流动组成。但中间部分的流动中，由于不受流向涡的影响导致边界

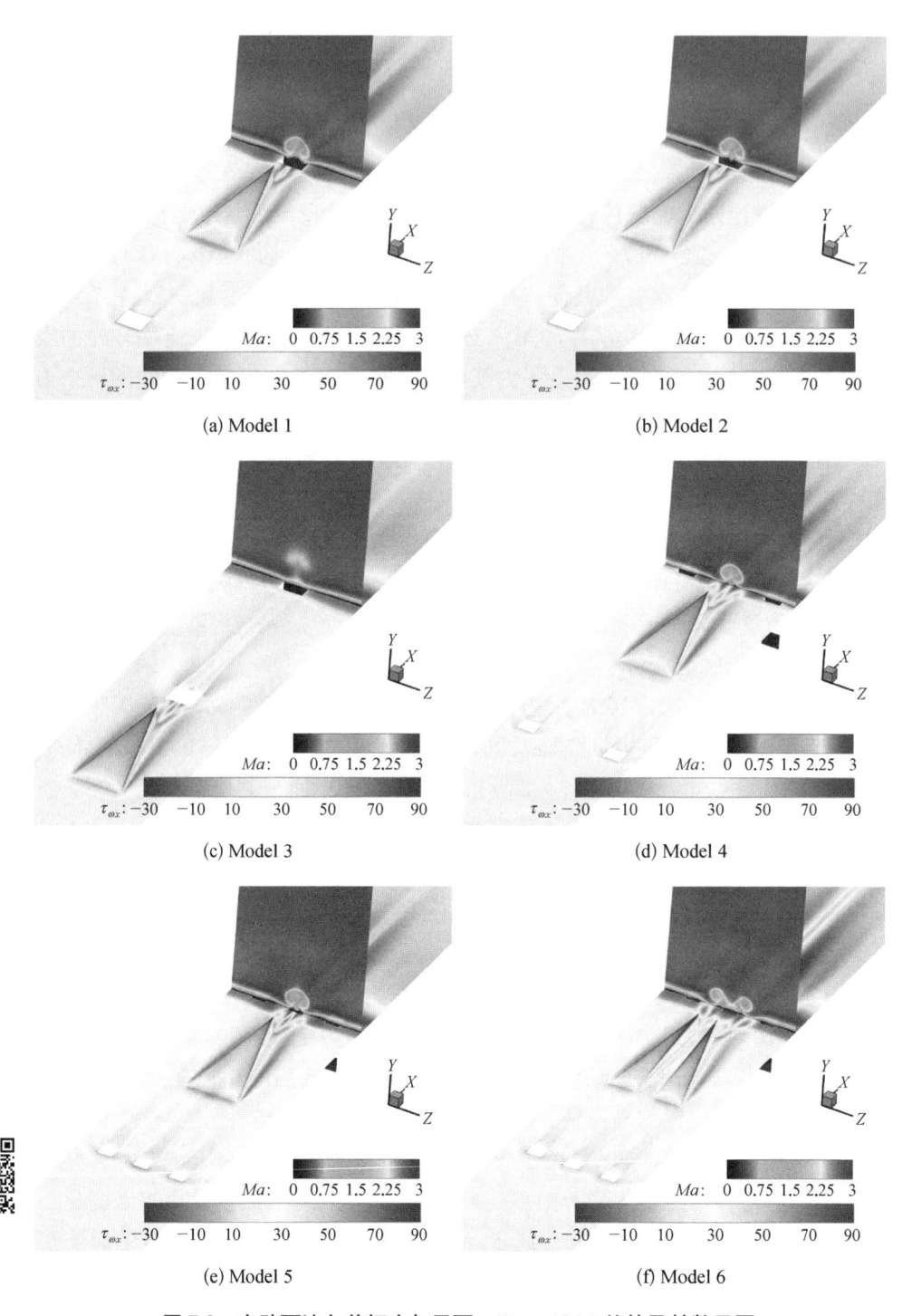

图 7.9　底壁面流向剪切力与平面 $x/D = 136.5$ 处的马赫数云图

层上下的动量交换很低。这使得尾流中间的气体要分离补充两侧的流向涡,也导致底层抵抗逆压梯度的能力很低。因此,在 SWBLI 流场产生尺度较大的分离,并在次流循环中间的抽吸通道形成一个法向的回流区,降低了次流循环的抽吸效果。

7.2.2 控制参数分析

本节将在流场分析的基础上,选取几个关键参数对微型涡流发生器与次流循环组合体的控制效果进行深入的定量研究。

首先对组合体控制分离的效果进行定量分析。表 7.2 提供了本章所有研究工况中的分离泡体积变化率,其中体积 V 是分离泡等值面($U/U_\infty = 0$)通过积分求得的。NC(无控)状态的分离泡体积与第 3 章的无控工况相同。

表 7.2 本章研究中使用模型的分离泡体积

参数	NC	Model 1	Model 2	Model 3	Model 4	Model 5	Model 6
V/mm^3	144.33	36.07	36.06	35.85	17.59	36.01	39.58
$[(V-V_0)/V_0]/\%$	—	−75.01	−75.01	−75.16	−87.81	−75.05	−72.58

如表 7.2 所示,所有组合体模型对该流场条件下的分离控制效果都是非常明显的,并且比第 3 章中单独使用 MVG 的情况(表 3.3)的控制效果更显著,由此验证了组合体控制分离的能力。其中,Model 4 的控制效果最好,分离区体积减小了 87.81%,这与 7.2.1 节流场分析的情况相符。Model 6 控制分离的效果是所有模型中最差的,这与本节的设计预想差别较大,原因如前文流场分析中所描述,需要调整 MVG 的流向位置及次流通道的展向分布以达到更优的控制效果。在减小分离泡体积方面,各模型的控制效果排序为: Model 4> Model 3> Model 5> Model 2> Model 1> Model 6。

结合图 7.10 对分离泡的形态进行进一步分析,图中分离泡等值面用 $U/U_\infty = 0$ 标记,并用温度着色。可以发现,Model 4 中控制效果明显;MVG 的切割-压缩作用与次流循环的抽吸作用均有充分发挥,使得分离泡的面积与高度均有很大程度的减小。但在壁面两侧的回流区位置,分离泡高度较高,回流区与再附流动相交位置的热效应明显较高,这一现象在其他模型中也存在。

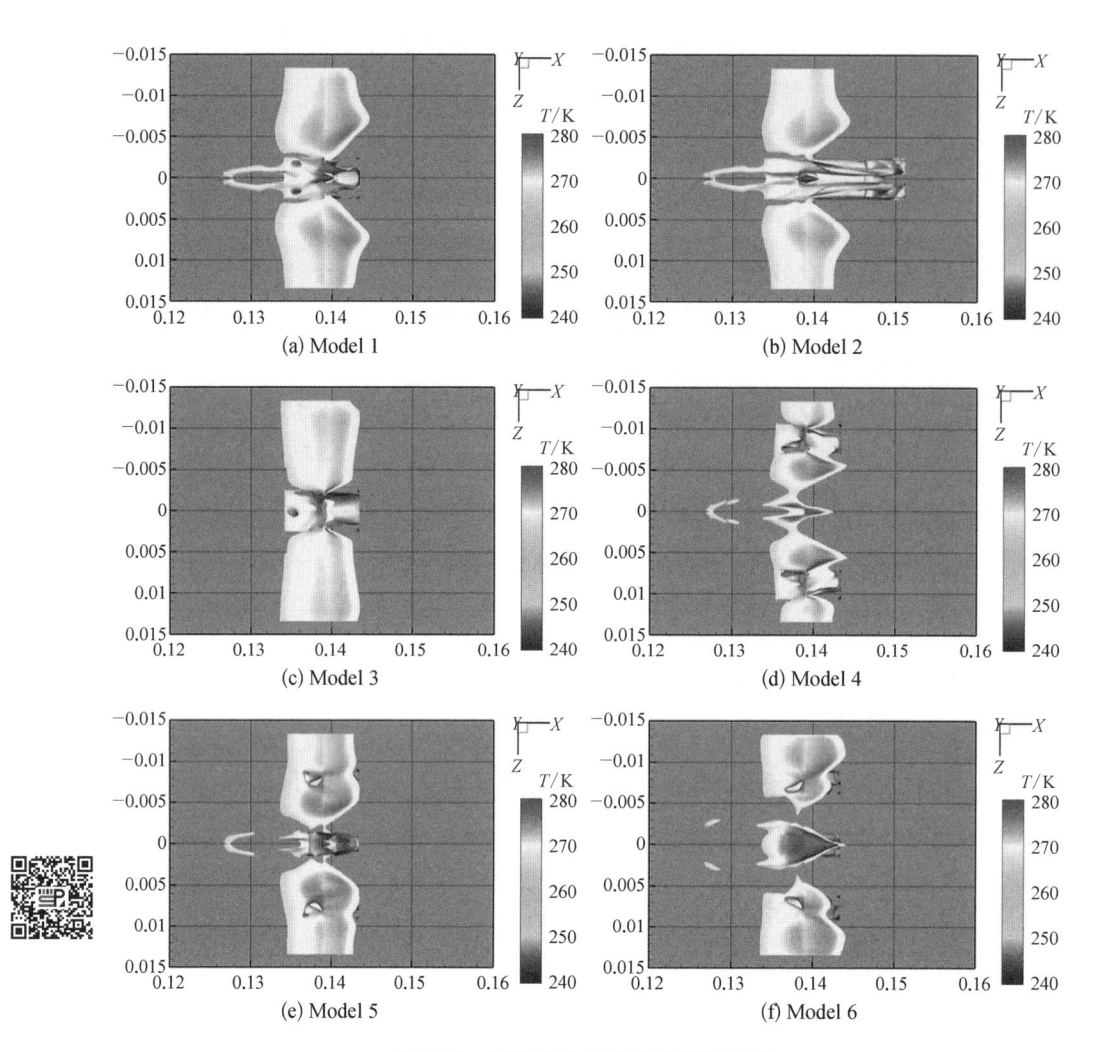

图 7.10　各流场中的分离泡等值面图

图 7.11 反映了各组合体控制 SWBLI 流场在底壁面中轴线上的静压分布,图 7.11(a)是所有流场的集中比较,图 7.11(b)是单独比较,其中每组的抽吸孔和吹除孔用灰色条带表示,图 7.11(c)是单通道组合体在干扰区附近的集中比较,图 7.11(d)是多通道组合体在干扰区附近的集中比较。由于取值线穿过涡流发生器表面,静压曲线在涡流发生器前后会产生间断。如图 7.11(b)所示,在 Model 1、Model 2、Model 5、Model 6 曲线上的第一个压升出现在中间次流通道的吹除孔处,然后在 MVG 前缘附近产生第二次压升。第三次压升是在干扰开始时的压缩,第四次压升是由流动再附时的气体压缩导致的。Model 3 中的 MVG 位

置在吹除孔上游,因此第一次压升在 MVG 前缘,第二次压升在吹除孔处,后面两次压升与前几个模型一致。Model 4 中轴线上没有次流通道,因此其压升仅与 MVG 和流动的分离再附相关。

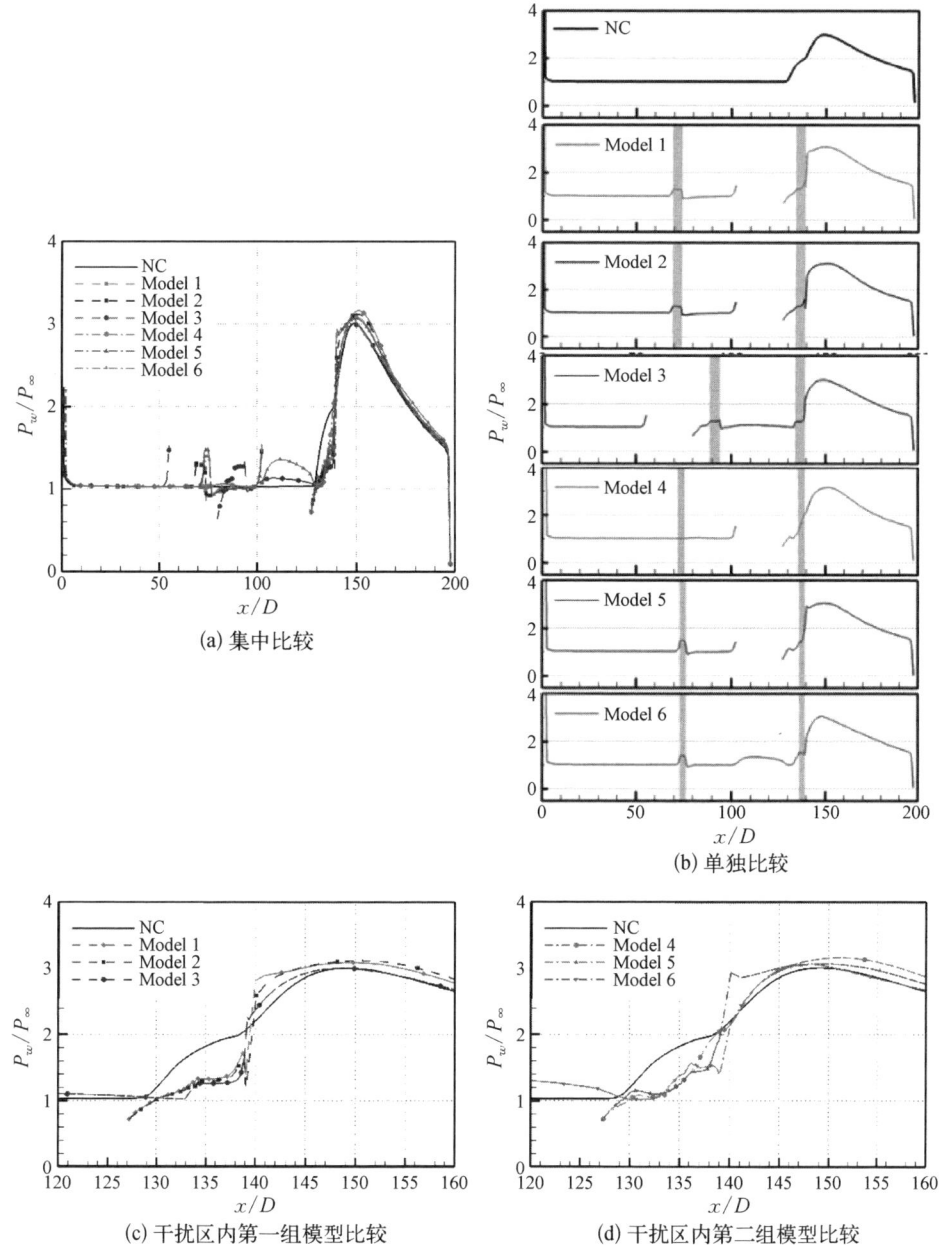

图 7.11 各流场中底壁面中轴线上的静压分布

(a) 集中比较

(b) 单独比较

(c) 干扰区内第一组模型比较

(d) 干扰区内第二组模型比较

图 7.11(c)将单通道次流循环与 MVG 的组合体放在一组对比分析,由于 Model 1、Model 2 中 MVG 靠近分离区,在 MVG 后受尾流的影响存在一个低压区。x/D = 134 ~ 139 是次流抽吸作用范围。由于次流的抽吸作用,在干扰开始的阶段,流动压缩程度大幅降低,压力水平低于无控情况下的分离压升。在抽吸孔后缘,主流气体由于 MVG 尾流的下洗作用与分离区的再附流动汇聚,较大的动量转换导致压力骤升并出现尖点。对比 Model 1 和 Model 2 可以发现,当抽吸通道与壁面夹角较小时,能有效改善曲线拐点。

图 7.11(d)中对比了多通道次流循环与 MVG 组合体,发现 Model 5 与 Model 1 的压力分布相近,这是由于两个模型在中轴线上的几何分布近似导致在该线上的流场参数也相近。Model 4 在干扰区内的压升较为平缓,虽然抽吸孔不在提取曲线的范围内,但对分离区的压升也有很好的抑制作用。在再附位置,Model 4 下游壁面的压力最高,这是由在 MVG 诱导尾流中靠近底壁面的次级涡对将流体汇聚在壁面附近导致的。由压力曲线可以推测,如果把抽吸口的位置放置于流动再附的节点,可能会对干扰区内的压升有更加有效的控制。

表 7.3 为各组合体控制流场的总压恢复系数,总压恢复系数 η(η = 出口总压/入口总压)为流场流出总压与流入总压之比。可以发现,流场的总压由于组合体的引入,产生了更大的总压损失,并且随着次流通道的增多,总压损失也随之提高。表明总压损失不仅是由 MVG 引入的激波结构及 MVG 几何结构产生的阻力带来的,也与次流循环在抽吸-吹除过程中产生的耗散有关。在保证较大总压恢复系数方面,各模型的控制性能排序为: Model 3> Model 1> Model 4> Model 2> Model 5> Model 6。

表 7.3 本章使用各模型的流场总压恢复系数

参 数	NC	Model 1	Model 2	Model 3	Model 4	Model 5	Model 6
η/%	86.38	84.97	84.79	85.02	84.88	83.68	83.66

图 7.12 展示的是各组合体控制 SWBLI 流场在底壁面中轴线上的表面摩擦系数 C_f 分布情况,图 7.12(a)是所有流场的集中比较,图 7.12(b)是单独比较,其中每组的抽吸孔和吹除孔用灰色条带表示,图 7.12(c)是单通道组合体在干扰区附近的集中比较,图 7.12(d)是多通道组合体在干扰区附近的集中比较。取值线穿过涡流发生器表面,因此曲线在涡流发生器前后会产生间断。表面摩擦

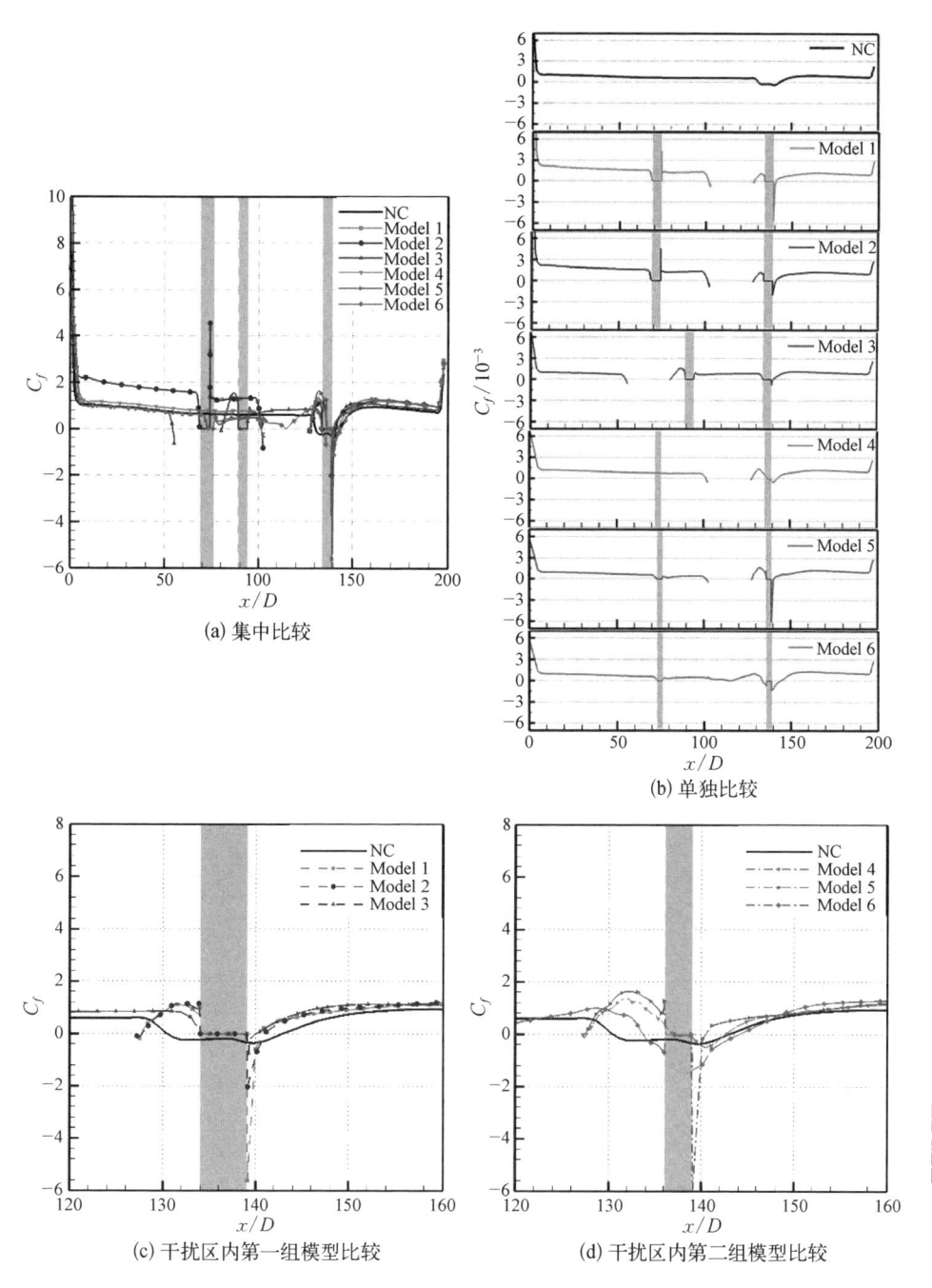

图 7.12 各流场底壁面中轴线上的表面摩擦系数 C_f 分布

系数 C_f 是测量分离区的一个重要参数，通常以 $C_f = 0$ 时位置判断分离点和再附点。由于次流抽吸孔的存在，在该位置的 $C_f = 0$。因此，判断在壁面上的分离主要存在于抽吸孔后缘到再附点之间。通过对比，所有组合体都能有效减小分离区长度，但也会在涡流发生器前缘、后缘产生较小的回流区。在图 7.12(c) 中，更大的通道角度对应更强的壁面摩擦，这也可能会产生更强的热流。图 7.12(d) 中，Model 6 的分离点在抽吸孔上游。

激波/边界层干扰产生的热效应是流动控制中需要关注的一个重要因素，选用壁面斯坦顿数 St 来表征壁面热流密度，图 7.13 展示了底壁中轴线的 St 分布情况。所有有控流场的 St 峰值均高于无控流场，其中 MVG 导致热流密度升高

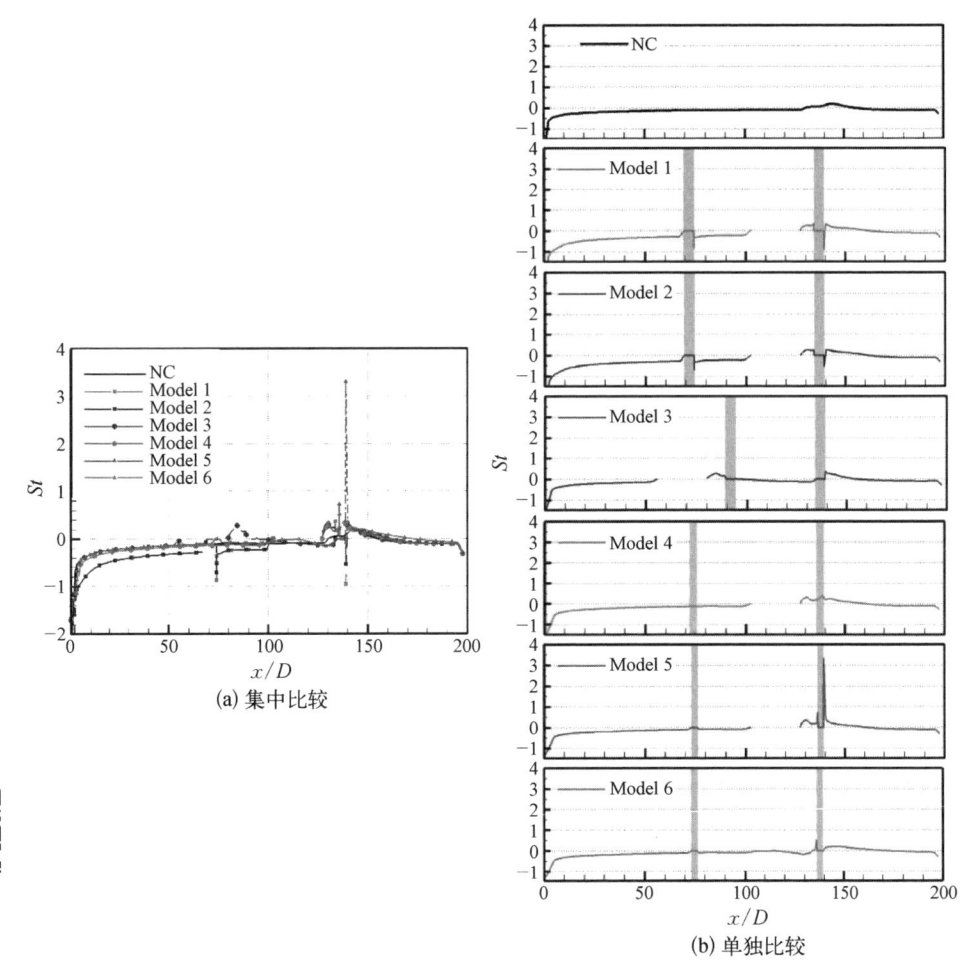

(a) 集中比较

(b) 单独比较

图 7.13　各流场底壁面中轴线上的斯坦顿数 St 分布

是难以避免的,其主要出现在 MVG 的后缘附近,这是由 MVG 后缘附近出现回流区导致的。在次流循环吹除孔的前缘及抽吸孔的后缘位置,局部热流密度都有所增加,且与壁面的摩擦作用呈正相关分布。抽吸孔后缘的 St 峰值要高于吹除孔前缘,这是由于流动在这个位置重新附着于壁面上,流动的压缩、摩擦都很剧烈,使得气体聚集并导致热流密度升高,并且控制体加剧了 SWBLI 分离区内气体流动的复杂程度,导致壁面与高焓主流的换热效率提高,St 随流动在再附位置达到峰值。

图 7.14 以更直观的方式示出了壁面热流的分布,其中 y 轴以 St 的值定义。由图 7.14 可以发现,在各流场中,MVG 及次循环都会使流场的热流密度增加,这也是在设计控制体时需要重点考虑的因素。St 峰值出现在次流抽吸孔的后缘,该位置为再附位置流线汇聚处。经过对比发现,当次流抽吸孔在 MVG 的下游位

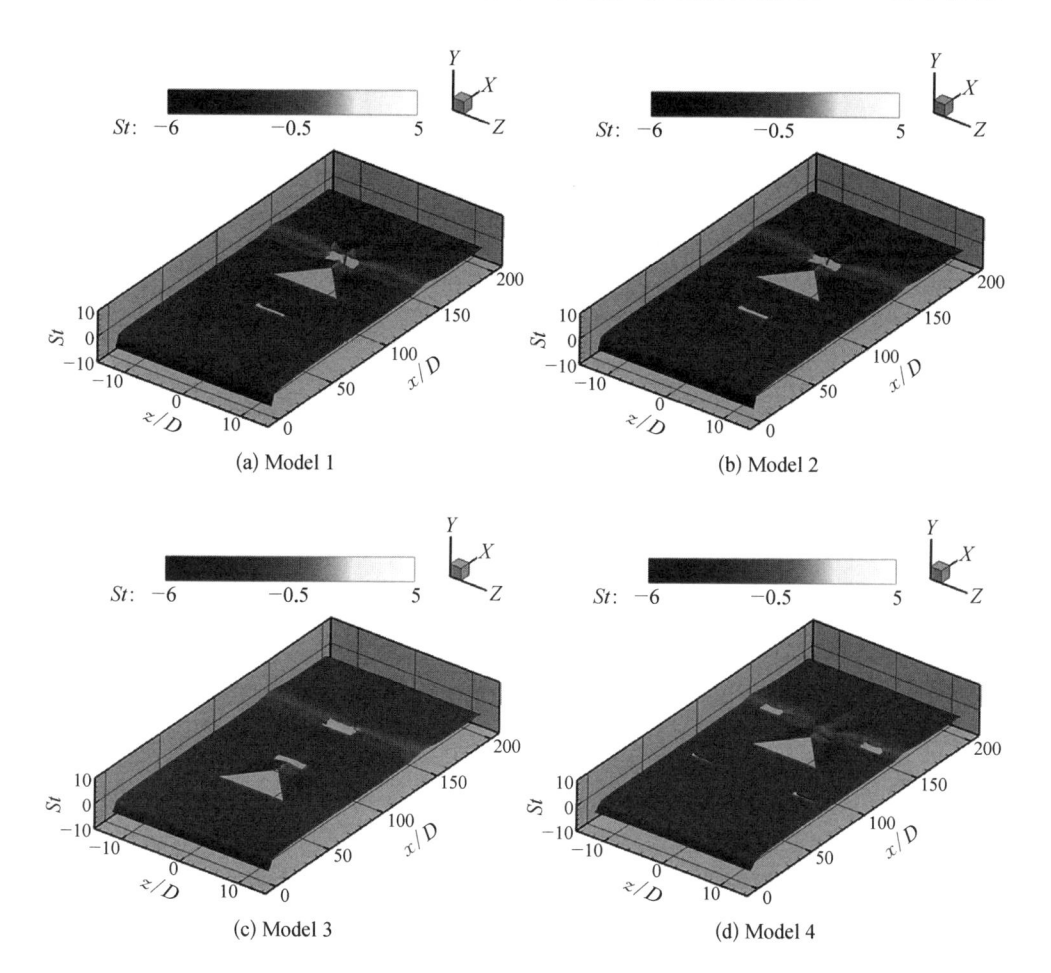

(a) Model 1

(b) Model 2

(c) Model 3

(d) Model 4

(e) Model 5   (f) Model 6

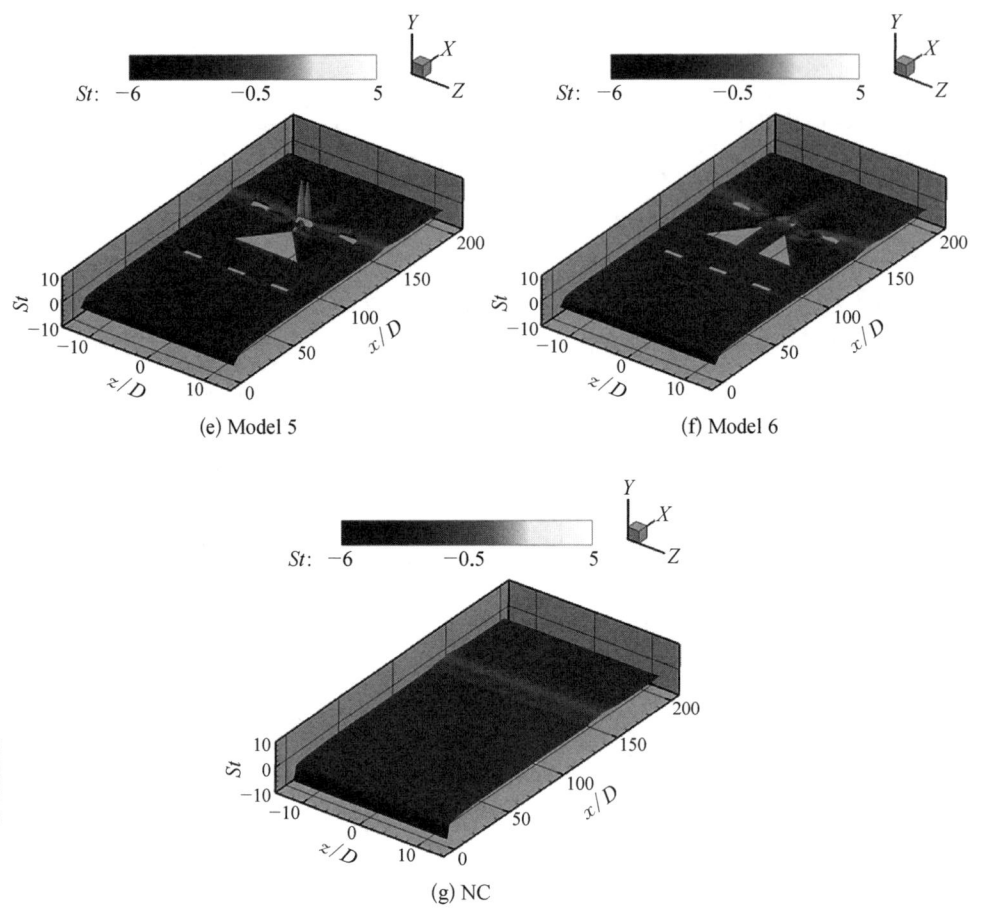

(g) NC

图 7.14 各流场的壁面 St 分布

置时,抽吸孔附近的流动剧烈且复杂,导致热流峰值非常高,这对于控制作用明显不利,如 Model 1、Model 5。因此,合理分配次流通道的排列与间距,调整再附点与流动结构是控制热流的关键。

Model 3 的热流密度峰值较低,是由于 MVG 位于吹除孔的上游,从吹除孔流出的气体加速了 MVG 尾流的抬升,降低了涡旋尾流加速壁面热交换的作用。同时 Model 2 的热流密度峰值低于 Model 1,这说明合理的次流通道角度有利于组合体的热控制。Model 6 对于分离热流密度增加的程度最低,这是由于其特殊几何分布,导致 MVG 尾流与次流循环对其下游分离区的影响不大。

表 7.4 展示了从图 7.13 中提取的斯坦顿数峰值点数据 St_{peak}。由于壁面温

度高于来流静温，$T_w/T_\infty = 2.45$，分析控制体对于整个底面上的 St 平均值控制效果意义不大。而在各模型中热流密度的峰值都提高很多，因此在使用组合体进行流动控制时，需要综合考量组合体减小分离的需求及产生壁面热流的限制。同时应对本章所使用的组合体进一步优化设计，使其尽可能地在减小分离的同时保持热流密度增量很小。

表 7.4 所有流场的壁面 St

模 型	$St_{\text{peak}}/(\times 10^{-3})$	$[(St_{\text{peak}} - St_0)/St_0]/\%$
NC	0.76	—
Model 1	5.57	633
Model 2	2.88	279
Model 3	1.90	150
Model 4	2.75	262
Model 5	16.6	2 084
Model 6	1.58	108

综合以上分析，Model 4 是 6 个组合体模型中控制性能最优的方案，它能将分离泡体积减小 87.81%，是各模型中的最优水平；流场的总压恢复系数为 84.88%，为各模型中的较优水平；St_{peak} 增幅 262%，是各模型中的中等水平。

综上，在微型涡流发生器与次流循环组合体中，涡流发生器数量与次流循环通道数量的比值为 1∶2 时，控制效果更好。后续需要针对组合体的更多几何设计参数开展其对 SWBLI 控制效果的影响研究。

7.3 实验验证与分析

7.3.1 纹影实验验证

在仿真工作的基础上，选取具有代表性的模型进行风洞实验。图 7.15 是 Model 1 的实验纹影图与数值纹影图的对比。通过纹影实验验证了在超声速流动中，微型涡流发生器与单通道次流循环组合体周边的流动结构与数值仿真的结果相似。既验证了在实际应用中组合体的控制作用，又确定了数值仿真的可靠性。

(a) 实验纹影图

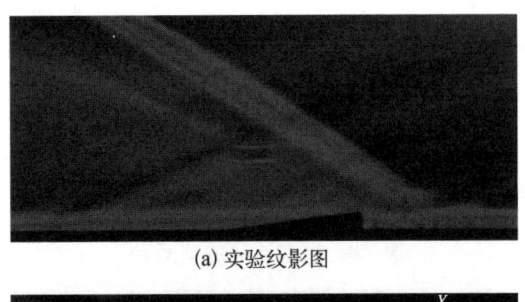

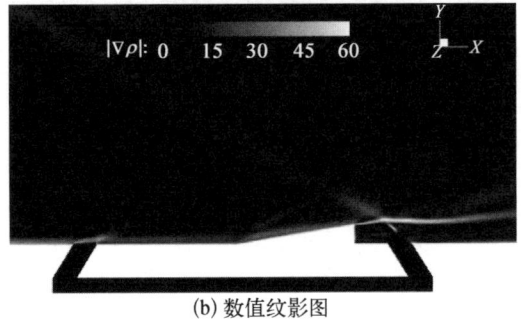

(b) 数值纹影图

图 7.15　Model 1 实验纹影图与数值纹影图

主要区别在于，吸气式风洞的来流条件与本章数值仿真的来流条件有差异，导致入射激波的位置存在偏差。实验光路与入射激波不是完全平行的关系以及流动受到侧壁面的干扰，导致实验纹影图中的激波表现为比较宽的条带状。实验图中出现的连续条纹和不规则阴影是观察窗玻璃内部应力损伤及表面擦伤导致的。

在图 7.15 的基础上，调整了激波发生器与实验平板的相对位置，使次流抽吸孔位于激波/边界层干扰区内，更好地发挥控制作用，并在该位置进行了无控情况及 Model 1 的纹影实验，实验结果如图 7.16 所示。

图 7.16 展示了无控情况和 Model 1 的流场纹影图像对比，发现引入控制体后流场的波系发生了非常明显的变化。其中，次流循环的抽吸孔和吹除孔在图片下方用虚线表示。在无控流场中，能清晰捕捉到由入射激波诱导的激波边界层干扰现象，边界层发生了明显的变形，同时有反射激波和再附激波的出现。在有控流场中，气流分别在 MVG 前缘和后缘附近压缩产生了激波 S1 和 S2，还有在次流吹除孔位置压缩产生的激波 S3。同时由 MVG 诱导的尾流在一定程度上改变了下游的流动状态。上壁面的观察窗与实验段间存在一个后向台阶，导致上壁面有一道干扰激波出现，一定程度影响了流动结果。同时由于下壁面的密

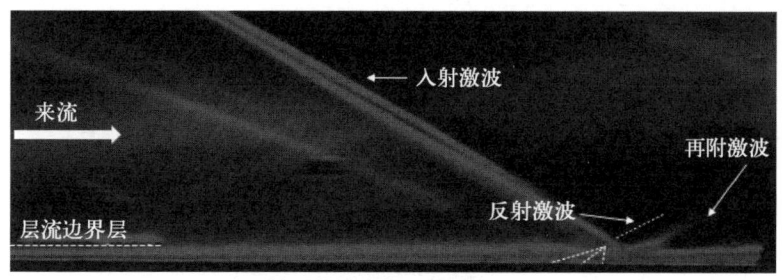

(a) 无控情况的实验纹影图

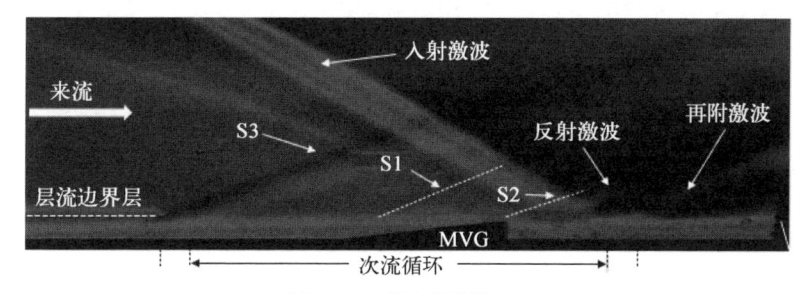

(b) Model 1 的实验纹影图

图 7.16 无控情况和 Model 1 的实验纹影图

封不完全，流场中有部分自下而上的杂波出现。

7.3.2 精细流场结构分析

图 7.17 是无控情况、Model 1、Model 4 组合体控制流场的 NPLS 显示图，激光切片位置在 MVG 的对称面上。图 7.17(a) 展示了无控情况下典型的激波边界层干扰流场结构：入射激波诱导发生扭曲变形的边界层、边界层上游的压缩波系以及波系汇聚形成的反射激波、分离流动再附产生的再附激波。图 7.17(b) 展示了单通道次流循环与涡流发生器组合体对称面上的瞬时流场结构，组合体的引入使 SWBLI 流场结构发生显著变化，包括由气流经过 MVG 产生的两道激波以及次流吹除孔产生的一道激波。同时边界层表现出与无控情况下完全不同的状态，MVG 后的低密度尾流保持形态不变向下游运动，边界层湍流度增加，受 SWBLI 发生的形变相比于无控情况要改善很多。图 7.17(c) 为双通道次流循环与涡流发生器组合体对称面上的瞬时流场结构。对比发现，激光切片上边界层的形变高度超过 Model 1，这是由于抽吸孔分布不在该平面上，验证了次流循环的抽吸作用能够有效减小分离区高度。

(a) 无控情况

(b) Model 1

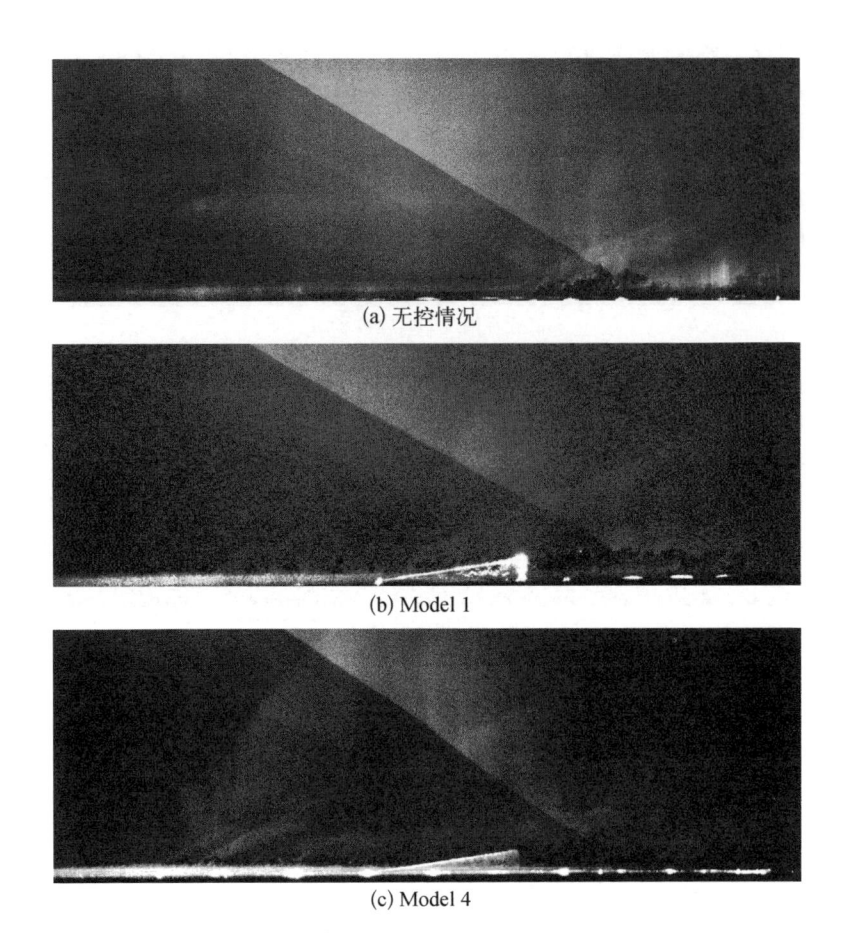

(c) Model 4

图 7.17　组合体控制流场 NPLS 显示结果

为进一步了解组合体周边的流动状态与演化过程,图 7.18 提供了 Model 1 在激波/层流边界层干扰的时间相关 NPLS 图像序列,相关时间为 5 μs,分别选取流场三个不同位置典型的流动结构进行分析。

层流边界层气流从左向右运动,由于吹除孔流入气体的影响,边界层经过次流吹除孔后开始转捩,方框选取的涡结构位于 MVG 上游的位置,以 MVG 弦长 C (C=24.8 mm)为尺度,其在图 7.18(a)和(b)中的位移距离为 0.145C,该结构水平方向平均运动速度为 720 m/s。椭圆选取的结构是 MVG 诱发的低密度尾流即将进入 SWBLI 区域的位置。该结构的位移距离是 0.110C,该结构水平方向平均运动速度为 546 m/s。箭头标识的结构是 MVG 尾流经过 SWBLI 区域以及在次流抽吸的剪切作用下形成的 K-H 涡结构,该结构的平均位移为 0.126C,水平方

(a) t_0

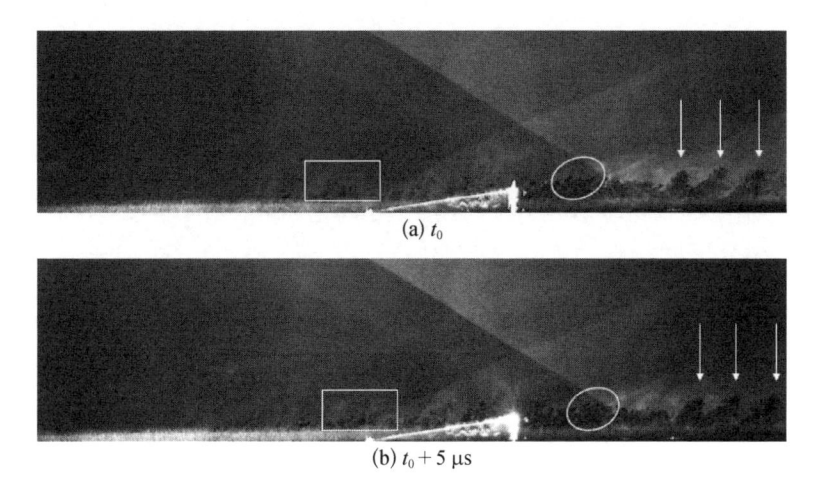

(b) $t_0 + 5\ \mu s$

图 7.18　Model 1 周边瞬态流场结构

向平均运动速度为 626.4 m/s。由此可知,流动在经过组合体时,水平方向的平均速度呈先减小、再加大的演化过程。

7.4　本章小结

本章研究中以第 3 章控制性能最好的 $X^* = 5$ 工况为基础,结合次流循环设计了 6 种组合控制方案。采用数值模拟方法分别研究了 6 种组合方案控制激波/边界层干扰的效果。同时挑选了典型组合体进行风洞实验,使用纹影技术及 NPLS 技术对组合体周边流场精细结构进行观察,分析其对 SWBLI 区域边界层状态的影响,得出如下结论:

(1) 通过数值模拟和风洞实验,微型涡流发生器与次流循环组合体对激波/边界层干扰的控制作用已被验证,且组合体控制分离的效果优于同流场条件中单独使用涡流发生器的情况,分离泡体积最多能减小 87.81%。

(2) 组合体中,MVG 对分离泡产生切割-压缩作用,次流循环对分离泡高度的减小更加显著;MVG 与次流通道在展向位置分布更均匀时效果更优;次流通道角度与壁面夹角越小,壁面热流峰值越低;MVG 放置在次流抽吸孔与吹除孔间时,控制效果更优;次流总流量相同时,通道越多,流场的总压损失越大;在本章组合方案中,采用分离式 MVG 的效果不如使用传统 MVG 与次流循环进行组合。

（3）组合体中的热流密度峰值产生在次流抽吸孔的后缘，该位置为再附位置流线会聚处，调整再附点与流动结构是控制热流的关键。

（4）对组合体周边流动的时间序列分析发现，组合体对于来流边界层的状态有很大程度的改变，流动的水平方向平均速度呈先减小、再加大的演化过程。

第 8 章
激波/边界层干扰流场中微型涡流发生器组合体参数化研究与优化

基于第 7 章的研究结果,验证了微型涡流发生器与次流循环组合体对超声速流场中激波/边界层干扰有着很好的控制作用,也获得了控制性能较为优秀的组合控制方案。为了探究组合体各几何设计参数对 SWBLI 的影响因素水平,进一步提高控制效果,有必要深入研究不同几何设计参数对 SWBLI 的控制作用。本章基于第 7 章的最优组合方案,选取实际应用中更为关键的性能参数为优化目标,对组合体中 MVG 与次流循环间的位置设计参数及 MVG 的几何尺寸进行优化,获得控制性能更优的超声速流场 SWBLI 控制体。

8.1 物理模型及优化试验安排

本章研究使用的流场模型及坐标原点与第 3 章、第 7 章相同,并选用第 7 章中控制分离性能最优的 Model 4 作为优化的基准模型。图 8.1 为组合控制体的俯视图和侧视图,边长为 3.54 mm 的次流循环抽吸孔的后缘安置在距离流场入口 139 mm 的位置,这也是无黏情况下的激波入射位置。次流通道的间距为 N,次流通道抽吸孔与吹除孔的间距为 L。斜坡式涡流发生器放置在流场中轴线上,其后缘距离次流抽吸孔后缘的长度为 D,涡流发生器的高度为 H,且保持其几何结构等比例放缩,即涡流发生器的弦长、展长与高度的比值不变。

在本章的研究中,使用统计实验设计方法,将涡流发生器与次流循环组合体控制超声速 SWBLI 流场的某一性能参数作为目标。对 MVG 的几何参数及 MVG 和次流循环的空间组合参数进行优化。选择第 7 章的 Model 4 工况作为优化的初始对象,使用正交表格 $L_9(3^4)$ 设计试验算例,四个参数分别是 N、L、D、H。

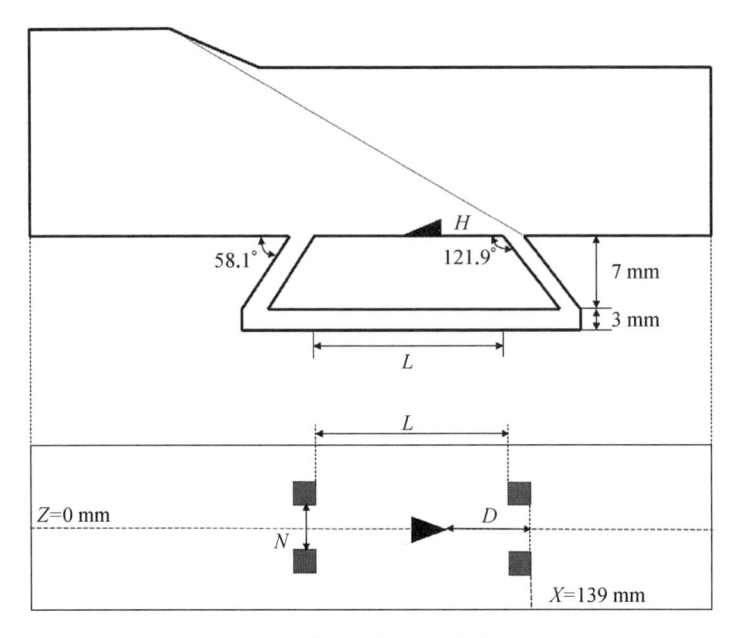

图 8.1 物理模型几何参数图

四个设计参数分别对应三个不同的因素水平,如表 8.1 所示。表 8.2 列出了本章优化试验的所有算例组合。

表 8.1 设计参数因素水平表

A: $N(\delta^*)$	B: L/mm	C: $D(\delta^*)$	D: $H(\delta^*)$
A_1: 5	B_1: 40	C_1: 5	D_1: 1.2
A_2: 6	B_2: 50	C_2: 6	D_2: 1.4
A_3: 7	B_3: 60	C_3: 7	D_3: 1.6

表 8.2 组合体优化试验安排

设计参数	Case 5.1	Case 5.2	Case 5.3	Case 5.4	Case 5.5	Case 5.6	Case 5.7	Case 5.8	Case 5.9
A	1	1	1	2	2	2	3	3	3
B	1	2	3	1	2	3	1	2	3
C	1	2	3	2	3	1	3	1	2
D	1	2	3	3	1	2	2	3	1

第 8 章　激波/边界层干扰流场中微型涡流发生器组合体参数化研究与优化

流场来流条件与前面章节保持一致,采用 ANSYS ICEM 软件构建试验模型并进行网格划分。图 8.2 为 Case 5.4 模型的网格划分。为保证计算边界层的精度,对壁面附近、MVG 以及次流循环气孔附近的网格进行了加密,对 MVG 位置的网格采用 Y 型网格划分以提高网格质量,其余 8 个试验模型的网格划分类似。

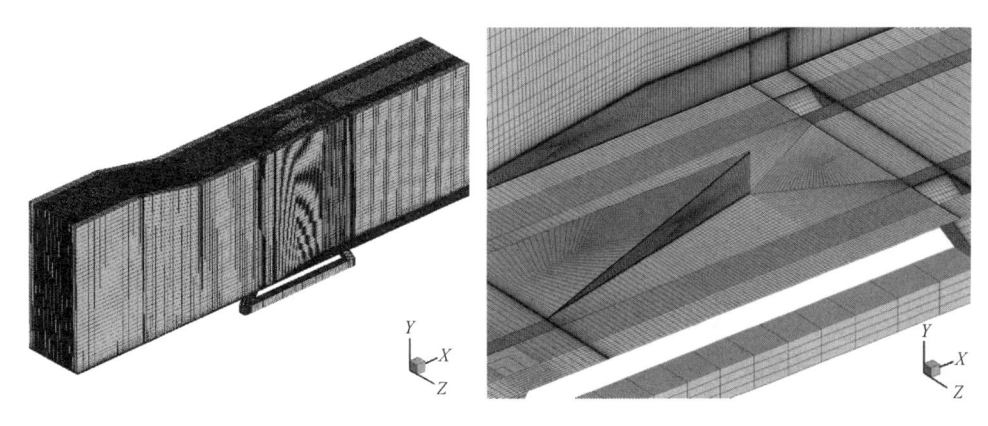

图 8.2　Case 5.4 模型的网格划分

8.2　组合控制体参数化研究

通过 RANS 仿真计算,得到 9 个组合体优化测试的流场算例。为了评估组合体设计参数对 SWBLI 流场控制效果的影响,本章选取三个控制 SWBLI 流场的目标性能参数,即分离泡体积、壁面 St 峰值以及流场总压恢复系数。以这三个目标参数来定量评估涡流发生器与次流循环组合体控制激波/边界层干扰流场的控制效果。这三个参数均已经在前文提及,应用于本章能更直观地对比出组合体的控制性能。

表 8.3 统计了 9 个组合体优化算例的目标性能参数,并通过极差分析法来深入研究激波/边界层干扰流场的物理信息。极差函数定义为

$$R = \max(K_i) - \min(K_j) \tag{8.1}$$

式中, K_i 与 K_j 分别代表设计参数第 i 和第 j 水平中所有性能参数的总和; R 代表极差值。

表 8.3　组合体控制流场的目标性能参数

性能参数	Case 5.1	Case 5.2	Case 5.3	Case 5.4	Case 5.5	Case 5.6	Case 5.7	Case 5.8	Case 5.9
V_{sep}/mm^3	24.81	24.01	22.17	34.56	40.65	34.84	39.15	37.20	54.65
$St_{peak}/10^{-3}$	2.25	2.18	1.42	1.99	2.65	2.09	1.84	2.29	2.85
$(P_0/P_{0i})/\%$	85.85	85.31	85.28	83.45	83.99	83.77	83.87	83.46	84.19

表 8.4 和表 8.5 展示了利用极差分析法得到的分离泡体积 V_{sep} 对应的 K 值与 R 值。表 8.4 中不同设计参数水平对分离泡体积 V_{sep} 的影响显而易见。使分离泡体积 V_{sep} 更小的各设计参数水平排序为：$A_1 > A_2 > A_3$、$B_1 > B_2 > B_3$、$C_1 > C_3 > C_2$、$D_3 > D_2 > D_1$。表 8.5 中的数据反映了各设计参数对分离泡体积 V_{sep} 的影响程度，各设计参数对分离泡体积 V_{sep} 的影响程度排名为：$A > D > C > B$。因此，在超声速激波/边界层干扰流场中，使分离泡体积 V_{sep} 最小的组合体几何参数组合为：$A_1 D_3 C_1 B_1$。

表 8.4　分离泡体积 V_{sep} 对应 K 值

参　数	A	B	C	D
K_1	70.99	98.52	96.85	120.11
K_2	110.05	101.86	113.22	98
K_3	131	111.66	101.97	93.93

表 8.5　分离泡体积 V_{sep} 对应 R 值

参　数	A	B	C	D
R	60.01	13.14	16.37	26.18

表 8.6 和表 8.7 展示了利用极差分析法得到的壁面 St 峰值 St_{peak} 对应的 K 值与 R 值。表 8.6 中不同设计参数水平对壁面 St 峰值 St_{peak} 的影响显而易见。使壁面 St 峰值 St_{peak} 更小的各设计参数水平排序为：$A_1 > A_2 > A_3$、$B_1 > B_3 > B_2$、$C_3 > C_1 > C_2$、$D_3 > D_2 > D_1$。表 8.7 中的数据反映了各设计参数对壁面 St 峰值 St_{peak} 的影响程度，各设计参数对壁面 St 峰值 St_{peak} 的影响程度排名为：$D >$

A > C > B。因此,在超声速 SWBLI 流场中,使壁面 St 峰值 St_peak 最小的组合体几何参数组合为:$D_3A_1C_3B_1$。

表 8.6　壁面 St 峰值 St_peak 对应 K 值

参　数	A	B	C	D
K_1	5.85	6.08	6.63	7.75
K_2	6.73	7.12	7.02	6.11
K_3	6.98	6.36	5.91	5.7

表 8.7　壁面 St 峰值 St_peak 对应 R 值

参　数	A	B	C	D
R	1.13	1.04	1.11	2.05

表 8.8 和表 8.9 展示了利用极差分析法得到的总压恢复系数 P_0/P_{0i} 对应的 K 值与 R 值。表 8.8 中不同设计参数水平对总压恢复系数 P_0/P_{0i} 的影响差别不大。使总压恢复系数 P_0/P_{0i} 更高的各设计参数水平排序为:$A_1 > A_3 > A_2$、$B_3 > B_1 > B_2$、$C_3 > C_1 > C_2$、$D_1 > D_2 > D_3$。表 8.9 中的数据反映了各设计参数对总压恢复系数 P_0/P_{0i} 的影响程度,各参数水平对总压恢复系数 P_0/P_{0i} 的影响程度排名为:A > D > B > C。因此,在超声速 SWBLI 流场中,使总压恢复系数 P_0/P_{0i} 最大的组合体几何参数组合为:$A_1D_1B_3C_3$。

表 8.8　总压恢复系数 P_0/P_{0i} K 值水平

参　数	A	B	C	D
K_1	256.44	253.17	253.08	254.03
K_2	251.21	252.76	252.95	252.95
K_3	251.52	253.24	253.14	252.19

表 8.9　总压恢复系数 P_0/P_{0i} R 值水平

参　数	A	B	C	D
R	5.23	0.48	0.19	1.84

通过极差分析法分析组合体各设计参数对流场性能的影响程度，最终以分离泡体积 V_{sep} 最小、壁面 St_{peak} 最低、总压恢复系数 P_0/P_{0i} 最大为优化目标得到三个优化模型，即 Case 5a、Case 5b、Case 5c，参见表 8.10。确立了优化模型的设计参数后，对三个优化组合体模型进行数值仿真，并从仿真结果中选用三个优化性能参数，用于评估优化组合体构型参数的正确性及极差分析法的有效性。

表 8.10　组合体优化构型及其性能参数

模型	A	B	C	D	V_{sep}/mm^3	St_{peak}	$(P_0/P_{0i})/\%$
Case 5a	1	1	1	3	15.93	2.40	85.29
Case 5b	1	1	3	3	40.81	1.30	85.54
Case 5c	1	3	3	1	18.07	2.45	85.85

8.3　流场结构的对比和优化模型的验证

8.3.1　流场结构对比

图 8.3 为三组优化算例的流场结构示意图。其中，下壁面、微型涡流发生器、次流循环通道用压力着色，$x/D = 140$ 处截面与流带用马赫数着色，分离泡用蓝色着色并进行半透明处理。在 $x/D = 140$ 截面上，Case 5a、Case 5c 的边界层内低速区域的高度明显小于 Case 5b。可以发现，由于 Case 5b 中 MVG 靠近次流循环的吹除孔，MVG 迎风面的高压以及前部的马蹄涡结构提高了 Case 5b 吹除孔处的静压，使次流抽吸孔与吹除孔间的压力差减小，进而对分离区内高压低速气体的流出产生影响。同时 Case 5b 次流管道的压力也要高于另外两组模型。Case 5c 中 MVG 的后缘到分离区的距离与 Case 5b 相等，但由于其尺寸较小，且吹除孔的位置更靠近上游，导致 MVG 与次流循环的干扰更小，有利于组合体控制性能的发挥。注意到，Case 5c 由于 MVG 的尺寸较小，尾流影响区域也小于 Case 5a，但对分离泡的控制效果是相近的。同时，Case 5c 由于 MVG 迎风面小于另外两组算例，能够在一定程度上减少流场的总压损失。这也表示，在组合体中或许可以引入尺寸更小的涡流发生器参与组合以达到性能相近的控制效果。

(a) Case 5a   (b) Case 5b

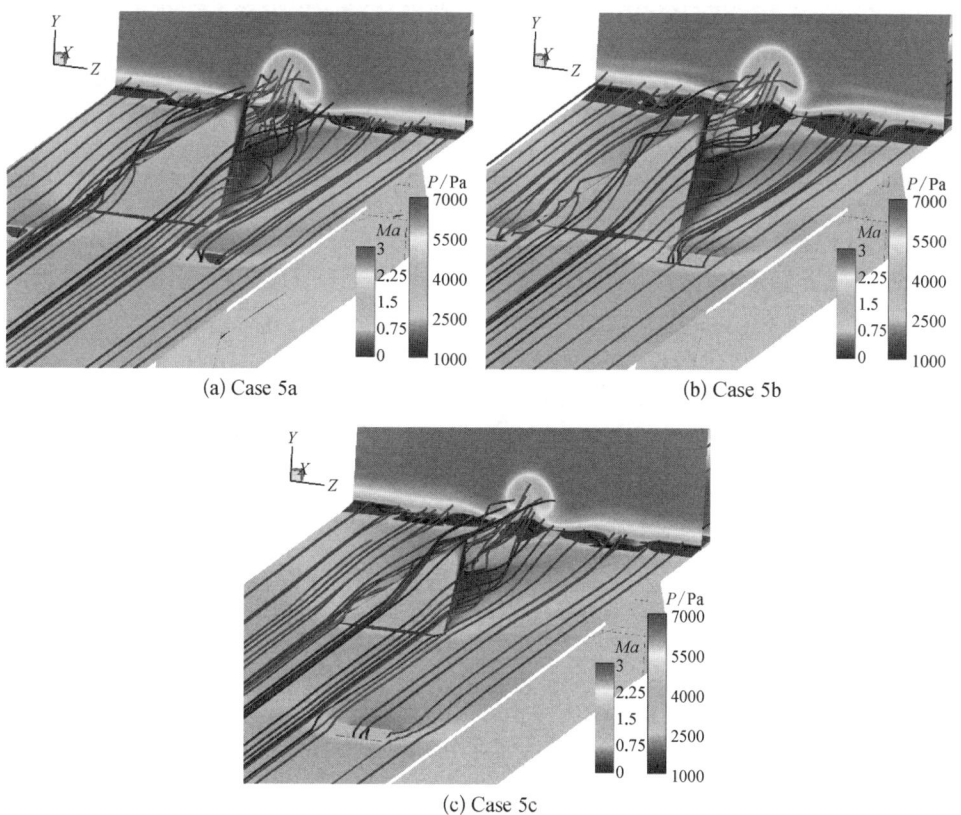

(c) Case 5c

图 8.3　优化算例流场结构示意图

为更直观地观察三组优化算例控制分离的效果，提供了图 8.4。图 8.4 展示了三组优化算例分离泡的等值面，并用压力着色。对比三组优化算例发现，次流循环对减小分离的作用发挥明显，在 Case 5a、Case 5c 中次流抽吸孔上游的分离泡气体基本全部进入次流循环通道，并且抽吸孔附近的压力明显小于分离泡内的其他区域。其中，Case 5a 的分离泡体积最小，畸变程度也最强；Case 5b 的分离泡体积最大，对分离区内压力变化的影响程度也没有另两组模型显著。

8.3.2　流场性能参数对比

1. 分离泡体积

为更加直观地对比各模型流场的分离泡体积大小，将各个流场中的分离泡体积绘制成柱状图，如图 8.5 所示。图中，试验模型用①表示，结果相对较优的

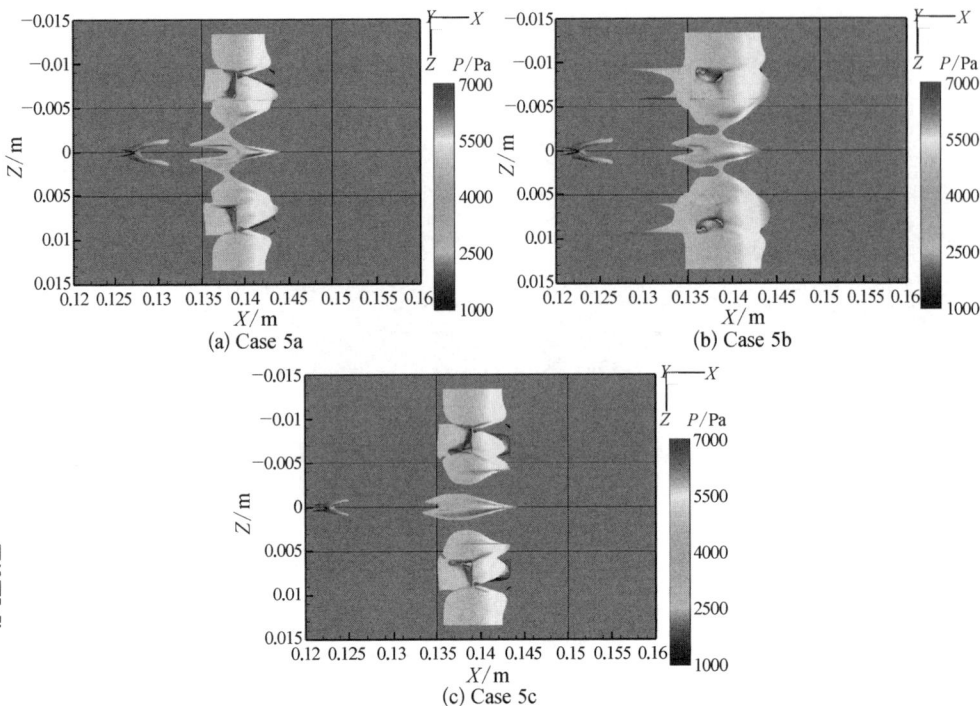

图 8.4 优化算例分离泡等值面

模型 Case 5.3 用②表示,相对较差的模型 Case 5.9 用③表示。三组优化模型 Case 5a、Case 5b、Case 5c 分别用④、⑤、⑥表示。由图可知,3 组优化模型的结果较 9 组试验模型的结果整体更优,其中 Case 5a 的分离泡体积是 12 组模型中最小的。Case 5a 是以分离泡体积最小为目标得到的优化模型,由结果可以验证极差分析法的有效性。在 3 组优化模型中,Case 5b 的结果与 Case 5a 相差较多,这两个模型之间的差别在于 Case 5a 中 MVG 到分离区的距离比 Case 5b 短,因此可以获得与第 3 章相近的判断:在组合体中,次流循环配置相同的情况下,尺寸不变的 MVG 距离分离区越近,对于分离泡体积的减小越有利。Case 5c 的结果与 Case 5a 的结果近似,这两组模型中次流循环通道的展向间距一致,这一设计参数对分离的结果影响最大。该结果验证了极差分析法中关于设计参数对目标影响程度的判断,也从另一个角度说明,在该方案的组合体中,次流循环的配置对分离泡的影响占主导因素。Case 5c 与 Case 5.3 相比,对分离泡体积的控制性能更优,该两组模型只有 MVG 的尺寸不同,但所得结果与用极差分析法判断的 D 设计参数(MVG 尺寸)各水平排序不同,说明该方法存在进一步改进的空间。

第 8 章　激波/边界层干扰流场中微型涡流发生器组合体参数化研究与优化　213

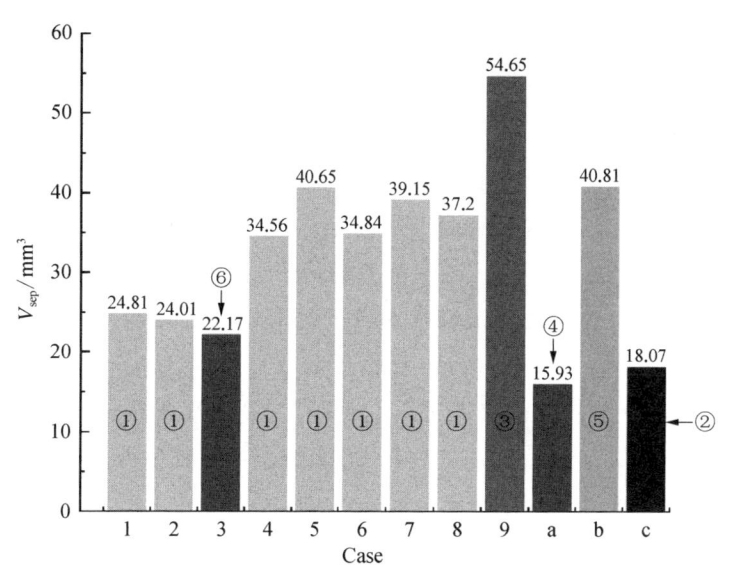

图 8.5　流场分离泡体积统计

2. 壁面热流峰值

由前面的研究可知,在涡流发生器及其组合体在 SWBLI 流场控制中,难以避免地会产生高壁面热流峰值。图 8.6 统计了本章所有模型流场中底壁面处的壁面热流峰值,该值用无量纲数 St 表示。图中,试验模型用①表示,组内相对较

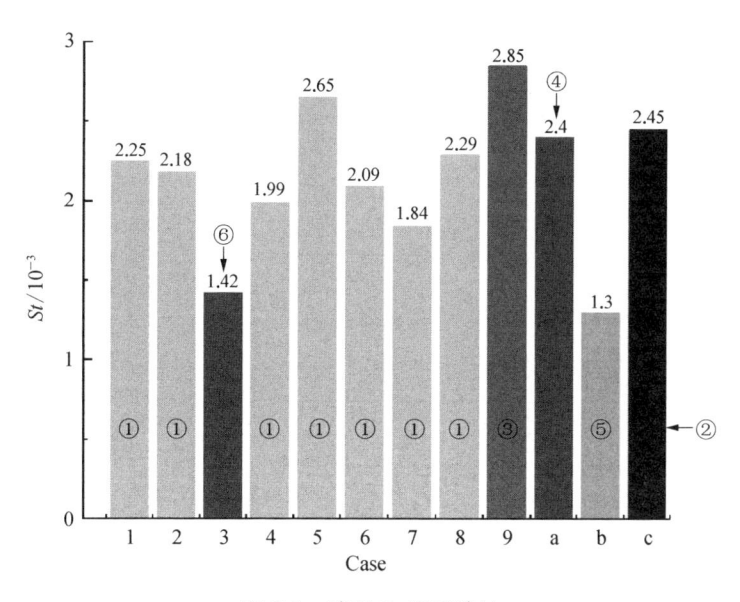

图 8.6　壁面 St 峰值统计

优的模型 Case 5.3 用②表示,相对较差的模型 Case 5.9 用③表示,3 组优化模型 Case 5a、Case 5b、Case 5c 分别用④、⑤、⑥表示。

三组优化模型中,以减小壁面热流密度为目标的模型 Case 5b,其壁面 St 峰值是各组模型中最低的,验证了极差分析法的有效性。再与试验模型中控制性能最优的 Case 5.3 对比,这两组模型所得结果近似,对比中仅有设计参数 B(次流循环通道长度)的水平不同。说明极差分析中关于各设计参数对 St 峰值影响的判断是正确的,次流循环通道长度对壁面热流峰值的影响程度很小。在 3 组优化模型内对比,Case 5a 与 Case 5b 的设计参数 C 不同,Case 5c 与 Case 5b 的设计参数 D、B 不同。根据前述极差分析的判断,各设计参数对壁面 St 峰值影响程度的排名为: D > A > C > B,又由 Case 5c 控制热流峰值的表现较 Case 5a 稍差,验证了极差分析对于各设计参数影响 St 峰值的判断。

3. 总压恢复系数

激波/边界层干扰会导致流场总压的损失,涡流发生器的引入会加剧总压损失。这主要是由流场中的波系结构及组合控制体对流体动能的耗散导致的,也是 MVG 的固有缺陷。目前普遍做法是减小 MVG 的几何尺寸和迎风面积,但需要与其他控制目标进行取舍。图 8.7 统计了本章所有组合体控制流场出口的总压恢复系数。在 9 个试验算例中,Case 5.4 流场的总压恢复系数最小,Case 5.1 流场的总压恢复系数最大。Case 5c 流场中微型涡流发生器与次流循环组合体

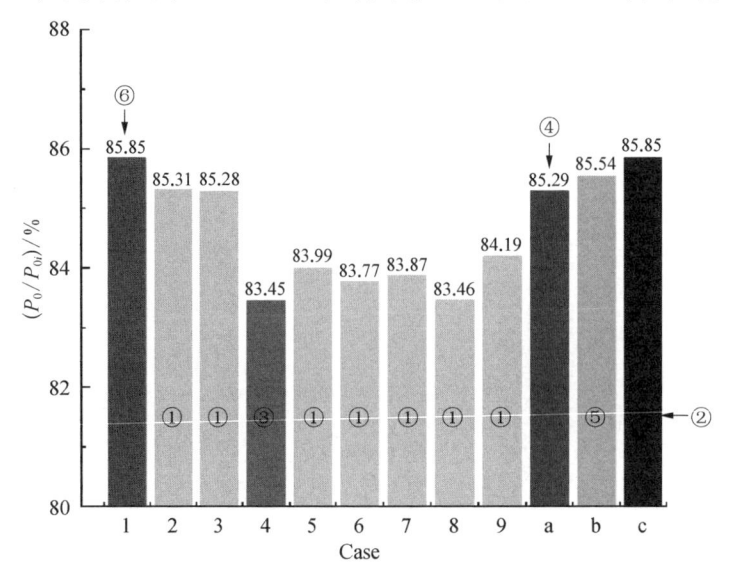

图 8.7 总压恢复系数统计

以最小总压损失为目标被优化,最终 Case 5c 流场的总压损失最小(小数点后取三位有效数字时,Case 5c 总压恢复系数为 85.847%,Case 5.1 为 85.846%)。这也验证了极差分析法对组合体控制流场参数分析的有效性。

可以发现,各模型的总压损失程度差别不大,Case 5c 与 Case 5.1 的 B、C 设计参数均不同,但对总压损失的影响很小。Case 5a、Case 5b 与 Case 5c 的 D 设计参数不同,进而导致三个模型的总压损失存在差别,这也验证了极差分析判断的有效性。

图 8.8 为底壁面 $z/D = 0$ 处及 $z/D = 7.67$ 处流向的无量纲压力分布,其中 $z/D = 7.67$ 为单侧次流循环通道中心位置。通过对比可以看出,SWBLI 区域的压力变化在展向上基本保持一致,且 MVG 及次流循环对压力的影响有限。

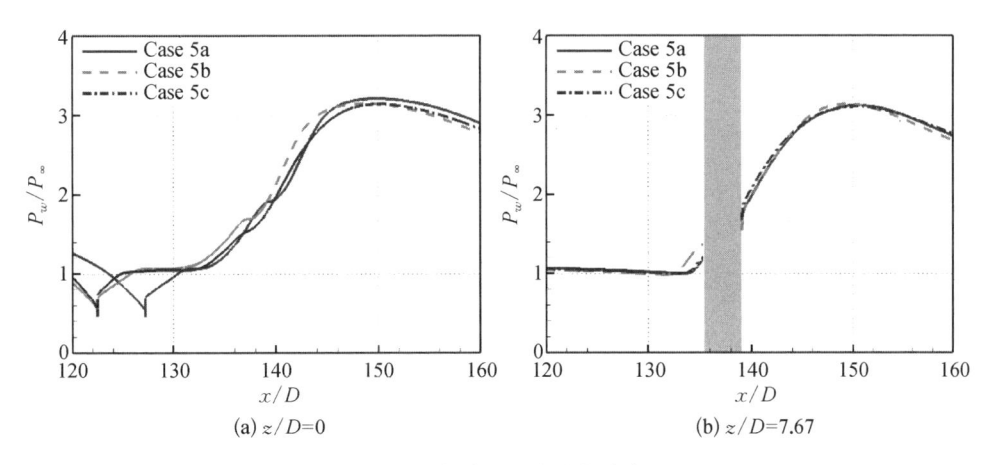

图 8.8 底壁面压力流向分布

图 8.9 为底壁面 $z/D = 0$ 处及 $z/D = 7.67$ 处流向的壁面摩擦系数分布,可以依次判定不同模型对分离控制的影响,在图 8.9(a)中,Case 5a 缩减分离泡的能力要强于另外两个模型,主要原因是 MVG 流向位置的接近,利用涡旋尾流抑制分离的作用较强。

图 8.10 为 $x = 139$ mm 处的底壁面无量纲压力分布,该图可以清晰地观察到不同模型对干扰区的压力扰动。Case 5a 在内侧 MVG 影响区范围的压力高于另外两个模型,但外侧的壁面压力小于另外两个模型。这意味着,Case 5a 在 MVG 影响范围内造成了局部高压升,但是能较好地降低分离区其他位置的压力,达到减小逆压梯度的作用,从而遏制分离。Case 5a 分离泡体积最小的结果也可以印证这一想法。

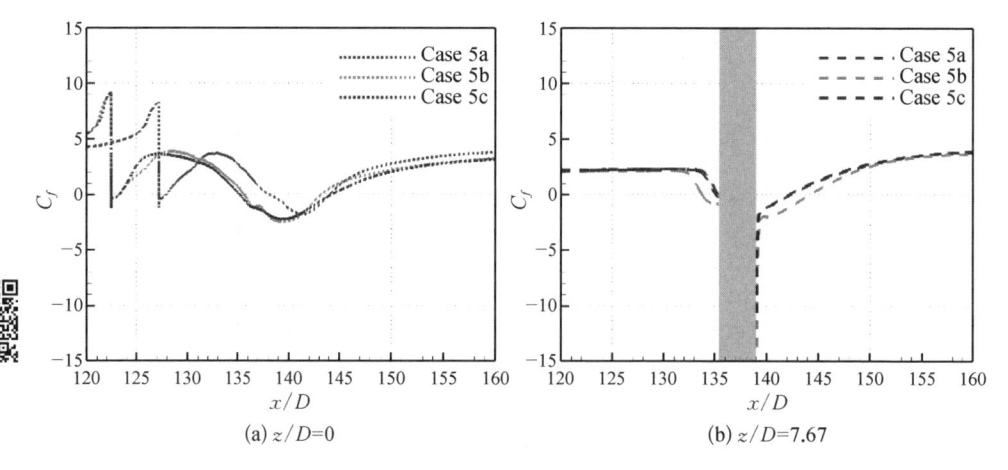

图 8.9 底壁面摩擦系数流向分布

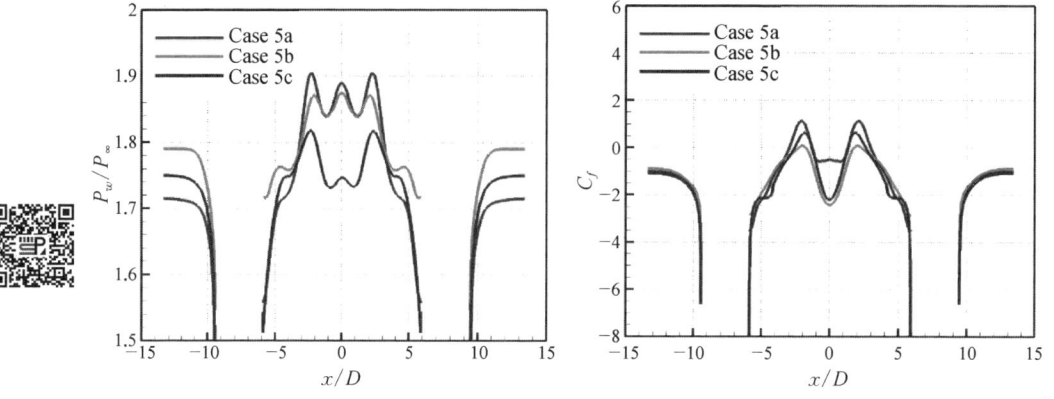

图 8.10 底壁面压力展向分布

图 8.11 底壁面摩擦系数展向分布

图 8.11 为在 $x=139$ mm 处表面摩擦系数的展向分布。能够看到,Case 5a 在 MVG 尾流影响区域内的流动剪切要明显强于另外两个模型。MVG 诱导的涡旋尾流动量输运作用发挥更加充分,从而达到更好抑制分离的效果。

8.4 本章小结

本章采用 RANS 方程和 SST k-ω 湍流模型对微型涡流发生器与次流循环组合体的激波/边界层干扰流场进行数值仿真。在第 7 章得到的最优组合方案基础上开展参数设计优化工作。通过正交试验设计方案,选定四个设计参数,确立三个参数水平,共选取九组算例开展仿真工作。使用极差分析法对微型涡流发生器与次流循环组合体进行参数化分析,最终得出如下结论。

(1) 采用极差分析法,设计得到三个优化模型,它们分别对应三个优化目标,即分离泡体积最小、壁面热流峰值最低、总压损失最小。

(2) 通过分析和对比优化组合体的流场性能参数,验证了极差分析法能有效分析组合体设计参数水平,能够实现微型涡流发生器与次流循环组合体控制激波/边界层干扰流场的优化工作。

(3) 在三个优化模型流场中,控制分离最优的模型产生的壁面热流峰值较大,而控制热流峰值较小的模型抑制分离能力较弱。这是由微型涡流发生器的物理特性所决定的。这既是选用组合体开展控制研究的原因所在,也为激波/边界层干扰控制研究提供了新的思路。后续可采用更加先进的优化方法进行多目标设计优化,以获得适应需求的优良控制方案。

参 考 文 献

[1] Ferri A. Experimental results with airfoils tested in the high-speed tunnel at GuidoniaG: NACA-TM-946[R]. Washington: NACA, 1940.

[2] Huang W, Du Z B, Yan L, et al. Supersonic mixing in airbreathing propulsion systems for hypersonic flights[J]. Progress in Aerospace Sciences, 2019, 109: 100545.

[3] Huang W, Du Z B, Yan L, et al. Flame propagation and stabilization in dual-mode scramjet combustors: A survey[J]. Progress in Aerospace Sciences, 2018, 101: 13-30.

[4] Huang W, Chen Z, Yan L, et al. Drag and heat flux reduction mechanism induced by the spike and its combinations in supersonic flows: A review[J]. Progress in Aerospace Sciences, 2019, 105: 31-39.

[5] 陶渊.高超声速进气道中激波边界层干扰现象研究[D].长沙:国防科技大学,2018.

[6] 毛宏霞,贾居红,傅德彬,等.HIFiRE-1飞行器激波与边界层干扰气动热研究[J].兵工学报,2018,39(3):528-536.

[7] Zhu K, Jiang L X, Liu W D, et al. Wall temperature effects on shock wave/turbulent boundary layer interaction via direct numerical simulation[J]. Acta Astronautica, 2021, 178: 499-510.

[8] Pasquariello V, Grilli M, Hickel S, et al. Large-eddy simulation of passive shock-wave/boundary-layer interaction control[J]. International Journal of Heat and Fluid Flow, 2014, 49: 116-127.

[9] Titchener N, Babinsky H. Shock wave/boundary-layer interaction control using a combination of vortex generators and bleed[J]. AIAA Journal, 2013, 51(5): 1221-1233.

[10] 王博.激波/湍流边界层相互作用流场组织结构研究[D].长沙:国防科学技术大学,2015.

[11] Zhou Y Y, Zhao Y L, Zhao Y X. A study on the separation length of shock wave/turbulent boundary layer interaction[J]. International Journal of Aerospace Engineering, 2019, (4): 1-10.

[12] Vanstone L, Musta M N, Seckin S, et al. Experimental study of the mean structure and quasi-conical scaling of a swept-compression-ramp interaction at Mach2[J]. Journal of Fluid Mechanics, 2018, 841: 1-27.

[13] Yue L J, Jia Y N, Xu X, et al. Effect of cowl shock on restart characteristics of simple ramp type hypersonic inlets with thin boundary layers[J]. Aerospace Science and Technology,

2018, 74: 72-80.

[14] Funderburk M L, Narayanaswamy V. Investigation of negative surface curvature effects in axisymmetric shock/boundary-layer interaction[J]. AIAA Journal, 2019, 57(4): 1594-1607.

[15] Pasha A A, Juhany K A. Effect of wall temperature on separation bubble size in laminar hypersonic shock/boundary layer interaction flows[J]. Advances in Mechanical Engineering, 2019, 11(11): 168781401988555.

[16] Huang R, Li Z F, Yang J M. Engineering prediction of fluctuating pressure over incident shock/turbulent boundary-layer interactions[J]. AIAA Journal, 2019, 57(5): 2209-2213.

[17] Meier G E A, Szumowski A P, Selerowicz W C. Self-excited oscillations in internal transonic flows[J]. Progress in Aerospace Sciences, 1990, 27(2): 145-200.

[18] Hadjadj A, Dussauge J P. Shock wave boundary layer interaction[J]. Shock Waves, 2009, 19(6): 449-452.

[19] Gaitonde D V. Progress in shock wave/boundary layer interactions[J]. Progress in Aerospace Sciences, 2015, 72: 80-99.

[20] Priebe S, Martín M P. Low-frequency unsteadiness in shock wave-turbulent boundary layer interaction[J]. Journal of Fluid Mechanics, 2012, 699: 1-49.

[21] Huang X, Estruch-Samper D. Low-frequency unsteadiness of swept shock-wave/turbulent-boundary-layer interaction[J]. Journal of Fluid Mechanics, 2018, 856: 797-821.

[22] Pasquariello V, Hickel S, Adams N A. Unsteady effects of strong shock-wave/boundary-layer interaction at high Reynolds number[J]. Journal of Fluid Mechanics, 2017, 823: 617-657.

[23] Clemens N T, Narayanaswamy V. Low-frequency unsteadiness of shock wave/turbulent boundary layer interactions[J]. Annual Review of Fluid Mechanics, 2014, 46: 469-492.

[24] Knight D, Mortazavi M. Hypersonic shock wave transitional boundary layer interactions: A review[J]. Acta Astronautica, 2018, 151: 296-317.

[25] Vyas M A, Yoder D A, Gaitonde D V. Reynolds-stress budgets in an impinging shock-wave/boundary-layer interaction[J]. AIAA Journal, 2019, 57(11): 4698-4714.

[26] Hao J A, Wen C Y. Effects of vibrational nonequilibrium on hypersonic shock-wave/laminar boundary-layer interactions[J]. International Communications in Heat and Mass Transfer, 2018, 97: 136-142.

[27] 孙东,刘朋欣,童福林.展向振荡对激波/湍流边界层干扰的影响[J].航空学报,2020,41(12):111-123.

[28] Harloff G J, Smith G E. Supersonic-inlet boundary-layer bleed flow[J]. AIAA Journal, 1996, 34(4): 778-785.

[29] Zhang B H, Zhao Y X, Liu J. Effects of bleed hole size on supersonic boundary layer bleed mass flow rate[J]. Journal of Zhejiang University: Science A, 2020, 21(8): 652-662.

[30] Slater J. Improvements in modeling 90-degree bleed holes for supersonic inlets[J]. Journal of Propulsion and Power, 2012, 28(4): 773-781.

[31] Bruce P J K, Colliss S P. Review of research into shock control bumps[J]. Shock Waves,

2015, 25(5): 451-471.

[32] Zhang Y, Tan H J, Tian F C, et al. Control of incident shock/boundary-layer interaction by a two-dimensional bump[J]. AIAA Journal, 2014, 52(4): 767-776.

[33] Zhang Y, Tan H J, Li J F, et al. Control of cowl-shock/boundary-layer interactions by deformable shape-memory alloy bump[J]. AIAA Journal, 2019, 57(2): 696-705.

[34] 邓维鑫,杨顺华,张弯洲,等.高超声速流动的气体吹除控制方法研究[J].推进技术,2017,38(4): 759-763.

[35] Chidambaranathan M, Verma S B, Rathakrishnan E. Control of incident shock-induced boundary-layer separation using steady micro-jet actuators at $M_\infty = 3.5$[J]. Proceedings of the Institution of Mechanical Engineers, Part G: Journal of Aerospace Engineering, 2019, 233(4): 1284-1306.

[36] Sharma V, Eswaran V, Chakraborty D. Determination of optimal spacing between transverse jets in a SCRAMJET engine[J]. Aerospace Science and Technology, 2020, 96: 105520.

[37] Verma S B, Manisankar C. Control of compression-ramp-induced interaction with steady microjets[J]. AIAA Journal, 2019, 57(7): 2892-2904.

[38] Verma S B, Manisankar C, Akshara P. Control of shock-wave boundary layer interaction using steady micro-jets[J]. Shock Waves, 2015, 25(5): 535-543.

[39] Liu Y M, Zhang H, Liu P C. Flow control in supersonic flow field based on micro jets[J]. Advances in Mechanical Engineering, 2019, 11(1): 1-15.

[40] Jiang H, Liu J, Luo S C, et al. Hypersonic flow control of shock wave/turbulent boundary layer interactions using magnetohydrodynamic plasma actuators[J]. Journal of Zhejiang University: Science A, 2020, 21(9): 745-760.

[41] 苏纬仪,陈立红,张新宇.MHD控制激波诱导湍流边界层分离的机理分析[J].推进技术,2010,31(1): 18-23.

[42] Zhang Y C, Tan H J, Huang H X, et al. Transient flow patterns of multiple plasma synthetic jets under different ambient pressures[J]. Flow, Turbulence and Combustion, 2018, 101(3): 741-757.

[43] Narayanaswamy V, Raja L L, Clemens N T. Control of unsteadiness of a shock wave/turbulent boundary layer interaction by using a pulsed-plasma-jet actuator[J]. Physics of Fluids, 2012, 24(7): 1-24.

[44] Huang H X, Tan H J, Sun S, et al. Letter: Transient interaction between plasma jet and supersonic compression ramp flow[J]. Physics of Fluids, 2018, 30(4): 1-4.

[45] Peake D, Henry F, Pearcey H. Viscous flow control with air-jet vortex generators[C]. The 17th Applied Aerodynamics Conference, Norfolk, 1999: 3175.

[46] 张悦,谭慧俊,王子运,等.进气道内激波/边界层干扰及控制研究进展[J].推进技术,2020,41(2): 241-259.

[47] Babinsky H, Li Y, Ford C W P. Microramp control of supersonic oblique shock-wave/boundary-layer interactions[J]. AIAA Journal, 2009, 47(3): 668-675.

[48] Pitt Ford C, Babinsky H. Micro-ramp control for oblique shock wave/boundary layer

interactions[C]. The 37th AIAA Fluid Dynamics Conference and Exhibit, Miami, 2007: 4115.

[49] Blinde P L, Humble R A, van Oudheusden B W, et al. Effects of micro-ramps on a shock wave/turbulent boundary layer interaction[J]. Shock Waves, 2009, 19(6): 507-520.

[50] Shinn A, Vanka S, Mani M R, et al. Application of BCFD unstructured grid solver to simulation of micro-ramp control of shock/boundary layer interactions[C]. The 25th AIAA Applied Aerodynamics Conference, Miami, 2007: 3914.

[51] Zhang Y, Tan H J, Du M C, et al. Control of shock/boundary-layer interaction for hypersonic inlets by highly swept microramps[J]. Journal of Propulsion and Power, 2015, 31 (1): 133-143.

[52] 张悦,高婉宁,程代姝.基于记忆合金的可变形涡流发生器控制唇罩激波/边界层干扰研究[J].推进技术,2018,39(12):2755-2763.

[53] Yan Y H, Chen C X, Wang X, et al. LES and analyses on the vortex structure behind supersonic MVG with turbulent inflow[J]. Applied Mathematical Modelling, 2014, 38(1): 196-211.

[54] Kaushik M. Experimental studies on micro-Vortex generator controlled shock/boundary-layer interactions in Mach 2.2 intake [J]. International Journal of Aeronautical and Space Sciences, 2019, 20(3): 584-595.

[55] Verma S B, Manisankar C. Assessment of various low-profile mechanical vortex generators in controlling a shock-induced separation[J]. AIAA Journal, 2017, 55(7): 2228-2240.

[56] Wang B, Liu W D, Zhao Y X, et al. Experimental investigation of the micro-ramp based shock wave and turbulent boundary layer interaction control[J]. Physics of Fluids, 2012, 24 (5): 1-14.

[57] Bagheri H, Mirjalily S A A, Oloomi S A A, et al. Effects of micro-vortex generators on shock wave structure in a low aspect ratio duct, numerical investigation [J]. Acta Astronautica, 2021, 178: 616-624.

[58] 赵永胜,张黄伟,张江.动态微涡流发生器对激波/边界层干扰的影响研究[J].推进技术,2022,43(1):94-102.

[59] Estruch-Samper D, Vanstone L, Hillier R, et al. Micro vortex generator control of axisymmetric high-speed laminar boundary layer separation[J]. Shock Waves, 2015, 25 (5): 521-533.

[60] Martis R R, Misra A, Singh A. Effect of microramps on separated swept shock wave-boundary-layer interactions[J]. AIAA Journal, 2014, 52(3): 591-603.

[61] Gageik M, Nies J, Klioutchnikov I, et al. Pressure wave damping in transonic airfoil flow by means of micro vortex generators[J]. Aerospace Science and Technology, 2018, 81: 65-77.

[62] Koike S, Babinsky H. Vortex generators for corner separation caused by shock-wave/boundary-layer interactions[J]. Journal of Aircraft, 2019, 56(1): 239-249.

[63] Gao L Y, Zhang H, Liu Y Q, et al. Effects of vortex generators on a blunt trailing-edge airfoil for wind turbines[J]. Renewable Energy, 2015, 76: 303-311.

[64] Huang J B, Xiao Z X, Fu S, et al. Study of control effects of vortex generators on a supercritical wing[J]. Science China Technological Sciences, 2010, 53(8): 2038-2048.

[65] Dong M Z, Liao J, Choubey G, et al. Influence of the secondary flow control on the transverse gaseous injection flow field properties in a supersonic flow[J]. Acta Astronautica, 2019, 165: 150-157.

[66] 熊有德,李仁府,周玲.进气道激波-边界层两种控制方法数值模拟研究[J].航空兵器, 2019,26(5): 63-68.

[67] Yan L, Wu H, Huang W, et al. Shock wave/turbulence boundary layer interaction control with the secondary recirculation jet in a supersonic flow[J]. Acta Astronautica, 2020, 173: 131-138.

[68] Du Z B, Shen C B, Shen Y, et al. Design exploration on the shock wave/turbulence boundary layer control induced by the secondary recirculation jet[J]. Acta Astronautica, 2021, 181: 468-481.

[69] 杜兆波.高超声速气流中前体/进气道燃料喷注策略及其混合增强机理研究[D].长沙: 国防科技大学,2019.

[70] Menter F R. Two-equation eddy-viscosity turbulence models for engineering applications[J]. AIAA Journal, 1994, 32(8): 1598-1605.

[71] Wilcox D C. Multiscale model for turbulent flows[J]. AIAA Journal, 1988, 26(11): 1311-1320.

[72] Erdem E, Kontis K. Numerical and experimental investigation of transverse injection flows [J]. Shock Waves, 2010, 20(2): 103-118.

[73] Schulein E. Skin-friction and heat flux measurements in shock/boundary-layer interaction flows[J]. AIAA Journal, 2006, 44(8): 1732-1741.

[74] Dupont P, Haddad C, Ardissone J P, et al. Space and time organisation of a shock wave/ turbulent boundary layer interaction[J]. Aerospace Science and Technology, 2005, 9(7): 561-572.

[75] Lee S, Loth E, Wang C, et al. LES of supersonic turbulent boundary layers with μVG's[C]. The 25th AIAA Applied Aerodynamics Conference, Miami, 2007: 3916.

[76] Zhang Y L, Gerdroodbary M B, Hosseini S, et al. Effect of hybrid coaxial air and hydrogen jets on fuel mixing at supersonic crossflow[J]. International Journal of Hydrogen Energy, 2021, 46(29): 16048-16062.

[77] Huang W, Li Y, Yan L, et al. Mixing enhancement mechanism induced by the cascaded fuel injectors in supersonic flows: A numerical study[J]. Acta Astronautica, 2018, 152: 18-26.

[78] 何霖,易仕和,陆小革.超声速湍流边界层密度场特性[J].物理学报,2017,66(2): 217-228.

[79] 何霖.超声速边界层及激波与边界层相互作用的实验研究[D].长沙: 国防科技大学, 2011.

[80] 王敏,谢爱民,黄训铭.直接纹影成像技术初步研究[J].兵器装备工程学报,2020,41 (10): 244-248.

[81] Zhao Y X, Yi S H, Tian L F, et al. Supersonic flow imaging via nanoparticles[J]. Science in China Series E: Technological Sciences, 2009, 52(12): 3640-3648.

[82] 赵玉新.超声速混合层时空结构的实验研究[D].长沙：国防科技大学,2008.

[83] Bookey P, Wyckham C, Smits A, et al. New experimental data of STBLI at DNS/LES accessible Reynolds numbers[C]. The 43rd AIAA Aerospace Sciences Meeting and Exhibit, Reno, 2005: 309.

[84] Anderson B, Tinapple J, Surber L. Optimal control of shock wave turbulent boundary layer interactions using micro-array actuation[C]. The 3rd AIAA Flow Control Conference, San Francisco, 2006: 3197.

[85] Lee S, Loth E, Wang C, et al. LES of supersonic turbulent boundary layers with μVG's[C]. The 25th AIAA Applied Aerodynamics Conference, Miami, 2007: 3916.

[86] Hayashi K, Aso S, Tani Y, Experimental study on thermal protection system by opposing jet in supersonic flow[J]. Journal of Spacecraft Rockets, 2006, 43(1): 233-236.

[87] 朱珂.激波/湍流边界层干扰流场壁温效应的直接数值模拟[D].长沙：国防科技大学, 2016.

[88] Du Z B, Shen C B, Huang W, et al. Mixing augmentation induced by the combination of the oblique shock wave and secondary recirculation jet in a supersonic crossflow[J]. International Journal of Hydrogen Energy, 2022, 47(11): 7458-7477.

[89] Lighthill M J. On boundary layers and upstream influence. II. Supersonic flows without separation[J]. Proceedings of the Royal Society of London Series A Mathematical and Physical Sciences, 1953, 217(1131): 478-507.

[90] Wang C P, Xu P, Xue L S, et al. Three-dimensional reconstruction of incident shock/boundary layer interaction using background-oriented schlieren[J]. Acta Astronautica, 2019, 157: 341-349.

[91] Hayashi K, Aso S, Tani Y. Experimental study on thermal protection system by opposing jet in supersonic flow[J]. Journal of Spacecraft and Rockets, 2006, 43(1): 233-235.

[92] Shimura T, Mitani T, Sakuranaka N, et al. Load oscillations caused by unstart of hypersonic wind tunnels and engines[J]. Journal of Propulsion and Power, 1998, 14(3): 348-353.